1926 – Die Geburt der Bioethik in Halle (Saale) durch
den protestantischen Theologen Fritz Jahr (1895-1953)

STUDIEN ZUR ETHIK IN OSTMITTELEUROPA

Herausgegeben von Jan C. Joerden

BAND 15

Florian Steger/Jan C. Joerden/
Maximilian Schochow (Hrsg.)

1926 – Die Geburt der Bioethik in Halle (Saale) durch den protestantischen Theologen Fritz Jahr (1895–1953)

Bibliografische Information der Deutschen Nationalbibliothek
Die Deutsche Nationalbibliothek verzeichnet diese Publikation
in der Deutschen Nationalbibliografie; detaillierte bibliografische
Daten sind im Internet über http://dnb.d-nb.de abrufbar.

Gefördert aus den Mitteln der Deutsch-Polnischen Wissenschaftsstiftung.
Projekt wspierany przez Polsko-Niemiecką Fundację na rzecz Nauki.

DEUTSCH POLNISCHE WISSENSCHAFTS STIFTUNG	POLSKO NIEMIECKA FUNDACJA NA RZECZ NAUKI

ISSN 1437-9783
ISBN 978-3-631-64110-1 (Print)
E-ISBN 978-3-653-02807-2 (E-Book)
DOI 10.3726/978-3-653-02807-2

© Peter Lang GmbH
Internationaler Verlag der Wissenschaften
Frankfurt am Main 2014
Alle Rechte vorbehalten.
Peter Lang Edition ist ein Imprint der Peter Lang GmbH.

Peter Lang – Frankfurt am Main · Bern · Bruxelles ·
New York · Oxford · Warszawa · Wien

Das Werk einschließlich aller seiner Teile ist urheberrechtlich
geschützt. Jede Verwertung außerhalb der engen Grenzen des
Urheberrechtsgesetzes ist ohne Zustimmung des Verlages
unzulässig und strafbar. Das gilt insbesondere für
Vervielfältigungen, Übersetzungen, Mikroverfilmungen und die
Einspeicherung und Verarbeitung in elektronischen Systemen.

Dieses Buch erscheint in der Peter Lang Edition
und wurde vor Erscheinen peer reviewed.

www.peterlang.com

Inhalt

Einleitung 7
Florian Steger, Jan C. Joerden und Maximilian Schochow

Fritz Jahr (1895–1953). Eine biographische Skizze 15
Florian Steger

Arbeitskraft und Gesundheit – biographische Anmerkungen zu Fritz Jahr 37
Rita Kielstein

Epistemological, Political and Cultural Implications of the Discovery
of Fritz Jahr's Work: the Concept and Project of European Bioethics 45
Amir Muzur and Iva Rinčić

Fritz Jahr und die Bioethik des 21. Jahrhunderts 57
Hans-Martin Sass

Fritz Jahr als Pionier einer interdisziplinären
anwendungsbezogenen Bioethik 85
Eve-Marie Engels

Vom Gesinnungsunterricht zur Gentechnik. Zur Relevanz
der Gedanken Fritz Jahrs für heutige
bioethische Debatten 113
Nikolaus Knoepffler und Johannes Achatz

Respect for Living Creatures and the Conflictual Nature of
Fritz Jahr's Bioethics 125
Paweł Łuków

Zum Schutz natürlicher Freiheit durch Recht und Ethik 137
Jan C. Joerden

Gibt es moralische Pflichten gegen sich selbst? 149
Matthias Kaufmann

Body and Ethics. Reflections on Fritz Jahr's Bioethics and
Richard Shusterman's Somaesthetics 161
Leszek Koczanowicz

Fritz Jahr's Concept of Bioethics and the Ethical Controversies
over Experiments on Human Subjects 173
Joanna Miksa

Katholische und protestantische Ethik im Dialog. Der bioethische
Imperativ von Fritz Jahr aus Sicht von Tadeusz Ślipko 195
 Magdalena Ziętek

Fritz Jahr und der ökologische Ansatz der katholischen
Theologie heute 215
 Geni Maria Hoss

Korrespondenzadressen der Autorinnen und Autoren 229

Einleitung

Florian Steger, Jan C. Joerden und Maximilian Schochow

International besteht weitgehend Einigkeit darüber, dass die *Bioethik* seit den 1960er Jahren in den USA ihren Anfang hat. Dass dieser Begriff wesentlich früher etabliert wurde und im Folgenden auch konzeptionell angereichert Fahrt aufnahm, belegen die Originalarbeiten des protestantischen Theologen Fritz Jahr (1895–1953) aus Halle (Saale),[1] der bereits 1926 den Begriff „Bioethik" in seinem Artikel *Wissenschaft vom Leben und Sittenlehre* in der Zeitschrift *Die Mittelschule* im weiten Sinn definierte und 1927 in der Zeitschrift *Kosmos* konzeptualisierte, das heißt als sittliche Verpflichtungen nicht nur gegen den Menschen, sondern gegen alle Lebewesen beschrieb.[2] Jahrs bioethischer Imperativ lautet demnach: „Achte jedes Lebewesen grundsätzlich als einen Selbstzweck und behandle es nach Möglichkeit als solchen!" Fritz Jahr ging demnach schon 1926 weit über den engen Begriff der Bioethik hinaus, wie dieser seit 1970 in den USA als Abkehr von paternalistischer Arztethik und Wendung zu einer partnerschaftlichen Ethik zwischen Patient und Arzt beschrieben wurde. Vielmehr schlug Jahr die Brücke zwischen Ethik und Naturwissenschaft. Er beschrieb, wie der Mensch mit der belebten Umwelt umging und welche Missstände damit verbunden waren. Dabei hob er, ganz in der Tradition von Charles Darwin (1809–1882) stehend, die Grenze zwischen menschlichem und tierischem Leid auf. Jahr führte den Begriff der Bioethik ein, um damit menschliches Verhalten angesichts des naturwissenschaftlich-technischen Fortschritts in diesen neuen Rahmenbedingungen bewerten zu können. Immanuel Kants Formulierung des Kategorischen Imperativs wurde Jahr strukturelles Vorbild für seinen Bioethischen Imperativ.

---

1   Die Originalarbeiten werden nachzulesen sein in der von Florian Steger mit einer Einleitung versehenen Replicata-Ausgabe, die 2014 im Universitätsverlag Halle-Wittenberg erscheint.
2   Fritz Jahr: Wissenschaft vom Leben und Sittenlehre (Alte Erkenntnis in neuem Gewande). In: Die Mittelschule. Zeitschrift für das gesamte mittlere Schulwesen 40 (1926), S. 604–605. Fritz Jahr: Bio-Ethik. Eine Umschau über die ethischen Beziehungen zu Tier und Pflanze. In: Kosmos. Handweiser für Naturfreunde 24 (1927), S. 2–4.

Bioethische Fragestellungen und im Speziellen aktuelle medizinethische Debatten stehen im Mittelpunkt der Arbeit des „Interdisziplinären Arbeitskreises Ethik der Medizin in Polen und Deutschland". Der Arbeitskreis wurde 2012 zwischen der Martin-Luther-Universität Halle-Wittenberg (Florian Steger), der Europa-Universität Viadrina (Jan C. Joerden) und der Uniwersytet Łódzki (Andrzej M. Kaniowski) gegründet und folgt dem „Arbeitskreis Ethik und Wissenschaftstheorie der Medizin in Ostmitteleuropa", dessen Ziel es wiederum war, einen Diskurs über ethische und wissenschaftstheoretische Fragen der Medizin zu initiieren. Der „Interdisziplinäre Arbeitskreis Ethik der Medizin in Polen und Deutschland" verfolgt aktuelle medizinethische Fragen, die in den Nachbarländern von Bedeutung sind (http://blogs.urz.uni-halle.de/medizinethik/, abgerufen 1.3.2014), beispielsweise in den Themenfeldern Fortpflanzungs- oder Intensivmedizin. Vor 1990 wurden die medizinethischen Diskussionen durch die politisch-gesellschaftliche Situation in Polen und Deutschland getrennt voneinander geführt. Im Arbeitskreis geht es deshalb darum, die unterschiedlichen Positionen kennenzulernen, sich mit den verschiedenen Standpunkten vertraut zu machen und die medizinethischen Debatten im interdisziplinären Rahmen voranzubringen. Die Mitglieder des Arbeitskreises organisieren gemeinsame Tagungen unter Einbindung verschiedener Disziplinen und Bereiche der Angewandten Ethik.

Mit dem gesetzten Ziel des Arbeitskreises, bioethische Diskussionen zwischen Deutschland und Polen zu führen, drängt sich Fritz Jahr als thematischer Fokus geradezu auf, insbesondere hinsichtlich seiner internationalen Bedeutung angesichts der frühen und umfassenden Prägung des Begriffs Bioethik. Dieser Fokus ermöglichte einen sehr prägenden Auftakt der intensiven deutsch-polnischen Zusammenarbeit im Bereich der Medizinethik. Ende November 2012 hat der Arbeitskreis Wissenschaftlerinnen und Wissenschaftler aus den Fachbereichen Medizin, Theologie, Philosophie sowie der Rechtswissenschaft aus Brasilien, Kroatien, Polen, den USA und Deutschland zu einer Tagung nach Halle (Saale) eingeladen, um gemeinsam über Fritz Jahr ins Gespräch zu kommen und dessen Arbeiten aus der Perspektive der einzelnen Bereichsethiken zu diskutieren.[3] Dabei galt es zum einen, die bioethische Diskussion historisch zu erweitern und die einzelnen Bereiche der Angewandten Ethik hinsichtlich ihrer Jahr-Rezeption zu befragen. Zum anderen sollten die Zugänge zum Begriff der Bioethik durch die jeweiligen Bereichsethiken untersucht werden, um einen Beitrag zur konzeptionellen

---

3   Vgl. hierzu den Tagungsbericht: Maximilian Schochow, Jonas Grygier: Tagungsbericht. 1927 – Die Geburt der Bioethik in Halle (Saale) durch den protestantischen Theologen Fritz Jahr (1895–1953). In: B. Sharon Byrd, Joachim Hruschka, Jan C. Joerden (Hg.): Jahrbuch für Recht und Ethik/Annual Review of Law and Ethics. Bd. 21. Berlin 2013, S. 325–329.

Erweiterung der bioethischen Diskussion zu leisten. Schließlich standen jene Fragestellungen im Mittelpunkt der Tagung, die sich aus dem Begriff der Bioethik für die jeweilige Bereichsethik ergeben und wie sich diese in einen internationalen Kontext überführen lassen. Die Beiträge zur Tagung werden in ausgearbeiteter Fassung in diesem Band dokumentiert.

Den Auftakt macht Florian Steger mit seinem wissenschaftshistorischen Beitrag *Fritz Jahr (1895–1953). Eine biographische Skizze*. Der protestantische Theologe Fritz Jahr war nach seinem Schulabschluss als Aushilfslehrer sowie als Aushilfspfarrer in Halle (Saale) und Umgebung tätig. Sein Leben war geprägt durch die Krankheit seines Vaters und durch seinen eigenen labilen Gesundheitszustand. Dies erschwerte ihm bis 1930, eine feste Anstellung als Lehrer oder Pfarrer zu finden und beeinflusste lebenslang seinen beruflichen Werdegang. Auch sein Gesundheitszustand verschlechterte sich zunehmend. Dennoch publizierte Fritz Jahr zahlreiche ethische und theologische Schriften. 1926 formulierte er seinen bioethischen Imperativ, der sich auf die Ehrfurcht vor allem Leben stützt. Die biographische Skizze zeigt Fritz Jahrs persönliches Schicksal und geht auf die Genese des Begriffs Bioethik ein.

Diesen biographischen Faden nimmt die Nephrologin Rita Kielstein auf und fokussiert dabei in ihrem Beitrag *Arbeitskraft und Gesundheit – biographische Anmerkungen zu Fritz Jahr* als Ärztin auf Jahrs Biographie. Kielstein blickt auf den Einfluss des körperlichen Leidensdrucks, dem Jahr ausgesetzt war und auf sein berufliches Wirken. Anhand von Jahrs langjähriger Krankheitsgeschichte wird seine somatische wie psychische Konstitution rekonstruiert und mit seinem Werk in Verbindung gesetzt. Gleichzeitig werden die Folgen ärztlicher Expertise sowie die Wirkung von Medikamenten, etwa der starke Konsum bromhaltiger Medikamente, die Jahrs Wahrnehmung der Wirklichkeit beeinflussten, in die Darstellung einbezogen. Dabei geht Kielstein von der These aus, dass mit diesem Zugang eine angemessene Kontextualisierung von Fritz Jahrs Werk und Wirken durchführbar ist.

Amir Muzur und Iva Rinčić beginnen ihren Beitrag *Epistemological, Political and Cultural Implications of the Discovery of Fritz Jahr's Work: the Concept and Project of European Bioethics* mit rezeptionshistorischen Überlegungen. Vor dem Hintergrund der Georgetown Bioethics und ihrer theoretischen Defizite wird die Bedeutung Jahrs für die Bioethik herausgearbeitet. Anschließend wird die Geschichte des Bioethik-Begriffs nachgezeichnet. Muzur und Rinčić fragen: Wie kam die US-amerikanische Konzeption einer Bioethik nach Europa und wie entstanden daraus eigene, europäische Konzeptionen? Schließlich wird ein aktuelles Projekt zur Bioethik präsentiert, das im Sinne Jahrs eine europäische Bioethik begründen helfen soll. Das Projekt findet in der „Rijeka-Deklaration über die

Zukunft der Bioethik" Ausdruck; mit dem Projekt ist der Wunsch verbunden, ein Fritz Jahr-Dokumentations- und Forschungszentrum für eine europäische Bioethik in Rijeka (Kroatien) zu gründen.

Aus bioethischer Perspektive blickt Hans-Martin Sass in seinem Beitrag *Fritz Jahr und die Bioethik des 21. Jahrhunderts* auf Jahr, der den Kategorischen Imperativ von Immanuel Kant (1724–1804) auf alle Formen des Lebens ausweitet. Jahrs Vision eines neuen interdisziplinären Faches und einer neuen globalen Ethik im Umgang mit Natur und Umwelt waren lange Zeit vergessen, so Sass. Erst heute sehe man, dass Jahrs methodischer und konzeptioneller Paradigmenwechsel in der Bewertung von Leben, von Lebensformen und Lebensräumen nicht nur neue methodische und inhaltliche Perspektiven für die Natur- und Umweltwissenschaften eröffnet, sondern auch für die Organisations-, Wert- und Kulturwissenschaften.

Hier schließt Eve-Marie Engels an und würdigt Jahr in ihrem Beitrag *Fritz Jahr als Pionier einer interdisziplinären anwendungsbezogenen Bioethik*. Dabei hebt Engels vor allem auf Jahrs Vorstellung von Bioethik ab, welche in ihren Grundzügen wesentliche Elemente und konzeptionelle Überlegungen umfasst, die wir heute mit einer interdisziplinären anwendungsbezogenen Bioethik verbinden. Jahr stützt sich, so Engels, auf aktuelle Entwicklungen in den Naturwissenschaften seiner Zeit, auf eine reichhaltige philosophische Tradition und auf theologische Voraussetzungen wie biblische Quellen. Engels zeigt in ihrem Beitrag zunächst die Bedeutung der modernen Biologie für Jahrs Menschen- und Naturbild auf, insbesondere die Rolle von Charles Darwins (1809–1882) Abstammungstheorie, bevor sie die empirischen, naturwissenschaftlichen und normativen Elemente von Jahrs Bioethik darstellt.

Ebenfalls aus bioethischer Perspektive blicken Nikolaus Knoepffler und Johannes Achatz in ihrem Beitrag *Vom Gesinnungsunterricht zur Gentechnik. Zur Relevanz der Gedanken Fritz Jahrs für heutige bioethische Debatten* auf den Begriff der Gesinnung, wie ihn Fritz Jahr verwendet, und zeigen, wie dieser im Lauf der letzten 150 Jahre an Bedeutung verlor. Knoepffler und Achatz fragen, ob die Gedanken des Vaters der Bioethik dennoch auf aktuelle Herausforderungen wie den Umgang mit Gentechnik fruchtbar angewandt werden können. An zwei Beispielen aus dem Bereich der Grünen Gentechnik und der Diskussion um die Präimplantationsdiagnostik gehen sie dieser Frage nach und übertragen Fritz Jahrs Thesen zum Gesinnungsunterricht auf aktuelle bioethische Debatten.

Paweł Łuków erörtert in seinem Beitrag *Respect for Living Creatures and the Conflictual Nature of Fritz Jahr's Bioethics* vor dem Hintergrund der Konzeptionen von Van Rensselaer Potter (1911–2001) und André Hellegers (1926–1979), welche das heutige Verständnis von Bioethik maßgeblich bestimmen, Jahrs Konzept einer Bioethik. Łuków argumentiert, dass Jahrs Idee in der Tradition der westlichen Philosophie steht – im Gegensatz zum gegenwärtigen Konzept von Bioethik, das aus der empirischen und praktischen Forschung stammt und in dem traditionelle ethische Perspektiven nur ergänzend wirken. Für Jahr stelle sich der Bioethik-Ansatz nicht als eine Antwort auf neue, durch Fragmentierung und Diversifizierung moralischer Gewissheiten entstehende Probleme dar, sondern als eine Neuinterpretation existierender moralischer Prinzipien auf der Grundlage aktueller wissenschaftlicher Erkenntnisse. In diesem Sinn ist die Bioethik Jahrs kein neues Forschungsfeld mit dem Ziel, eine ungewohnte ethische Harmonie angesichts akuter Probleme zu präsentieren, sondern sie bleibt einer traditionellen Ethik verhaftet, welche die für das westliche Denken konstitutive Uneinigkeit enthüllt.

Aus rechtsphilosophischer Sicht untersucht Jan C. Joerden in seinem Beitrag *Zum Schutz natürlicher Freiheit durch Recht und Ethik* die Bedingungen, unter denen eine von Fritz Jahr 1926 vorgeschlagene Umformulierung von Kants Kategorischem Imperativ zu einem Bioethischen Imperativ plausibel gemacht werden kann. Dabei entwickelt Joerden – ausgehend von der These, dass es die Aufgabe der Ethik sei, „Freiheit" zu schützen – eine Systematik, unter der auch Tieren „Freiheit" zugeschrieben werden kann, die schutzwürdig ist. Unter Verwendung aus dem Strafrecht bekannter Rechtsfiguren zieht Joerden aus jener Systematik Konsequenzen für die Lösung konkreter Konfliktsituationen. Dabei stellt sich u.a. heraus, dass der Mensch jedenfalls dann moralisch verpflichtet ist, Tiere nicht zu töten, wenn er Möglichkeiten hat, auch ohne Fleischkonsum zu überleben.

Als Philosoph stellt Matthias Kaufmann die Frage *Gibt es moralische Pflichten gegen sich selbst?* Fritz Jahr hebt, so Kaufmann, in einem Text von 1934 die Pflicht der Selbsterhaltung und generell moralische Pflichten des Menschen gegen sich selbst hervor, die er unter Rückgriff auf Paulus religiös begründet. In der Ethikdebatte der letzten Jahrzehnte überwog die Auffassung, dass es moralische Pflichten gegen sich selbst nicht geben könne, jedenfalls nicht ohne religiöse Begründung. Kaufmann zeigt, dass auch Kants Rede von Pflichten gegenüber der Menschheit in der eigenen Person religiöse Wurzeln hat, doch folge daraus nicht, dass sie darauf reduzierbar ist. Kaufmann erwägt einige Vorschläge nicht-religiöser Deutung und stellt einen eigenen Ansatz vor.

Leszek Koczanowicz reflektiert in seinem Beitrag *Body and Ethics. Reflections on Fritz Jahr's Bioethics and Richard Shusterman's Somaesthetics* die Nützlichkeit einer Philosophie des Körpers für eine bioethische Diskussion. Ausgangspunkt sind Überlegungen Jahrs zu grundlegenden ethischen Fragen. Die Überlegungen Jahrs werden als wegweisend herausgestellt, doch mangele es ihnen an einer entwickelten Philosophie des Körpers, die als Grundlage für die Bioethik dienen könnte. Aus diesem Grund müsse Jahrs Konzeption um eine Philosophie des

Körpers ergänzt werden, wie sie der in der philosophischen Tradition des Pragmatismus stehende amerikanische Philosoph Richard Shusterman (*1949) entwickelt hat. Im zweiten Teil des Aufsatzes werden Shustermans Ansichten vorgestellt und auf ihre Nützlichkeit für die Bioethik hin analysiert.

Joanna Miksa fokussiert in ihrem Beitrag *Fritz Jahr's Concept of Bioethics and the Ethical Controversies over Experiments on Human Subjects* auf ethische Fragen, die sich im Zusammenhang mit psychologischen Experimenten stellen. In der Bioethik konzentriere man sich in der Regel auf ethische Verpflichtungen, die der Mensch gegenüber den Tieren und seiner Umwelt hat. Jahr sei hier keine Ausnahme. Anders als bei Tieren müsse man bei Experimenten, bei denen Menschen betroffen sind, den Begriff der Autonomie berücksichtigen sowie die Pflicht, die moralische Subjekte gegen sich selbst haben.

Magdalena Ziętek verfolgt in ihrem Beitrag *Katholische und protestantische Ethik im Dialog. Der bioethische Imperativ von Fritz Jahr aus Sicht von Tadeusz Ślipko* die These, dass der bioethische Imperativ von Jahr zum großen Teil dem Protestantismus entsprungen ist. Durch einen Vergleich von Jahrs Gedankenwelt mit dem katholischen Ansatz am Beispiel von Tadeusz Ślipko (*1918) würden die protestantischen Einflüsse auf sein Werk deutlich, so Ziętek.

Aus theologischer Perspektive schließt Geni Maria Hoss hier an und hebt in ihrem Beitrag *Fritz Jahr und der ökologische Ansatz der katholischen Theologie heute* die aktuellen Herausforderungen im Bereich von Ökologie und Nachhaltigkeit hervor. Diese bewegten die katholische Theologie, dieses Thema in Verbindung mit der Theologie der Schöpfung zu vertiefen und zu begründen. Obwohl noch nicht ausreichend vorangetrieben, könne doch ein bedeutender Fortschritt festgestellt werden, so Hoss, von dem aus es möglich sei, den Dialog mit den verschiedenen Geistes- und Naturwissenschaften im Hinblick auf ethische Verantwortung gegenüber allen Lebensformen zu fördern. Hoss stellt anhand des aktuellen Katechismus eine Verbindung zwischen der Lehre der katholischen Kirche und den Gedanken Fritz Jahrs her. Es gebe wichtige Konvergenzen, wenn es um die Würde des Menschen und seine Beziehung zu anderen Lebewesen geht. Vor allem das ethische Verhältnis den Tieren gegenüber bedürfe der Vertiefung, da dieses eine ernstzunehmende Aufgabe an die Praxis der christlichen Gemeinden stelle, die ein kohärentes Handeln fordere. Die ethische Verantwortung aus dem Schöpfungsglauben umfasse den Ursprung und das Endziel des Lebens, Soteriologie und Eschatologie. Das mache Jahrs theologisches Erbe überhaupt aus, so Hoss.

Fritz Jahrs Schriften sind nicht nur ein lokalhistorischer Schatz. Vielmehr stellen diese, wenn es sich in der Summe auch um ein knappes Werk und im Einzelnen um durchweg kurze Texte handelt, einen reichen Fundus für eine internationale bioethische Diskussion dar. Die Autorinnen und Autoren dieses Bandes tragen dazu bei, Fritz Jahr als „Vater der Bioethik" zu würdigen und seine Arbeiten zu bioethischen Fragen wiederzuentdecken. Weit über die historische Gebundenheit hinaus sind die Gedanken Jahrs prägend gewesen und zeigen eine hohe Aktualität (man denke nur an Jahrs Überlegungen zur Tierethik) – auch über die Medizinethik hinaus und für die weitreichende internationale Diskussion bioethischer Fragestellungen.

Zu danken ist der Deutsch-Polnischen Wissenschaftsstiftung (DPWS), welche die Tagung und die Veröffentlichung dieses Bandes durch ihre Förderung erst ermöglicht hat. Zudem danken wir den Autorinnen und Autoren, die uns ihre Beiträge für die Drucklegung überlassen haben. Schließlich danken wir Nancy Grochol, die in bewährter und zuverlässiger Weise das Lektorat dieses Bandes übernommen hat, sowie Daniel Fuchs für die Korrektur der englischsprachigen Beiträge.

Fritz Jahr (1895–1953). Eine biographische Skizze

Florian Steger

Zusammenfassung

Der protestantische Theologe Fritz Jahr (1895–1953) war nach seinem Schulabschluss sowohl als Aushilfslehrer als auch als Aushilfspfarrer in Halle (Saale) und Umgebung tätig. Sein Leben war geprägt durch die Krankheit seines Vaters und durch seinen eigenen labilen Gesundheitszustand. Dies erschwerte ihm bis 1930, eine feste Anstellung als Lehrer oder Pfarrer zu finden und beeinflusste seinen beruflichen Werdegang lebenslang. Auch sein Gesundheitszustand verschlechterte sich zunehmend. Dennoch publizierte Fritz Jahr zahlreiche ethische und theologische Schriften. Im Jahr 1926 formulierte er seinen bioethischen Imperativ, der sich auf die Ehrfurcht vor allem Leben stützt. Die biographische Skizze zeigt Fritz Jahrs persönliches Schicksal und geht auf die Genese des Begriffs Bioethik ein.

Abstract

After his graduation, the Protestant theologian Fritz Jahr (1895–1953) was working both as a substitute teacher and a substitute pastor in Halle (Saale) and the city's surrounding area. His whole life he was influenced by the illness of his father as well as by his own instable state of health. Thus, until 1930, he had difficulties to find a position as teacher or reverend which had an impact on his professional career throughout his whole life. Also his poor health deteriorated more and more. Nevertheless, Fritz Jahr published numerous ethical and theological writings. In 1926, he coined his bioethics imperative, that is based on respect for all life. The biographical sketch shows Fritz Jahr's personal fate, and addresses the genesis of the term bioethics.

Namhafte Kolleginnen und Kollegen haben sich bereits darum verdient gemacht, die Biographie Fritz Jahrs zu erschließen. Erwähnen möchte ich Hans-Martin Sass, Irene Miller, Amir Muzur, Iva Rinčić und nicht zuletzt Rita Kielstein, deren biographischer Beitrag zu Fritz Jahr in diesem Band aufgenommen wurde.[1] Ohne Rolf Löther und Eve-Marie Engels wäre Fritz Jahr vermutlich gar nicht entdeckt

---

1   Zuerst gilt mein Dank dem Rektor der Martin-Luther-Universität Halle-Wittenberg, Prof. Dr. Udo Sträter, der mir kurz nach Antritt meines Lehrstuhl in großzügiger Weise die Aufzeichnungen seiner biographischen Rekonstruktionsbemühungen zu Fritz Jahr zur weiteren Verwendung überlassen hat. Ich habe hieraus wertvolle Hinweise entnehmen können. Dann danke ich meinem ehemaligen Mitarbeiter Matthias Zaft, der mich v. a. bei der Erschließung der Archivalien tatkräftig unterstützt hat. Schließlich danke ich Maximilian Schochow für die kritische Durchsicht des Aufsatzes.

worden, zumindest wäre es ohne sie nicht zu einer so lebendigen wissenschaftlichen Beschäftigung mit Fritz Jahr und seinem Werk gekommen.[2]

Meiner biographischen Skizze, die ich hier vorlege, liegen Archivalien des Archivs der Evangelischen Kirche der Kirchenprovinz Sachsen Magdeburg (AKPS), des Archivs der Franckeschen Stiftungen Halle (Saale) (AFSt), der Bibliothek für Bildungsgeschichtliche Forschung Berlin (BBF), des Stadtarchivs Halle (Saale) (StAH), des Standesamtes der Stadt Halle (Saale) (StaH) und des Archivs der Martin-Luther-Universität Halle-Wittenberg (UA Halle) zugrunde.[3] Ich habe also primär Quellen behördlicher Kommunikation ausgewertet. Die hierin enthaltenen Darstellungen von biographischen Umständen und lebenswirklichen Handlungsmotiven sind stark intentional vom Anliegen der Verfasser geprägt. Ego-Dokumente, Briefwechsel sowie Zeitzeugenberichte, die eine wertvolle Quellenergänzung darstellen könnten, standen mir zum größten Teil nicht zur Verfügung.

Paul Fritz Max Jahr wurde am 18. Januar 1895 in Halle (Saale) geboren.[4] Sein Vater Gustav Maximilian Jahr[5] (1865–1930) arbeitete von 1898/1899 bis zu seiner Entlassung 25 Jahre lang als Versicherungsbeamter. Er war mit Auguste Marie, geb. Langrock, (1862–1921) seit dem 6. Juni 1892 verheiratet.[6] Als Fritz Jahr zur Welt kam, wohnte die Familie in der Wilhelmstraße 41.[7] Obwohl seine

---

2   In dem von Muzur und Sass herausgegebenen Sammelband „Fritz Jahr and the Foundation of Global Bioethics" sind entsprechend einschlägige Forschungsbeiträge publiziert. Vgl. vor allem Irene M. Miller: Ahead of his time. Reflecting on Fritz Jahr's late recognition. In: Amir Muzur, Hans-Martin Sass (Hg.): Fritz Jahr and the Foundations of Global Bioethics. The Future of Integrative Bioethics. Berlin, Zürich 2012, S. 159–167 sowie Amir Muzur und Iva Rinčić: Fritz Jahr: On how he had discovered bioethics and how bioethicist have discovered him. In: Amir Muzur, Hans-Martin Sass (Hg.): Fritz Jahr and the Foundations of Global Bioethics. The Future of Integrative Bioethics. Berlin, Zürich 2012, S. 169–177.

3   Darüber hinaus wurden folgende weitere Archive in die Untersuchung einbezogen, in denen es aber keine für die Fragestellung verwertbaren Archivalien gab: Archiv für Bildungsgeschichtliche Forschung Berlin, Archiv des Evangelischen Kirchenkreises Halle-Saalkreis, Evangelisches Pfarrhausarchiv und Forschungsbibliothek Eisenach, Evangelisches Zentral-Archiv Berlin, Geheimes Staatsarchiv Preußischer Kulturbesitz Berlin, Kreiskirchenamt Halle, Landeshauptarchiv Sachsen-Anhalt Magdeburg, Landeshauptarchiv Sachsen-Anhalt, Abteilung Dessau, Landeshauptarchiv Sachsen-Anhalt, Abteilung Merseburg, Landeshauptarchiv Sachsen-Anhalt, Abteilung Wernigerode, Landeskirchenarchiv Eisenach, Thüringisches Hauptstaatsarchiv Weimar, Thüringisches Staatsarchiv Gotha sowie Universitätsarchiv Jena.

4   StAH: Nr. 179/1895: Geburtsurkunde Fritz Jahr.
5   StaH: Personalakte Fritz Jahr PA 36, Bildstelle 27.
6   StaH: Personalakte Fritz Jahr (Anm. 4).
7   StAH: Geburtsurkunde Fritz Jahr (Anm. 3).

Eltern evangelisch waren, wurde Fritz Jahr am 21. Januar 1895 katholisch getauft.[8] Erzogen wurde er aber evangelisch; er besuchte auch den evangelischen Religions- und Konfirmandenunterricht.[9] Bis zu seinem 10. Lebensjahr zog die Familie mehrfach in Halle (Saale) um: 1896 bis 1898 wohnte die Familie Jahr in der Friedrichstraße 59, 1899 in der Ackerstraße 6, 1900 in der Uhlandstraße 11, von 1903 an waren sie in der Forsterstraße 5 gemeldet. Im Jahr 1905 wohnten sie im Böllberger Weg 23, im hallischen Stadtteil Glaucha.[10] Ostern 1901 wurde Fritz in die Mittelschule der Franckeschen Stiftungen eingeschult,[11] die er bis September 1905 besuchte; zu Michaelis 1905 wurde er in die dortige Oberrealschule aufgenommen.[12] Nach achteinhalb Jahren Oberrealschule erhielt Fritz Jahr am 19. März 1914 sein Reifezeugnis.[13] Während Jahrs Oberrealschulzeit in den Franckeschen Stiftungen zog die Familie 1913 in die Albert-Schmidt-Straße 8 um. Dieses Haus ist die letzte Adresse, unter der Fritz Jahr bei seinem Tod 1952 gemeldet war.[14]

Unmittelbar nach seiner Schulzeit schrieb sich Fritz Jahr als Student an der Vereinigten Friedrichs-Universität Halle-Wittenberg ein. Hier blieb er vom Sommersemester 1914 bis zum Wintersemester 1918/1919 immatrikuliert.[15] In seinem ersten Studiensemester belegte er die Fächer Kameralwissenschaft, Geschichte und Musikwissenschaft,[16] bevor er sich im Sommersemester 1915 als Kriegsfreiwilliger meldete; rasch wurde er Kanonier und diente von Mai bis August bei der 4. Ersatzbatterie des Mansfelder Feldartillerie-Regiments Nr. 75.[17] Vom Sommersemester 1916 an studierte Fritz Jahr Theologie und Philosophie;[18] er holte das Hebraicum nach und lernte Griechisch sowie Latein. Irene Miller schreibt hierzu: „Ambitious and highly motivated he embarked in the difficult study of the required languages, but early on suffered setbacks."[19] Schon im Mai 1916 legte er vor

---

8 AFSt/S B I 7 Nr. 2072: Schüleralbum 1885–1914 Realgymnasium der Franckeschen Stiftungen zu Halle a. d. Saale, III.
9 AKPS: Personalakte Fritz Jahr J126 I : Personalfragebogen vom 14.3.1919, Blatt 1.
10 StaH: Adressbücher Halle a. S. u. Umgebung, 1895–1905 (VS A).
11 StaH: Personalakte Fritz Jahr (Anm. 4).
12 AFSt/S B I 7 Nr. 2072: Schüleralbum 1885–1914 (Anm. 7).
13 AKPS: Personalakte Fritz Jahr J126 I: Abschrift Reifezeugnis.
14 StaH: Adressbücher Halle a. S. u. Umgebung, 1913–1950 (VS A); StaH: Nr. 433/1953: Sterbeurkunde Paul Fritz Max Jahr, Bezirk Halle 1.
15 UA Halle: Matrikelscheine Fritz Jahr.
16 StaH: Personalakte Fritz Jahr (Anm. 4).
17 AKPS: Personalakte Fritz Jahr J126 II: Nr. 1200 II d: Führungszeugnis der Truppenstammrolle für 1915.
18 UA Halle: Matrikelschein Fritz Jahr vom 22.4.1914, ergänzt am 9.5.1916.
19 Miller: Ahead of his time. Reflecting on Fritz Jahr's late recognition (Anm. 1), S. 159.

der Königlichen Prüfungskommission eine entsprechende Prüfung ab, die sein Reifezeugnis ergänzte und erwarb damit das gymnasiale Reifezeugnis.[20] Mit nur 22 Jahren begann Fritz Jahr damit, selbst Schüler zu unterrichten. Vertretungsweise gab er 1917 im Privatschuldienst sowie bis Ende Juni 1918 an der Knabenmittel und -vorschule der Franckeschen Stiftungen Unterricht.[21] Am 25. Juli 1919 bestand Jahr dann die erste theologische Prüfung mit der Note „gut". Nach erfolgreich bestandener Prüfung *pro licentia concionandi* durfte er nun geistliche Amtshandlungen vornehmen, nur keine Trauungen, Konfirmationen sowie keine Verwaltung der Sakramente; Voraussetzung dafür war die zweite theologische Prüfung.[22] Vom 1. Oktober 1919 bis 30. September 1920 war er Lehrvikar in St. Georgen in Halle (Saale). Sieben Wochen später, im November 1920, bestand Jahr die Mittelschullehrerprüfung für die Fächer Religion und Geschichte.[23] Damit erwarb Jahr die Berechtigung, als Mittel- und Volksschullehrer zu arbeiten. Am 14. Februar 1921 starb nach mehrjähriger Krankheit Jahrs Mutter im Alter von 59 Jahren.[24] Wenige Wochen später bestand Jahr am 18. März 1921 seine zweite theologische Prüfung; die Kommission in Magdeburg bewertete seine Leistung mit „im ganzen gut".[25] Bereits drei Tage später und damit noch vor Antritt seines Amtes stellte Jahr ein Gesuch um Urlaub zur „Wiederherstellung seiner Gesundheit". In dem zugehörigen ärztlichen Attest liest man von „schwerer Herzaffection (Palpitationen)" sowie von „äußerst akuter Brustfellentzündung"; es wurde ein „sofortiger Urlaub von mindestens drei Monaten" für dringend geboten erachtet und Jahr wurde vorerst für dienstunfähig erklärt.[26] Dies ist der Beginn der langen Krankengeschichte Jahrs. Ebenfalls 1921 unterrichtete Jahr vertretungsweise an der Wittekindschule und trat damit in den städtischen Schuldienst ein, aus dem er aber wegen heftiger Unstimmigkeiten mit den städtischen Schulräten sowie der zuständigen Abteilung der Landesregierung 1925 austreten wird.[27] Bis Mai 1925 war er als „voll beschäftigte Aushilfskraft" an

---

20 AKPS: Personalakte Fritz Jahr J126 I : Zeugnis der Ergänzungsprüfung vom 27.5.1916.
21 AKPS: Personalakte Fritz Jahr J126 I: Bescheinigung Lehrtätigkeit vom 15.11.1924, Bl. 156; StaH: Personalakte Fritz Jahr PA 36, Bildstelle 27: Lebenslauf Fritz Jahr vom Februar 1938.
22 AKPS: Personalakte Fritz Jahr J126 I: Zeugnis erste theologische Prüfung vom 25.7.1919.
23 AKPS: Personalakte Fritz Jahr J126 I: Zeugnis zur Prüfung als Mittelschullehrer vom 24.11.1920, Bl. 153.
24 StaH: Sterbeurkunde Auguste Marie Jahr, Nr. 297/1921.
25 AKPS: Personalakte Fritz Jahr J126 I: Zeugnis zweite theologische Prüfung vom 18.3.1921.
26 AKPS: Personalakte Fritz Jahr J126 I: Ärztliches Gutachten vom 21.3.1921, Bl. 136.
27 AKPS: Personalakte Fritz Jahr J126 I: Briefwechsel, Bl. 174ff.

verschiedenen städtischen Mittel- und Volksschulen beschäftigt, so an der Cröllwitzschule, der Giebichensteiner Volksschule für Knaben sowie der gleichnamigen Volksschule für Mädchen, der Huttenschule, der Klosterschule, der Luisenschule, der Lutherschule, der Martinschule, der Pestalozzischule sowie der hallischen Volkshochschule.[28]

Neben seiner Tätigkeit als Lehrer war Jahr in seinem Beruf als Pastor tätig, wenn auch immer wieder nur befristet und aushilfsweise. Seit seiner Ordination im März 1921 hielt er Predigten und Passionsstunden, so in St. Georgen, im Paul-Riebeck-Stift, im Alters- und Pflegeheim, in der Gemeinde Unser Lieben Frauen, in der Klinikkapelle, in St. Stephanus und in St. Bartholomäus. Er führte in der Universitätsfrauenklinik Taufen durch und war in der Jugendarbeit aktiv, so etwa im Jugendverein der Gemeinde Unser Lieben Frauen.[29] Jahr bewarb sich mehrfach auf Pfarrstellen in Halle (Saale) und Umgebung.[30] Im Mai 1924 lehnte er eine Hilfspfarrerstelle in Erfurt aus finanziellen Gründen ab mit dem Hinweis, er müsse den Vater versorgen.[31] Der Gesundheitszustand seines Vaters („ein sich mit der Zeit verschlimmerndes Leiden") zwang ihn dazu, „ein Sanatorium aufzusuchen".[32] Sein Vater Gustav Maximilian Jahr war mittlerweile arbeitslos („nach 25-jähriger Dienstzeit an derselben Arbeitsstelle infolge der allgemeinen Notlage abgebaut")[33] und litt neben dem Tod seiner Frau an nervöser Erschöpfung und zunehmend an Depressionen. Im selben Jahr verlobte sich Fritz Jahr mit der Lehrertochter Berta Elise Neuholz (1899–1947), die er am 25. Januar 1932 in Halle (Saale) heiraten wird.

In der Zeitschrift *Die Mittelschule*, Fachpublikationsorgan der Reichsfachschaft Mittelschule im Lehrerbund, erschien 1924 ein Beitrag von Jahr mit dem Titel *Weltsprache und Weltsprachen*.[34] Im Oktober desselben Jahres wurde Jahr an der Nase operiert. Auch in den folgenden Jahren litt er immer wieder an entzündeten Stirn- und Nebenhöhlen.[35] 1925 war Jahr in Halle (Saale) als Hilfsprediger

---

28 AKPS: Personalakte Fritz Jahr J126 I (Anm. 20); StaH: Personalakte Fritz Jahr PA 36, Bildstelle 27: Bescheinigung Lehrtätigkeit vom 6.5.1925.
29 AKPS: Personalakte Fritz Jahr J126 I: Bescheinigung geistliche Tätigkeit vom 17.12.1924, Bl. 154.
30 AKPS: Personalakte Fritz Jahr J126 I: Bewerbungsschreiben vom 15.6.1924, Bl. 144.
31 AKPS: Personalakte Fritz Jahr J126 I: Schreiben vom 20.5.1924, Bl. 134.
32 AKPS: Personalakte Fritz Jahr J126 I: Schreiben Fritz Jahr vom 29.12.1929.
33 AKPS: Personalakte Fritz Jahr J126 II: Schreiben Fritz Jahr vom 27.11.1932.
34 Fritz Jahr: Weltsprache und Weltsprachen. In: Die Mittelschule. Fachpublikationsorgan der Reichsfachschaft Mittelschule im Lehrerbund 38 (1924), S. 96–97.
35 AKPS: Personalakte Fritz Jahr J126 I: Schreiben Fritz Jahr vom 21.1.1926, Bl. 186b, Arztrechnung 12.8.1926, Bl. 194, Bl. 201c; AKPS: Personalakte Fritz Jahr J126 I: Schreiben Fritz Jahr vom 21.9.1926. Bl. 204a.

in St. Johannes eingesetzt, doch versetzte ihn die zuständige kirchliche Behörde zum 1. Dezember 1925 als Hilfsprediger nach Dieskau, zog drei Wochen später aber ihre Verfügung wieder zurück und beauftragte Fritz Jahr, „von Januar 1926 ab als Hilfsprediger in Unser Lieben Frauen in Halle tätig zu sein".[36] Mit Verweis auf Jahrs instabilen Gesundheitszustand hielt sich die Superintendentur aber bis März 1926 bedeckt.[37] Im Januar 1926 wandte sich Fritz Jahr an das Evangelische Konsistorium und erbat „eine außerordentliche Unterstützung (oder Notstandsbeihilfe) in Höhe von 600 M." Neben eigener Verdienstminderung infolge des Wegfalls der Ortszulage führte er als Gründe vor allem die Kosten für den Erhalt und die Wiederherstellung der eigenen wie der Gesundheit seines Vaters an.[38] Diese Bittstellungen werden Jahr sein ganzes Leben begleiten.

Während Fritz Jahr noch immer an den Folgen seiner Atemwegsinfektionen und akuter Erkältung litt, die er nicht zuletzt auf mangelnde Heizbarkeit seiner Diensträume zurückführte, attestierte Sanitätsrat Gaczkowski Jahr bereits im August 1925, er „leide seit längerer Zeit an Nervenerschöpfung"[39] und sah es auch vier Monate später noch als notwendig an, dass er sich „einer Kur von 8 Wochen in einer Nervenheilanstalt unterzieht".[40] Ob die Unterbringung zu therapeutischen Zwecken in einer solchen Einrichtung zustande kam, ist nicht überliefert. Bereits im Februar 1926 konnte Fritz Jahr aus gesundheitlichen Gründen seine Tätigkeit als Hilfspfarrer der Dieskauer Gemeinde nicht mehr ausüben. Daraufhin enthob ihn das Evangelische Konsistorium am 15. Februar 1926 seines Amts; erneut war Jahr ohne Einkünfte.[41] Im März wandte er sich an den Evangelischen Oberkirchenrat nach Berlin und bat um „Unterstützung von Mk. 700 (Höhe des Gehaltes für zwei Monate)"; im April erneuerte Jahr seine Bitte um Unterstützung in einem Schreiben an das Evangelische Konsistorium in Magdeburg. Er bat darum, ihm zu seiner „Wiederherstellung" einen Zuschuss „in Form eines Vorschusses gütigst [zu] gewähren". Die derzeit einzigen Einkünfte bestünden im Invaliden- und Ruhegeld seines Vaters in Höhe von

---

36 AKPS: Personalakte Fritz Jahr J126 I: Mitteilung Evang. Konsistorium vom 24.12.1925, Bl. 171.
37 AKPS: Personalakte Fritz Jahr J126 I: Mitteilung Evang. Konsistorium vom 9.3.1926, Bl. 192.
38 AKPS: Personalakte Fritz Jahr J126 I (Anm. 34), Bl. 187.
39 AKPS: Personalakte Fritz Jahr J126 I: Ärztliches Gutachten vom 3.8.1925, Bl. 167.
40 AKPS: Personalakte Fritz Jahr J126 I: Ärztliches Gutachten vom 19.1.1926, Bl. 186a; vgl. das Attest zum Gesundheitszustand des Vaters, welches in die Akte von Fritz Jahr kam, man hielt hier den Sohn für den Vater; vgl. AKPS: Personalakte Fritz Jahr J126 I: Mitteilung Evang. Oberkirchenrat vom 18.12.1928.
41 AKPS: Personalakte Fritz Jahr J126 I: Schreiben Fritz Jahr vom 25.3.1926, Bl. 194, Bl. 201c.

„monatlich Mk. 60,95".[42] Am 9. Juni 1926 nach zahlreichen Schriftwechseln mit Erklärungen, Stellungnahmen und Kostennachweisen zwischen Magdeburg, Berlin und Halle (Saale) gewährte der Evangelische Oberkirchenrat schließlich „dem erkrankten Hilfsprediger Jahr in Halle eine einmalige Unterstützung von Zweihundert Reichsmark".[43] Auch diese Vorgänge werden zentraler Bestandteil in Jahrs Leben.

Von April 1926 an unterrichtete Fritz Jahr für ein Schuljahr vertretungsweise am Seydlitzlyzeum in den Fächern Deutsch, Geschichte, Erkunde und Englisch.[44] Im Schuljahr 1927 ist er an dieser Privatschule mit einer vollen Stelle beschäftigt.[45] Jahr war noch immer ohne feste Anstellung und bewarb sich weiterhin auf freie Pfarrstellen.[46] Bis 1928 wurde ihm der Vollzug von 63 Amtshandlungen bestätigt, darunter Predigten, Andachten, Taufen, Kindergottesdienste, Evangelisationsversammlungen, Trauerfeiern – vorwiegend in hallischen Gemeinden und kirchlichen wie sozialen Einrichtungen, aber auch in Apolda, Dalena, Domnitz, Elsterwerda und Eilenburg.[47] Während dieser Zeit nahm Jahr an einem Presselehrgang des Evangelisch-Sozialen Preßverbands teil und war sowohl für den Verband als auch in anderen Organen tätig.[48]

In der Zeitschrift *Die Mittelschule* erschienen 1926 erneut zwei Beiträge von ihm; im Heft 9 sein Beitrag *Gedanken und Versuche* zum *Tonsatz als Unterrichtsmethode*,[49] im Heft 45 ein kurzer Aufsatz mit dem Titel *Wissenschaft vom Leben und Sittenlehre*.

---

42 AKPS: Personalakte Fritz Jahr J126 I (Anm. 40), Bl. 194; AKPS: Personalakte Fritz Jahr J126 I: Schreiben Fritz Jahr vom 12.4.1926, Bl. 195a.
43 AKPS: Personalakte Fritz Jahr J126 I: Mitteilung Evang. Oberkirchenrat vom 9.6.1926, Bl. 200.
44 AKPS: Personalakte Fritz Jahr J126 I: Mitteilung Landeskirchenrat evang. Kirche Thüringen vom 26.11.1926, Bl. 225; AKPS: Personalakte Fritz Jahr J126 I: Schreiben Fritz Jahr vom 21.3.1927, Bl. 238; AKPS: Personalakte Fritz Jahr J126 I: Schuljahresbericht Seydlitz-Lyzeum 1926/27, Bl. 239.
45 AKPS: Personalakte Fritz Jahr J126 I: Arbeitgeberzeugnis Seydlitz-Lyzeum vom 27.1.1928, Bl. 257.
46 AKPS: Personalakte Fritz Jahr J126 II: Mitteilung Evang. Konsistorium vom 8.10.1928, Bl. 260; AKPS: Personalakte Fritz Jahr J126 II: Bewerbungsschreiben Fritz Jahr vom 26.9.1926; AKPS: Personalakte Fritz Jahr J126 I: Bewerbungsschreiben Fritz Jahr vom 27.12.1928.
47 AKPS: Personalakte Fritz Jahr J126 I: Bescheinigung geistliche Tätigkeit vom 15.1.1928, Bl. 256.
48 AKPS: Personalakte Fritz Jahr J126 I: Schreiben Fritz Jahr vom 28.1.1928, Bl. 253.
49 Fritz Jahr: Der Tonsatz als Unterrichtsmethode. (Gedanken und Versuche) In: Die Mittelschule, Fachpublikationsorgan der Reichsfachschaft Mittelschule im Lehrerbund 40 (1926), S. 108–109. BBF/DIPF/Archiv 02 A 0948; RF 859–881.

Gesicht. Zur Beherrschung eines Instrumentes sind Notenkenntnis und Heimischwerden in unserm Dur- und Mollsystem unbedingt erforderlich. Ich persönlich habe die Erfahrung gemacht, daß Kinder, die nur Gesangunterricht haben und nicht noch nebenbei ein Instrument spielen, trotz aller Mühe nur schwer in die Geheimnisse der Harmonielehre und musikalischen Formenlehre einzuführen sind; fast betrachte ich daher solch Bemühen als aussichtslos. Die Zahl der Kinder, die sich wirklich das System zu eigen macht, ist — nach meiner Erfahrung — sehr klein; es sind nur einzelne. Wenn diese Erfahrung aber verallgemeinert werden kann, dann ist nur auf solchen Schulen wirklich fruchtbringend Theorie der Musik zu treiben, an denen ein großer Teil der Schüler Klavier, Violine oder ein anderes Instrument spielt. Aus wirtschaftlichen Gründen wird in der Volksschule die Zahl solcher Schüler immer gering sein. In den mittleren und höheren Schulen dagegen ist sie sehr erheblich. Der Pädagog würde in solchen Schulen einen schweren Fehler machen, wenn er nicht diese musikalische Betätigung der Schüler, die sich außerhalb der Schule vollzieht, seinen Zwecken dienstbar machte. Wenn er dies tut, läßt sich mit Leichtigkeit viel von dem erreichen, was andernfalls nur schwer zu leisten ist. Somit scheint der neue Musiklehrplan für die Mittelschulen durchaus auf dem rechten Wege zu sein. Indem er in der Umwelt gewonnenen musikalischen Bausteinen mit berücksichtigt, indem er die entsprechenden Schüler zu einem Instrumentalkörper vereinigt, ergibt sich die Möglichkeit, eine bewußte musikalische Betätigung zu erzielen.

Das Wesentliche jenes neuen Musiklehrplans liegt darin, daß er nicht nur Gesang, sondern Musik in der Mittelschule treiben läßt und feinstimmig in musikalischen Anschauungs- und Wertunterricht gliedert. Die musikalische Betätigung der Schule wird so mit dem in unserm Volke lebenden musikalischen Kulturgut in Verbindung gebracht. Was eingewendet, daß der musikalische Anschauungsunterricht zu weit ginge; meines Erachtens mit Unrecht. Die Anteilnahme an Konzert und Bühne ist heute in weiteste Kreise gedrungen. Der Schule muß, sofern die Bedingungen, unter denen sie arbeitet, es ermöglichen, zur Klärung und Veredlung des musikalischen Geschmacks nicht nur durch das Lied, sondern auch durch die Instrumentalmusik beitragen. Wer in einem entlegenen Walddorf lebt, in dem kaum einmal ein dramatisches Werk von der Bühne herab Leben gewinnt, für den mag eine Einführung in musikdramatische Kunst von geringem Wert sein. Wo aber Schon in jungen Jahren solche Kunstgaben an den Menschen herantreten, da ist es Pflicht der Schule, die Grundlagen der Allgemeinbildung auch auf diesem Gebiet zu legen. In der Praxis werden sich für diesen musikalischen Anschauungsunterricht bestimmte Formen der Darbietung herausbilden, so daß das, was auf dem Papier so vielsagend aussieht, auf seinen richtigen Kern zurückgeführt wird. Man klagt oft, daß die Lehrpläne zu viel enthalten, daß sie den Bogen überspannen. Doch immer noch ist die Erkenntnis, daß nur der etwas erreicht, der sich hohe Ziele steckt. Außerdem wissen wir alle, und jeder verständigen Schulaufsicht wird es klar sein, daß Lehrpläne Höchstforderungen enthalten. Sollte man andrer Ansicht sein, so müßte das Problem der Lehrpläne mit Höchst- oder Mindestforderungen einmal aufgerollt werden.

Da die Mittelschule eine „Lebensschule" sein soll, die mehr wie die höhere Schule dem praktischen Leben dient und über das Maß des in der Volksschule Erreichbaren hinausgeht, fragt es sich, ob in ihr die Musik eine eigene Stellung einnimmt. Kaufmännische und technische Berufe sollen in ihr eine besonders gute Grundlage erhalten. Demnach scheint in ihr das rein Wirtschaftliche, Materielle, nüchtern Praktische die Hauptrolle zu spielen. Das stimmt aber nicht so ganz. Moderner Handel und Verkehr, moderne kaufmännische und technische Tätigkeiten bedürfen in hohem Maße Bildung des Geschmacks. Hand, Auge und Ohr müssen an hochstehende Formen gewöhnt sein, damit der in diesen Berufen tätige Mensch das Künstlerische, das mit aller Qualitätsarbeit verbunden ist, nicht vernachlässigt. Deshalb muß gerade die Mittelschule den technisch-künstlerischen Fächern besondere Sorgfalt entgegenbringen. Werk- und Zeichenunterricht, Musik und Gymnastik müssen Hand in Hand gehen, damit Menschen erzogen werden, denen die schöne Form vom gediegenen Gehalt untrennbar scheint. Zu begrüßen ist es, daß der neue Musiklehrplan für Mittelschulen einen so feinhörigen Bearbeiter gefunden hat. Es sind teilweise neue Wege, die gegangen werden müssen, wenn wir weiterkommen wollen. Ministerielle Lehrpläne sind Meilensteine auf dem Wege der pädagogischen Entwicklung. In ihnen soll sich der Niederschlag neuer geistiger Kräfte zeigen, die in einem Volk am Wachsen sind. Sie sind Kleider, die man allen Erfordernissen entsprechend, in sorgfältiger Maßarbeit anfertigt, die sich aber, wenn ihre Zeit gekommen ist, Um- und Neubildungen gefallen lassen müssen.

Musik und Schule! Dankbar muß der Erzieher die Hände dem entgegenstrecken, der ihm die Möglichkeit gibt, seinem Herzen mit lebendiger Freude zu erfüllen. Echte Freude aber kann nur aus ehrlicher, besehender Arbeit erwachsen. Auch die Kunst macht hierin keine Ausnahme. Diese Erkenntnis sollte bei allem künstlerischen Erleben, soweit es in der Schule gegeben werden kann, niemals fehlen; denn befriedigt wird die Menschenbrust letzten Endes nicht durch oberflächlichen „künstlerischen" Genuß, sondern nur durch tief-innerliches künstlerisches Erleben.

Frankfurt a. M. Dr. Adolf Wirth.

Wissenschaft vom Leben und Sittenlehre.
(Alte Erkenntnisse in neuem Gewande.)

Die moderne Wissenschaft vom Leben, das ist die Biologie, beschäftigt sich nicht ausschließlich mit Botanik und Zoologie. Sie steht auch im Zusammenhang mit der Anthropologie. Dieser Zusammenhang findet seine praktische Verwertung in der Medizin. Tierversuche, Blutversuche, Serumforschungen sind hier zu nennen und noch manches andere, wovon vielleicht die Überpflanzung der Keimdrüsen von Affen auf den Menschen nach Steinach als ganz besonders aktuell unser Hauptinteresse erregt.

Die neuere Psychologie, die auf experimentellen physiologischer Grundlage aufbaut, ist heute ebenfalls nicht mehr auf ein einziges Arbeitsgebiet, den Menschen, beschränkt. Sie arbeitet mit denselben Methoden auch auf dem Gebiete der Tierseele, und wie es eine vergleichende anatomisch-zoologische Forschung gibt, so werden auch höchst lehrreiche Vergleiche zwischen Menschen- und Tierseele angestellt[a]. Ja, sogar die Anfänge einer Pflanzenpsychologie machen sich bemerkbar — die bekanntesten ihrer Vertreter sind G. Th. Fechner[1] in der Vergangenheit, R. H. Francé[2] und Ad. Wagner[3] in der Gegenwart — so daß die moderne Psychologie auch in den Bereich ihrer Forschungen zieht. Unter diesen Umständen ist es nur folgerichtig, wenn R. Eisler[4] zusammenfassend von einer Bio-Psychik spricht.

Von der Biopsychik ist nur ein Schritt bis zur Bio-Ethik, d. h. zur Annahme ethischer Verpflichtungen nicht nur gegen den Menschen, sondern allen Lebewesen. Sachlich ist die Bioethik durchaus nicht erst eine Entdeckung der Gegenwart. Schon der Theologe Schleiermacher[5] erklärte es für unsittlich, daß Leben und Gestaltung, wo sie sich finden, also auch beim Tier und bei der Pflanze, zerstört werden, ohne daß ein vernünftiger Zweck damit verbunden ist. Noch vor ihm erwartete der Dichter Herder[6] vom Menschen, daß er sich nach dem Vorbild des Alls mit ihrem Gefühl durchdringenden Gottheit in jedes Geschöpf versenken in dem Maß wie ihm empfinden können, was das Geschöpf es bedarf. Desgleichen fordert der Philosoph Krause[7], ein Zeitgenosse Schleiermachers, daß jedes Lebewesen als solches zu achten ist und zwecklos nicht zerstört werden dürfe. Denn sie alle, die Pflanzen wie die Tiere ebenso wie der Mensch, sein gleichberechtigt; allerdings nicht zu gleichem, sondern ein jedes nur zu dem, was ein notwendiges Erfordernis zur Erreichung seiner Bestimmung ist.

In bezug auf das Tier ist uns die ethische Forderung längst eine Selbstverständlichkeit geworden[8], wenigstens in der Form, es nicht nutzlos zu quälen. Als ein besonders anziehendes Beispiel aus der Vergangenheit dürfte uns hierbei gerade in diesem Jahre die Gestalt des heiligen Franz von Assisi mit seiner

---
[a] Von neueren tierpsychologischen Arbeiten sind besonders zu empfehlen: Sommer, Tierpsychologie, Leipzig 1925. Alverdes, Tiersoziologie, Leipzig 1925.
[1] G. Th. Fechner, Nanna oder das Seelenleben der Pflanzen. Leipzig 1848.
[2] R. H. Francé, Pflanzenpsychologie als Arbeitshypothese der Pflanzenphysiologie. Stuttgart 1909.
[3] Ad. Wagner. Die Vernunft der Pflanze. Dresden 1926.
[4] R. Eisler, Das Wirken der Seele. Stuttgart 1908.

[5] Schleiermacher, Philosophische Sittenlehre. (Kirchmann) 1870.
[6] Herder, Ideen zur Philosophie der Geschichte der Menschheit. Riga und Leipzig 1785.
[7] K. Chr. Fr. Krause, Das System der Rechtsphilosophie. (Röder) Leipzig 1874.
[8] Das beste Werk auf diesem Gebiete stellt immer noch dar: J. Bregenzer, Tierethik. Bamberg 1894.

großen Liebe auch zu den Tieren in der Erinnerung aufsteigen. — Anders ist es schon mit der Pflanze: Daß wir auch gegen diese gewisse ethische Pflichten haben, dürfte manchem im ersten Augenblick etwas widersinnig erscheinen. Jedoch dem ist nicht so. Schon ein Paulus lenkt durch seine poesievolle Äußerung über das sehnsüchtige Harren aller Kreatur (also auch der Tiere und der Pflanzen) auf Erlösung[9]) unser Mitgefühl auf diese. — Ein Gegenstück hierzu sind die verklärt stimmungsvollen Ausführungen in dem dritten Akt von Richard Wagners „Parsifal": In frommer Huld schont der Mensch wenigstens am allerheiligsten Charfreitag Halm und Blume auf der Auen mit saktftem Schritt, um sie nicht zu verletzen. — In diesen Zusammenhang gehört auch jenes Märchen Andersens von dem Engel, der nicht nur die Seele eines frühverstorbenen Kindes zum Himmel forttrug, sondern auch allerlei Blumen mitnahm, unter anderen eine arme vertrocknete Feldblume, die, als er selbst noch als das immer kranke Kind sehr arme Eltern auf Erden weilte, in düsterer Kellerwohnung, seine größte, seine einzige Freude gewesen war. Und Gott im Himmel drückte alle Blumen an sein Herz. Aber die arme verdorrte Feldblume küßte er, und sie erhielt Stimme und sang mit den Engeln, welche Gott umschwebten. — Handelt es sich bei den genannten Beispielen zunächst auch nur um phantasievolle Poesie, so gilt doch auch hier das Wort, welches Richard Wagner seinem Hans Sachs in den Mund legt:

„All Dichtkunst und Poeterei
ist nichts als W a h r traumdeuterei".

Das erkennen wir, wenn wir die ernsthaften pflanzenethischen Überlegungen eines so nüchternen Philosophen, wie es der erst vor zwanzig Jahren verstorbene Ed. v. Hartmann war[10]), ins Auge fassen. In einem Aufsatze über den Blumenluxus schreibt er von einer gepflückten Blüte: „Sie ist ein zum Tode verwundeter Organismus, dessen Farben nur noch nicht beschädigt sind, ein noch lebendes und lächelndes Haupt, das von seinem Rumpfe getrennt ist. — Wenn ich aber die Rose im Wasserglas oder auf den Draht eines Bouquets geflochten sehe, so kann ich mich des widerwärtigen Gedankens nicht erwehren, daß der Mensch ein Blumenleben gemordet hat, damit es im Sterben ein Auge erfreue, das herzlos genug ist, den unnatürlichen Tod unter dem Scheine des Lebens nicht herauszufühlen. — — Sehe ich aber gar ein Meisterwerk der Blumengärtnerei, einen großen Korb mit einer Masse der kostbarsten, auf Draht gezogenen Blüten, so ist mir zu Mut, als sollte ich einen Damenkopfpuh aus lauter aufgespießten, aufs Rad geflochtenen, noch zappelnden Schmetter-

[9]) Römerbrief, Kap. 8; 19—22. In neuerer Zeit schrieb über „Die Unsterblichkeit der Pflanze" F. Martius, Stuttgart 1838.
[10]) Die psychologischen Voraussetzungen behandelt W. v. Schnehen, E. v. Hartmann und die Pflanzenpsychologie. Stuttgart 1908.

lingen und Käfern bewundern"[11]). Die pflanzenethischen Forderungen, die diese Anschauung enthält, sind ohne weiteres deutlich.

Was die Möglichkeit der Verwirklichung solcher ethischer Verpflichtungen gegen alle Lebewesen anbetrifft, so scheint sie eine Utopie zu sein. Da ist jedoch nicht zu übersehen, daß die ethischen Verpflichtungen gegen ein Lebewesen sich praktisch nach dessen „Bedürfnissen" (Herder), bzw. nach seiner „Bestimmung" (Krause), richten. Nun sind ja die Bedürfnisse der Tiere an Zahl weit geringer und an Inhalt weniger kompliziert, als die des Menschen. In erhöhtem Maße gilt dies für die Pflanze, so daß die ethischen Verpflichtungen, die schon gegen das Tier (wenn auch nicht grundsätzlich, so doch praktisch) geringer sind, gegen sie noch viel weniger Schwierigkeiten bereiten. Des weiteren ist hier noch das Prinzip des Kampfes ums Dasein von Einfluß, im Prinzip, welches auch unsere ethischen Pflichten gegen die Mitmenschen in gewisser Weise modifiziert. Innerhalb dieser Grenzen bleiben immer noch zahlreiche Möglichkeiten zur bioethischen Betätigung. Eine Anleitung dazu, auf welche Weise dies auf dem Gebiete der Tierethik etwa geschehen kann, geben die Tierschutzparagraphen in den Strafgesetzbüchern der verschiedensten Kulturländer[12]). Auf dem Gebiet der Pflanzenethik weist uns unser Gefühl den Weg, wenn es uns hindert, während eines Spazierganges im Freien die Pflanzen rechts und links von unserem Wege aus Spielerei in den Spazierstock zu köpfen, oder Blumen zu pflücken und sie nach kurzer Zeit achtlos wieder wegzuwerfen, oder wenn es uns mit Abscheu erfüllt über den blinden Zerstörungstrieb roher Burschen, welche junge Bäume an der Landstraße abbrechen. — Nach alledem ergibt sich als Richtschnur für unser Handeln der bioethische Imperativ: „Achte jedes Lebewesen grundsätzlich als einen Selbstzweck und behandle es nach Möglichkeit als solchen!"

Für den Unterricht ergibt sich daraus die Möglichkeit, auch in den naturkundlichen Fächern auf die Gesinnung bildend einzuwirken. Dadurch erhalten diese Fächer in gewisser Weise den Rang von Gesinnungsfächern. Im Hinblick auf die sehr zeitgemäße Forderung des Naturschutzes ist diese Tatsache von der größten Bedeutung: Derselbe braucht nicht mehr rein ästhetisch begründet zu werden, etwa durch den Hinweis darauf, daß es häßlich sei, Tiere zu quälen, Pflanzen sinnlos zu zerstören und Gottes freie Natur durch hingeworfenes Papier, Eierschalen oder Glasscherben zu verunstalten, sondern er wird zu einer ernsthaften Forderung der Sittenlehre erhoben.

Halle (Saale).   Fritz J a h r.

[11]) Ed. v. Hartmann, Der Blumenluxus. 1885.
[12]) Das Material ist zusammengestellt und besprochen bei R. v. Hippel, Die Tierquälerei in den Strafgesetzbüchern des Inund Auslandes. Berlin 1891.
Sonstige praktische Anweisungen gibt Kyber, Tierschutz und Kultur, Stuttgart-Heilbronn 1925.

Vereinsangelegenheiten.

Preußischer Verein für das mittlere Schulwesen E.V.

Zeugnisvermerk
bei der Übergangsprüfung auf eine höhere Lehranstalt.

Auf meine Eingabe vom 26. Juni 1926 ist mir vom Herrn Minister mitgeteilt worden, daß auf das Schlußzeugnis von Mittelschülern und Mittelschülerinnen ein Vermerk über die etwa nicht bestandene Aufnahmeprüfung für O II einer Vollanstalt nicht gesetzt werden darf. Der Vermerk hat vielmehr nach dem Erlaß vom 6. November 1923 U II Nr. 16870 U II V folgendermaßen zu lauten:

„Ist am . . (Datum) . . . zusammen mit der Meldung zur . . . (Bezeichnung der in Betracht kommenden Prüfung) . . . bei . . . (Bezeichnung der Schule) . . . vorgelegt worden."
Brandenburg, den 5. Dezember 1926

B u h ß.

Kassenangelegenheit.

Alle verehrl. Mitglieder und Kassenwarte bitte ich, dafür freundlichst sorgen zu wollen,
1. daß mir in kürzester Zeit durch die Herren Kassenwarte bestimmte — nicht geschätzte — Angaben über die Zahl der anderen Lehrerschaften zugehörenden Mitglieder unseres Verbandes gemacht werden können,
2. daß die Beiträge für das laufende Vierteljahr restlos bis spätestens 20. d. M. bei der Landeskasse eingegangen sind,
3. daß die An- und Abmeldungen an die Provinzial- bzw. Landeskassenwarte gerichtet werden, die die Meldungen weitergeben. Austritte sind satzungsgemäß erst am Schlusse des Vereinsjahres zulässig. Würde dies allerorten streng durchgeführt, würde eine ungeheure Arbeit erspart und die Landeskasse vor großen Ausfällen bewahrt.

Es liegt im Interesse des Mitgliedes, daß obiger Bitte in Nr. 38 der „Mittelschule" S. 502 ausgesprochenen Bitte endlich nachgekommen wird.

Indem ich meinen treuen Helfern in dem schweren Kassengeschäft herzlich für ihre mühselige Arbeit danke, rufe ich allen verehrlichen Mitgliedern eine „Frohe Weihnacht" zu.
Stettin, den 5. Dezember 1926.

Otto M i l d e b r a t h, Landeskassenwart.

Haftpflicht- und Unfallversicherung.

Wiederholte Fragen von den verschiedensten Seiten veranlassen mich zu folgenden, schon öfter gesagten Ausführungen auch auf Nr. S. 538—539 und Nr. 11 1925 S. 135—137 der „Mittelschule":

Alle Mitglieder unseres Verbandes sind ohne weiteres gegen Haftpflicht versichert, also gegen Personen- und Sachschäden, den sie oder in ihrem Auftrage handelnde Personen dritten Personen oder ihnen anvertrauten Sachen zufügen. Die Haftsumme beträgt für Personenschaden bis 100 000 M., für Sachschaden bis 10 000 M. Im Falle eines Schadens ist Meldung direkt an die Germania, II u ß B A G in Stettin, Paradeplatz 16, unter Angabe der Nr. H. 44 458 und unter Bescheinigung der Zugehörigkeit zu unserer Organisation durch den Vorsitzenden des Orts-

Abb. 1: Wissenschaft vom Leben und Sittenlehre

In diesem Beitrag versuchte Jahr eine Brücke zwischen Ethik und Naturwissenschaft zu schlagen, indem er auf Möglichkeit und Pflicht abhob, bereits im Schulunterricht in den naturwissenschaftlichen Fächern ethische Werte zu vermitteln. Jahrs bioethischer Imperativ taucht hier – als solcher vielleicht sogar erstmals – wortwörtlich auf: „Achte jedes Lebewesen grundsätzlich als einen Selbstzweck und behandle es nach Möglichkeit als einen solchen!"[50] Eine erweiterte Ausarbeitung und Darstellung seines Bioethik-Ansatzes veröffentlichte Jahr dann 1927 in der Zeitschrift *Kosmos. Handweiser für Naturfreunde und Zentralblatt für das naturwissenschaftliche Bildungs- und Sammelwesen.*[51]

Amir Muzur und Iva Rinčić meinen in diesem Zusammenhang:[52] „There is little doubt that the discovery of the work of Fritz Jahr was the most intriguing and promising moment in the last fifteen years of bioethics history." An die Stelle des rationalen moralischen kategorischen Gebots bei Immanuel Kant (1724–1804) setzte Fritz Jahr das moralisch abwägende Gebot auf der Basis der Ehrfurcht vor dem Bios. Für ihn besaß alles Leben in der Welt einen Wert. Er stellte sich damit in die Nachfolge von Johann Gottfried Herder (1744–1803) und Arthur Schopenhauer (1788–1860). Zur Unterstützung seiner Position griff er auf christliche und asiatische Positionen zurück. Beispielsweise verweist er auf Franz von Assisi (1181/82–1226) und hinduistische und buddhistische Traditionen. Nicht die Strenge des kategorischen Imperativs, sondern die Abwägung zwischen Handlungsalternativen und Verantwortungen innerhalb menschlicher Kulturen, auch gegenüber der Natur, bestimme moralisches Handeln. Damit griff Fritz Jahr Themen auf, die erst Jahrzehnte später von Aldo Leopolds (1887–1948) Land-Ethics und Van Rensselar Potters (1911–2001) im Rahmen der Bioethik der 1970er Jahre als Wissenschaft vom Überleben diskutiert wurden.[53]

---

50 Fritz Jahr: Wissenschaft vom Leben und Sittenlehre. (Alte Erkenntnisse in neuem Gewande). In: Die Mittelschule, Fachpublikationsorgan der Reichsfachschaft Mittelschule im Lehrerbund 40 (1926), S. 604–605. BBF/DIPF/Archiv 02 A 0948; RF 859–881.
51 Fritz Jahr: Bio-Ethik. Eine Umschau für die ethischen Beziehungen des Menschen zu Tier und Pflanze. In: Kosmos. Handweiser für Naturfreunde und Zentralblatt für das naturwissenschaftliche Bildungs- und Sammelwesen 24 (1927), S. 2–4.
52 Muzur, Rinčić: Fritz Jahr: On how he had discovered bioethics and how bioethicists have discovered him (Anm. 1), S. 169; vgl. zur Entdeckungsgeschichte von Fritz Jahr S. 172ff.
53 Hans-Martin Sass: The Many Faces and Colors of the Bioethics Imperative. In: Amir Muzur, Hans-Martin Sass (Hg.): Fritz Jahr and the Foundations of Global Bioethics. The Future of Integrative Bioethics. Berlin, Zürich 2012, S. 281–291; Igor Eterovic: Kant's Categorial Imperative and Jahr's Bioethical Imperative. In: Amir Muzur, Hans-Martin Sass (Hg.): Fritz Jahr and the Foundations of Global Bioethics. The Future of Integrative Bioethics. Berlin, Zürich 2012, S. 82–95.

Abb. 2: Titelblatt der Zeitschrift Kosmos

Zurück zur Biographie: Am 28. Januar 1928 schrieb Jahr an den Generalsuperintendenten. In diesem Schreiben wies er auf seine wissenschaftlichen Interessen hin, auf den Tierschutz und seine Veröffentlichungen (so in den Nachrichtenblättern für die evangelischen Kirchengemeinden von Halle (Saale), *Mut und Kraft*) sowie auf seine theoretischen wie pädagogischen Erfahrungen. Er berichtete auch von seinem Dissertationsvorhaben mit dem Titel *Über das ethische Verhältnis des Menschen zum Tier und zur Pflanze* an der Universität Jena; was daraus de facto wurde, wissen wir nicht. Zudem bewarb er sich mit dem Hinweis, er nehme für eine dortige Tätigkeit auch geringfügige Bezahlung in Kauf, nachdrücklich um eine Mitarbeit am *Institut für evangelische Weltanschauung* in Wittenberg. Darüber hinaus schlug Jahr weitere Dienst- und Tätigkeitsfelder vor, in denen er gern arbeiten würde, so in der Abteilung für Volksbildung, als Unterrichtender im hallischen Diakonissenhaus oder für die Presse im Dienst der Kirche. Nicht zuletzt bat er wiederholt um eine Pfarrstelle, etwa in Spickendorf, oder um die Übertragung einer kirchlichen Tätigkeit in Halle (Saale), um „den Lebensunterhalt einer Person oder gar einer Familie zu sichern".[54] Seine Bemühungen blieben aber ohne unmittelbare Resonanz.

Im selben Jahr 1928 erschienen von Fritz Jahr drei Beiträge im Organ des *Ethikbundes*, der Zeitschrift *Ethik. Sexual- und Gesellschaftsethik*. Neben dem Verhältnis von Tierschutz und Ethik fragt Jahr hier nach sozialer und sexueller Ethik in der Publizistik sowie nach der Möglichkeit eines sexuellen Ethos.[55]

Im Herbst 1928 war Fritz Jahr als „gewählter Pfarrer" auf einer unbestätigten Vertretungsstelle in Delitzsch beschäftigt und bat das Evangelische Konsistorium wiederholt um wirtschaftliche Unterstützung sowie um berufliche Planungssicherheit. Solche Sicherheit blieb aber aus, im Oktober bewilligt ihm das Konsistorium 200 Mark. Zugleich wurde Jahr der Falschaussage bezüglich seines Gesundheitszustands während der letzten Jahre bezichtigt; im Dezember wurde der Fehler entdeckt, der dazu führte: die irrtümliche Verwendung eines Attests über das Nervenleidens von Jahrs Vater. Jahr war dennoch nicht moralisch rehabilitiert. Fritz Jahr bewarb sich weiterhin um vakante Pfarrstellen, im Dezember 1928 etwa nach Aken (Elbe), Morl, Schiepzig, Kanena bei Dieskau und Naundorf, ebenso auf Hilfspredigerstellen

---

54 AKPS: Personalakte Fritz Jahr J126 I (Anm. 47).
55 Fritz Jahr: Tierschutz und Ethik in ihren Beziehungen zueinander. In: Ethik. Sexual- und Gesellschaftsethik. Organ des Ethikbundes 4 (1928), S. 100–102; Fritz Jahr: Soziale und sexuelle Ethik in der Tageszeitung. In: Ethik. Sexual- und Gesellschaftsethik. Organ des Ethikbundes 4 (1928), S. 149–150; Fritz Jahr: Wege zum sexuellen Ethos. In: Ethik. Sexual- und Gesellschaftsethik. Organ des Ethikbundes 4 (1928), S. 161–163.

im Kirchengebiet der evangelischen Kirche Thüringens.[56] Zum 1. Februar 1929 beauftragte das Evangelische Konsistorium Fritz Jahr mit der „vertretungsweisen Verwaltung der Pfarrstelle in Braunsdorf, Kirchenkreis Geiseltal".[57] Anfang Juni bat Jahr das Konsistorium wiederum um Entbindung von der Braunsdorfer Hilfspredigertätigkeit, da er ab Mitte des Monats eine Realschullehrerstelle im thüringischen Luftkurort Bad Blankenburg antreten wollte.[58] In Magdeburg kam man seinem Ersuchen nach. In seinem Dankschreiben betonte Jahr wiederholt sein Interesse, der „Evangelischen Kirche durch [seine] besonderen Eigenheiten (Unterricht und Erziehung, wissenschaftlich-apologetische Arbeit, rednerische Betätigung, Pressedienst) zu dienen". Im Bewerbungsverfahren um die Stelle des Leiters eines Kindergärtnerinnenseminars an einer westfälischen Diakonissenanstalt etwa sei er in die engere Wahl gekommen und er bat das Konsistorium Magdeburg nun darum, „geneigtest" seinen Einfluss bei der Stellenbesetzung geltend zu machen.[59]

Wie im Jahr zuvor veröffentlichte Fritz Jahr 1929 in der Zeitschrift *Ethik. Sexual- und Gesellschaftsethik* im Heft 6 seinen Beitrag *Zwei ethische Grundprobleme in ihrem Gegensatz und in ihrer Vereinigung im sozialen Leben.*[60]

Im Oktober 1929 bat Jahr das Evangelische Konsistorium „um geneigteste Berücksichtigung" bei der Besetzung von Religionslehrerstellen an höheren Schulen und bot sich bei Bedarf als „Aushilfe in den Kirchenkreisen Halle-Stadt, Halle-Land I und Halle-Land II" an.[61] Von Weihnachten 1929 bis zum Jahreswechsel arbeitete Fritz Jahr als Vakanzverwalter in Grunau im Kirchenkreis Hohenmölsen. Im neuen Jahr hielt er in Gehofen, Kirchenkreis Artern, eine Probepredigt. Aber auch hier blieb Jahr ohne nachhaltigen Erfolg, er wurde vor Ort als „zu zart besaitet" eingeschätzt, während „ein ‚Mann' ins social schwierige Gehofen" gehörte.[62]

---

56 AKPS: Personalakte Fritz Jahr J126 I (Anm. 45); AKPS: Personalakte Fritz Jahr J126 I (Anm. 35); AKPS: Personalakte Fritz Jahr J126 I: Schreiben Fritz Jahr vom 29.12.1928; AKPS: Personalakte Fritz Jahr J126 I: Bewerbungsschreiben Fritz Jahr vom 27.12.1928; AKPS: Personalakte Fritz Jahr J126 I: Mitteilung Landeskirchenrat evang. Kirche Thüringen vom 26.11.1928, Bl. 261.
57 AKPS: Personalakte Fritz Jahr J126 I: Mitteilung Evang. Oberkirchenrat vom 9.2.1929.
58 AKPS: Personalakte Fritz Jahr J126 I: Schreiben Fritz Jahr vom 6.6.1929.
59 AKPS: Personalakte Fritz Jahr J126 I (Anm. 57), Schreiben vom 8.6.1929.
60 Fritz Jahr: Zwei ethische Grundprobleme in ihrem Gegensatz und in ihrer Vereinigung im sozialen Leben. In: Ethik. Sexual- und Gesellschaftsethik. Organ des Ethikbundes 6 (1929), S. 341–346.
61 AKPS: Personalakte Fritz Jahr J126 I: Schreiben Fritz Jahr vom 22.10.1929.
62 AKPS: Personalakte Fritz Jahr J126 II: Schreiben Superintendentur Artern vom 13.1.1930 und 14.1.1930.

Am 23. März 1930 wurde Jahr Vakanzverwalter in Kanena,[63] am 25. August starb sein Vater.[64] Neun Wochen später, am 1. November, wurde Fritz Jahr zum Pfarrer der Gemeinde Kanena berufen.[65] Erstmals erhielt er damit Ende 1930 nicht nur eine feste Anstellung im Kirchendienst, er erwarb sich auch das Anrecht auf soziale Unterstützung im Bedarfsfall seitens des Arbeitgebers. Zugleich veröffentlichte er 1930 im Heft 12 der reformpädagogischen Zeitschrift *Die neue Erziehung* seinen Beitrag *Gesinnungsdiktatur oder Gedankenfreiheit? Gedanken über eine liberale Gestaltung des Gesinnungsunterrichts*.[66] Doch schon im Januar 1931 bat Fritz Jahr die Superintendentur Halle-Land in Reideburg wie auch das Evangelische Konsistorium in Magdeburg aus gesundheitlichen Gründen um „6-wöchige Beurlaubung vom Dienst".[67] Jahrs Hausarzt berichtet in seinem Attest von

> Schlaflosigkeit des Nachts, Müdigkeit am Tage, starker Schwäche, zuweilen Hinfälligkeit, Mangel an Konzentrationsfähigkeit, Schwierigkeiten des Gedankenablaufs, seelischer Depression, unregelmäßiger Herztätigkeit, verbunden mit Aufgeregtheit und Angstzuständen, gelegentlicher Neigung zu Ohnmachtsanfällen

bei seinem Patienten. Bedingt sieht der Arzt die Erkrankung

> durch jahrzehntelange ungünstige Familien- und Lebensverhältnisse, besonders angreifend im letzten Jahre (Tod des Vaters, eines Vetters und einer Tante in kurzer zeitlicher Folge).[68]

Jahrs Gesundheitszustand besserte sich nicht, im April 1931 untersuchte ihn Ernst Siefert, Professor für Psychiatrie. Siefert stellte bei Fritz Jahr „noch immer die Erscheinungen reizbarer Nervenschwäche" fest und prognostizierte, dass „mit einer Dienstunfähigkeit von noch 3 Monaten zu rechnen" sei.[69] Der Superintendent in Reideburg schlug Jahr zu Kurzwecken den Aufenthalt in einer Nervenheilanstalt vor, Jahr lehnte aber ab, er wolle Halle (Saale) nicht verlassen, auch Siefert spräche sich gegen einen Sanatoriumsaufenthalt für Jahr aus. Ein solcher sei „nutzlos" und

---

63 AKPS: Personalakte Fritz Jahr J126 II: Aktenvermerk Evang. Konsistorium vom 17.11.1930.
64 StaH: Sterbeurkunde Gustav Maximilian Jahr, Nr. 1473/1930.
65 AKPS: Personalakte Fritz Jahr J126 II (Anm. 62).
66 Fritz Jahr: Gesinnungsdiktatur oder Gedankenfreiheit? Gedanken über eine liberale Gestaltung des Gesinnungsunterrichts. In: Die neue Erziehung. Beiheft zur Monatsschrift für entschiedene Schulreform und freiheitliche Schulpolitik 12 (1930), S. 200–202.
67 AKPS: Personalakte Fritz Jahr J126 II: Schreiben Fritz Jahr vom 17.1.1931.
68 AKPS: Personalakte Fritz Jahr J126 II: Ärztliches Gutachten vom 12.1.1931.
69 AKPS: Personalakte Fritz Jahr J126 II: Ärztliches Gutachten vom 23.4.1931.

von daher „ein überflüssiges Weggeben von Steuergeldern", da Fritz Jahr „noch mindestens auf Jahre hinaus dienstunfähig sein [würde], wenn überhaupt."[70] Eine Untersuchung Jahrs im September 1931 bestärkte Siefert in seiner Ansicht.[71] In der Nacht vom 5. zum 6. Oktober wurde Jahr von seiner Verlobten in die hallische Universitätsnervenklinik gebracht; dort trat bei Jahr „eine verwirrtheitsartige Störung" auf, er blieb für einige Tage in der Klinik.[72] In seinem Attest vom 27. Oktober 1931 teilte Siefert dem Evangelischen Konsistorium mit, dass sich „das Befinden des Herrn Pfarrer Jahr in den letzten Monaten außerordentlich verschlechtert" habe. Angesichts der Entwicklung schloss er mittlerweile selbst die Möglichkeit eines „organischen Leidens des Zentral-Nervensystems" nicht aus. Der Arzt führte „erhebliche Gehstörung, Doppelsehen, Schwindel und Ohnmachtsanfälle etc." an und attestierte Jahr, dass die Wiederherstellung seiner Dienstfähigkeit in absehbarer Zeit nicht zu erwarten sei.[73] Zur gleichen Zeit zog das Evangelische Konsistorium eine Pensionierung Jahrs in Betracht, bat den zeitweilig bettlägerigen Pfarrer um schriftliche Auskünfte und Nachweise seiner bisherigen Beschäftigungen zur Bestimmung der Höhe einer etwaigen Pension.[74] Jahr war verunsichert, er hoffte auf baldige Genesung und Wiederaufnahme seiner Pfarrtätigkeit in Kanena, teilte dies dem Konsistorium im Dezember 1931 mit, ebenso seine Angst, im Fall seiner Pensionierung in wirtschaftliche Not zu geraten.[75] In den letzten Dezemberwochen untersuchte Siefert Fritz Jahr erneut, die Ergebnisse teilte er dem Superintendenten in einem Schreiben am 29. Dezember 1931 mit. Darin bestätigt er weiterhin die Diagnose eines „funktionellen Leidens neurasthenischer Art mit Hysterieformen Begleitsymptomen" bei Jahr, attestierte ihm aber auch eine unerwartete Zustandsbesserung, woraus der Arzt den Hinweis ableitete, des Pfarrers gesundheitliche Wiederherstellung im Sinne einer Dienstfähigkeit sei in einigen Monaten zu erwarten. Jedoch könne er sich „mit voller Sicherheit nicht äußern, bei dem gegenwärtigen Stand der Dinge erscheint es mir doch nötig, die Frage der Pensionierung noch für ungefähr 3 Monate hinauszuschieben".[76] Im Februar 1932 teilte das Evangelische Konsistorium Fritz Jahr mit, es habe ihm noch bis zum 30. März Urlaub bewilligt. Des Weiteren trage das Konsistorium den Gedanken an Jahr heran, er möge die Kosten für seine Krankheitsvertretung in Kanena rückwirkend

---

70 AKPS: Personalakte Fritz Jahr J126 II: Mitteilung Superintendent vom 2.10.1931.
71 AKPS: Personalakte Fritz Jahr J126 II: Ärztliches Gutachten vom 28.9.1931.
72 AKPS: Personalakte Fritz Jahr J126 II: Mitteilung Superintendent vom 23.10.1931.
73 AKPS: Personalakte Fritz Jahr J126 II: Ärztliches Gutachten vom 27.10.1931.
74 AKPS: Personalakte Fritz Jahr J126 II: Mitteilung Superintendent vom 4.12.1931.
75 AKPS: Personalakte Fritz Jahr J126 II: Schreiben Fritz Jahr vom 15.12.1931.
76 AKPS: Personalakte Fritz Jahr J126 II: Mitteilung Prof. Dr. Siefert vom 19.12.1931.

zum Oktober 1931 übernehmen, „monatlich 50,00 M, wobei selbstverständlich die Vergütung für die vergangenen Monate ratenweise erfolgen kann". Jahr teilte dem Konsistorium mit, dass er die Forderung grundsätzlich einsehe und ihr auch nachzukommen bereit sei, allerdings unter den gegenwärtigen Umständen finanziell dazu nicht in der Lage sei infolge der seit längerer Zeit erhöhten Ausgaben für „Medikamente und Stärkungsmittel sowie Pflegepersonal". Da er letzteres nicht mehr hätte bezahlen können, habe er sich schließlich „früher als geplant" mit seiner langjährigen Verlobten, „Lehrerin Elise Neuholz, Tochter des Lehrers Hermann Neuholz, gestorben in Schlettau a. S., und Tochter seiner Ehefrau Elsbeth, geborene Evers am 25 Februar d. Jhs." verheiratet.[77] Elise und Fritz Jahr ließen sich am 26. April 1932 kirchlich trauen. Der Pfarrer und nunmehr Ehemann Jahr blieb weiter krankheitsbedingt dienstunfähig. Am 22. Juli 1932 attestierte Siefert in einem ausführlichen Bericht an das Evangelische Konsistorium eine chronische Angsterkrankung: „Der Zustand ist sicher konstitutionell begründet; Zwangssymptome, einmal geweckt, neigen stark zu jahrelangem Leben." So sei „leider die Wahrscheinlichkeit die, daß jene von Angstgefühlen freie Sicherheit der Lebensgestaltung, die für den Beruf absolut nötig ist, in Jahr und Tag nicht sich wieder einstellen wird", weshalb er empfehle, den Ruhestand einzuleiten.[78] Während das Evangelische Konsistorium Jahrs künftiges Ruhegehalt berechnete,[79] reichte Jahr im November 1932 dort ein Bittschreiben ein. Er legte dem Konsistorium neben den Gründen seiner Erkrankung („durchweg Familienverhältnisse") auch eine Auflistung der diesbezüglichen Ausgaben vor:

> Die Kosten des Aufenthaltes in der Klinik, das Honorar der Ärzte, Medikamente, Pflegepersonal sind in 4 Belegen ersichtlich, die zusammen M. 4018,10 betragen. Hinzu kommen noch die Kosten, die eine Krankheit mit sich bringt, ohne daß man sie schriftlich und beglaubigt einreichen kann.[80]

Aus dieser Situation heraus bat Jahr „das Konsistorium ebenso dringend als ergebenst" darum, ihm „eine Unterstützung gütigst zukommen lassen zu wollen, um so mehr, als meine bevorstehende Pensionierung meine Not erheblich steigern wird".[81] Das Evangelische Konsistorium gewährte ihm am 19. Dezember 1932

---

77 AKPS: Personalakte Fritz Jahr J126 II: Mitteilung Evang. Konsistorium vom 5.2.1932; AKPS: Personalakte Fritz Jahr J126 II: Schreiben Fritz Jahr vom 8.2.1932 und 7.3.1932.
78 AKPS: Personalakte Fritz Jahr J126 II: Ärztliches Gutachten vom 22.7.1932.
79 AKPS: Personalakte Fritz Jahr J126 II: Pensionsberechnung vom 21.11.1932.
80 AKPS: Personalakte Fritz Jahr J126 II: Schreiben Fritz Jahr vom 27.11.1932.
81 AKPS: Personalakte Fritz Jahr J126 II (Anm. 79).

eine einmalige Unterstützungszahlung von 100 Mark.[82] Am selben Tag stellt der 37-jährige Fritz Jahr den Antrag auf Pensionierung.[83] „Seit dem 1. März d. Jhs. ist durch meine Pensionierung meine Not hoch gewachsen." In einem Schreiben an die Superintendentur Halle (Saale) Land vom 1. Juli 1933 machte Fritz Jahr seinem Unmut angesichts seiner wirtschaftlichen Lage Luft. Infolge der geringen Anzahl seiner Dienstjahre betrug Jahrs Ruhegehalt monatlich 130,36 Mark. Weder Jahr noch seine Frau konnten sich leisten, Ärzte aufzusuchen, Medikamente zu kaufen oder mehr als das Vorhandene für standesgemäße Ernährung und Kleidung auszugeben.

> Pferdefleisch, Pferdefett und Margarine sind bis auf den heutigen Tag ein wichtiger Bestandteil meiner (und meiner Frau) Ernährung, also Dinge, die ein anderer Pfarrer oder Emeritus nicht einmal seinem Dienstmädchen anbieten wird.[84]

Vereinzelt bekam er finanzielle Hilfe zugestanden. Am 15. Juli 1933 bewilligte der Evangelische Oberkirchenrat „eine einmalige Unterstützung von 300,– RM".[85] So verging das Jahr 1933 mit Bittbriefen um Unterstützung und zahllosen Nachweisen der

> dem Pfarrer i. R. Jahr seit dem 1.1.1931 entstandenen Krankheitskosten: 1) Arztkosten 1349,– RM, 2) Krankenhauskosten 214,60 RM, 3) Transportkosten 27,– RM, 4) Ausgaben für Pfleger und Pflegerinnen 1271,50 RM, 5) für Medikamente 1752,– RM; zus. 4614,10.[86]

Auch das Jahr 1934 war bestimmt von Ausgabennachweisen, Arzt- und Apothekenrechnungen und Hilfegesuchen. Im März 1934 schrieb Jahr, dass seine Frau „seit längerer Zeit kränklich" ist,[87] aus einem späteren Schreiben geht hervor, dass sich Elise Jahr „seit Ende 1933 dauernd in ärztlicher Behandlung" befand.[88] Ihr Zustand verschlechterte sich im Verlauf des Jahres, ebenso erfuhr das Ruhegehalt ihres Mannes mittlerweile eine Kürzung auf 122,26 Mark.[89]

---

82 AKPS: Personalakte Fritz Jahr J126 II: Schreiben Fritz Jahr vom 3.4.1933.
83 AKPS: Personalakte Fritz Jahr J126 II: Schreiben Fritz Jahr vom 24.3.1934.
84 AKPS: Personalakte Fritz Jahr J126 II: Schreiben Fritz Jahr vom 1.6.1933.
85 AKPS: Personalakte Fritz Jahr J126 II: Mitteilung Evang. Oberkirchenrat vom 15.7.1933.
86 AKPS: Personalakte Fritz Jahr J126 II: Kostenauflistung Evang. Konsistorium vom 3.7.1933.
87 AKPS: Personalakte Fritz Jahr J126 II (Anm. 82).
88 AKPS: Personalakte Fritz Jahr J126 II: Schreiben Fritz Jahr vom 10.4.1935.
89 AKPS: Personalakte Fritz Jahr J126 II: Schreiben Fritz Jahr vom 24.7.1934.

Fritz Jahr wurde Mitglied im Nationalsozialistischen Lehrerbund (NSLB).[90] 1934 erschienen in Heft 11 der Zeitschrift *Ethik. Sexual- und Gesellschaftsethik* drei Artikel von Fritz Jahr: *Drei Studien zum 5. Gebot, Jenseitsglaube und Ethik im Christentum* sowie *Zweifel an Jesus? Eine Betrachtung nach Richard Wagner's „Parsifal".*[91]

Wie in den vorhergehenden und in den folgenden Jahren bat der pensionierte Pfarrer angesichts der wirtschaftlichen Notlage weiterhin um finanzielle Unterstützung. Er bezifferte die nichtärztlichen Ausgaben für seine kranke Frau auf monatlich 18 Mark für „Aufwartung, Hausordnung, Wäschewaschen".[92] Das Evangelische Konsistorium schlug dem Evangelischen Oberkirchenrat am 25. Mai 1935 die Bewilligung „einer einmaligen Unterstützung von 250,- RM" vor.[93] 1936 wurde Jahrs monatliches Ruhegehalt zwar von 122,26 auf 124,96 Mark angehoben, doch

> nach Abzug von Wohnungsmiete, Krankenkassenbeiträgen für mich und meine Frau, Heizung, Licht, Hilfe für meine kranke Frau (Aufwartung, Hausordnung, Wäschewaschen) bleiben für den eigentlichen Lebensunterhalt und für die Kleidung nur Mk. 61,- monatlich übrig.[94]

In Anbetracht der geschilderten Lage „bittet der Pfarrer i. R. Fritz Jahr, Halle, ergebenst um gütige Gewährung einer Unterstützung."[95] Im Dezember 1936 zog sich Jahrs Frau eine „Mittelohrvereiterung beider Ohren" zu, die sie „3 Monate – bis Anfang März des Jhs. [1937] – ans Bett fesselte".[96] 1937 war Elise Jahr darüber hinaus infolge ihres „langwierigen, schweren Leidens" mittlerweile „nicht mehr in der Lage, die Wohnung zu verlassen, auch nicht den Haushalt alleine zu führen". Ihr Mann bat im April das Evangelische Konsistorium „auch heute noch einmal herzlich und dringend um eine Beihilfe".[97] Im Juni 1937 diagnostizierte „der behandelnde Arzt" bei Elise Jahr ein „organisches Nervenleiden". Pfarrer Fritz

---

90   StaH: Personalakte Fritz Jahr (Anm. 4).
91   Fritz Jahr: Drei Studien zum 5. Gebot. In: Ethik. Sexual- und Gesellschaftsethik. Organ des Ethikbundes 11 (1934), S. 183–187; Fritz Jahr: Jenseitsglaube und Ethik im Christentum. In: Ethik. Sexual- und Gesellschaftsethik. Organ des Ethikbundes 11 (1934), S. 217–218; Fritz Jahr: Zweifel an Jesus? Eine Betrachtung nach Richard Wagner's „Parsifal". In: Ethik. Sexual- und Gesellschaftsethik. Organ des Ethikbundes 11 (1934), S. 363–364.
92   AKPS: Personalakte Fritz Jahr J126 II: (Anm. 87).
93   AKPS: Personalakte Fritz Jahr J126 II: Schreiben Evang. Konsistorium vom 25.5.1935.
94   AKPS: Personalakte Fritz Jahr J126 II: Schreiben Fritz Jahr vom 6.4.1936.
95   AKPS: Personalakte Fritz Jahr J126 II: (Anm. 93).
96   AKPS: Personalakte Fritz Jahr J126 II: Schreiben Fritz Jahr vom 16.4.1937.
97   AKPS: Personalakte Fritz Jahr J126 II: (Anm. 95).

Jahr arbeitete in einer Vertretungsstelle „während des Juni in Diemitz bei Halle. Jedoch ist [ihm] nicht bekannt, ob dieselbe irgendwie vergütet wird". Darüber hinaus sollte er in der Ulrichsgemeinde in Halle (Saale) beschäftigt werden. Da letzteres jedoch voraussichtlich „nur wenig der Fall sein" wird, bat Jahr „unter diesen Umständen das Konsistorium inständig um Gewährung einer ausreichenden Unterstützung."[98]

Auch im Bittgesuch vom 2. April 1938 schilderte Fritz Jahr dem Evangelischen Konsistorium von seinen Versuchen, im Rahmen seiner Möglichkeiten bezahlte Arbeit zu finden. Im Februar 1938 hatte er sich an der Huttenschule um eine Beschäftigung als Lehrkraft beworben, seine Frau, „früher Lehrerin hierselbst" sei mittlerweile pflegebedürftig, sie leide unter „Sklerose des Rückenmarks". Jahr schrieb am 2. April 1938:

> Die Kirche hat mich nur gelegentlich verwandt, obgleich viel mehr zu tun ich sehr wohl fähig und willig war. Ich habe deshalb Beschäftigung im Schuldienst gesucht und gefunden. Ich mußte diese Beschäftigung jedoch leider wieder aufgeben, da ich der doppelten Belastung einer starken Inanspruchnahme in Haushalt und Krankenstube einerseits und einer vollen, besonders verantwortungsvollen Beschäftigung im öffentlichen Schuldienst andererseits auf Dauer nicht gewachsen war.[99]

Im Juli 1938 bedankte sich Fritz Jahr bei der Finanzabteilung des Evangelischen Konsistoriums „für die im April gütigst gewährte Beihilfe. Ich habe dieselbe als Grundlage einer Luftveränderung für meine kranke Frau, in Gestalt einer Reise nach Thüringen, auf ärztlichen Rat, verwendet."[100]

1938 erschien ein Beitrag von Fritz Jahr in der *Nach dem Gesetz und Zeugnis* benannten, dezidiert antisemitischen *Monatsschrift des Bibelbundes*; Titel des Artikels: *Drei Abschnitte des Lebens nach 2. Korinther*.[101] Im Bittgesuch des Folgejahres berichtete Jahr dem Evangelischen Konsistorium vom unverändert schlechten Gesundheitszustand seiner Frau („seit fast 5 Jahren schwer leidend") sowie der anhaltenden wirtschaftlichen Not. „Ein Zeichen meiner dürftigen Lebensumstände: Ich habe im letzten Halbjahr mehr als 30 Pfd. an Körpergewicht verloren."[102] Einen Monat später, am 10. Mai 1939 bedankte sich Jahr „für die

---

98 AKPS: Personalakte Fritz Jahr J126 II: Schreiben Fritz Jahr vom 15.6.1937.
99 AKPS: Personalakte Fritz Jahr J126 II: Schreiben Fritz Jahr vom 2.4.1938.
100 AKPS: Personalakte Fritz Jahr J126 II: Schreiben Fritz Jahr vom 19.7.1938.
101 AKPS: Personalakte Fritz Jahr J126 II: (Anm. 95); Fritz Jahr: Drei Abschnitte des Lebens nach 2. Korinther. In: Nach dem Gesetz und Zeugnis. Organ des Bibelbundes Albersdorf 38 (1938), S. 182–188.
102 AKPS: Personalakte Fritz Jahr J126 II: Schreiben Fritz Jahr vom 21.3.1939.

gütige Gewährung einer Unterstützung von RM 100,–".[103] In den Jahren 1940 bis 1945 bat Fritz Jahr unermüdlich wie in den Jahren zuvor das Evangelische Konsistorium um finanzielle Unterstützung.[104] Elise Jahr war seit Mitte 1940 bettlägerig, an beiden Beinen gelähmt.[105] 1942 wird das Ruhegehalt ihres Mannes auf 158,47 Mark erhöht. Von 1943 an gab Fritz Jahr Cellounterricht an der „Musikschule der Volksbildungsstätte" Halle (Saale).[106] Im Juni 1945 bewarb er sich in Halle (Saale) „um Beschäftigung an der einzurichtenden Grundschule hierselbst".[107]

Am 23. Februar 1946 wandte sich Jahr dann in einem Hilfeersuchen an den Rektor der hallischen Universität Otto Eißfeldt, Professor für Theologie, und bat eindringlich um Arbeit, „die soviel zu meiner Pension hinzubringt, daß ich mit meiner Frau einigermaßen davon leben kann". Seine Einkünfte von „z. Zt. 84 Mk. Pension" ließen derzeit nur ein Leben „unter den dürftigsten, ärmlichsten und erbärmlichsten Verhältnissen zu", weshalb er den Herrn Konsistorialrat Eißfeld um Hilfe bei der Vermittlung einer Arbeit bat, ob als „Hilfsprediger oder kommissarischer Vertreter im Hallischen Kirchendienst" oder „an der Universität, etwa im theologischen Seminar, in der Universitätsbibliothek o. dgl.", auch kirchlichen Unterricht zu erteilen schlug Jahr vor.[108] So war Jahr dann vom 15. August an vertretungsweise in der Kirchgemeinde Diemitz mit Gottesdiensten, Amtshandlungen, Sprechstunden, Seelsorge sowie Konfirmandenunterricht beschäftigt und erteilte privaten Musikunterricht. Er war Mitglied in der Gewerkschaft für Kunst und Schrifttum.[109] In der *Mitteldeutschen Tageszeitung: Freiheit*, dem *Organ der Sozialistischen Einheitspartei für die Provinz Sachsen*, fand sich am 19. Oktober 1946 ein Aufruf zur Wahl der SED, den neben 14 weiteren Pfarrern auch Fritz Jahr unterzeichnete.[110] Mit Beginn des Jahres 1947 wurden die Versorgungsbezüge neu geregelt. Fritz Jahr erhielt kein Ruhegehalt mehr, sondern von nun an „Versorgungsbezüge in Höhe von monatlich RM 90,–".[111] Zu diesem

---

103 AKPS: Personalakte Fritz Jahr J126 II: Schreiben Fritz Jahr vom 10.5.1939.
104 AKPS: Personalakte Fritz Jahr J126 II: Schreiben Fritz Jahr vom 8.4.1940, vom 2.6.1941 und vom 15.3.1943.
105 AKPS: Personalakte Fritz Jahr J126 II: Schreiben Fritz Jahr vom 12.3.1942 und vom 23.2.1946.
106 StaH: Personalakte Fritz Jahr PA 36, Bildstelle 27: Bewerbungsschreiben Fritz Jahr vom 18.6.1945.
107 StaH: Personalakte Fritz Jahr PA 36, Bildstelle 27 (Anm. 105).
108 AKPS: Personalakte Fritz Jahr J126 II: Schreiben Fritz Jahr vom 23.2.1946.
109 AKPS: Personalakte Fritz Jahr J126 II: Schreiben Fritz Jahr vom 30.1.1947.
110 „Geistliche erklären zu den Wahlen ..." In: Mitteldeutsche Tageszeitung: Freiheit. Organ der Sozialistischen Einheitspartei für die Provinz Sachsen Nr. 156, 19.10.1946, S. 3.
111 AKPS: Personalakte Fritz Jahr J126 II: Schreiben Fritz Jahr vom 15.6.1947.

Betrag kamen Nothilfezahlungen in Höhe von monatlich 110 Mark, die quartalsweise ausgezahlt wurden.[112]

Am 15. Januar 1947 endete Jahrs Vertretungsstelle in Diemitz.[113] Im März 1947 gewährte ihm das Evangelische Konsistorium eine Unterstützungssumme von 200 Mark. Fritz Jahr arbeitete bis Juni vertretungsweise in unterschiedlichen Kirchgemeinden in Halle (Saale), „4 Trauerfeiern, 1 Taufe, 3 Gottesdienste; ich betone, daß ich für meine Dienste nie eine Entschädigung fordere und auch meistens keine erhalte".[114] Er erteilte weiter privaten Cellounterricht, über den Jahr selbst schrieb: „Diese Tätigkeit ist unregelmäßig und wenig umfangreich. Sie fällt während der kalten Monate ganz aus. Der Ertrag ist ebenfalls unregelmäßig und gering."[115] Am 1. November 1947 starb Jahrs Ehefrau im Alter von 47 Jahren. Als Todesursache nannte der Sterbeeintrag „multiple Sklerose" und „hypostatische Pneumonie".[116] Am 5. November wurde Elise Jahr beigesetzt.

Auch 1948 bemühte sich Jahr um Beschäftigung im kirchlichen Dienst. „Obgleich ich lieber in kirchlichen Diensten stände als Privatunterricht zu geben." Die monatlichen Einnahmen aus den Musikstunden bezifferte Jahr mit durchschnittlich 22,28 Mark.[117] 1948 erschien in Heft 2 der *Theoretischen Zeitschrift des wissenschaftlichen Sozialismus: Einheit* ein Beitrag Jahrs mit dem Titel: *Urchristliche Communio.*[118] Weiterhin bat Jahr das Evangelische Konsistorium um Unterstützung, zumindest aber um Nichtanrechnung seines Zusatzverdienstes als privater Cellolehrer auf seine Bezüge.[119] Diese Situation dauerte an. So ist einem Schreiben Jahrs vom 22. Dezember 1948 zu entnehmen:

> Da meine Verdienste im Hinblick auf mein geringes Dienstalter ebenfalls geringer sind, als die der anderen Amtsbrüder, und da meine Bedürftigkeit im Hinblick auf meine dahinsiechende Frau besonders groß war, so war ich bemüht, mir durch Stundengeben einen Zusatz zu verschaffen. Und nun mußte mir neuerdings das, was ich vom 1.1.47–31.10.48

---

112 AKPS: Personalakte Fritz Jahr J126 II: Versorgungsmitteilung Konsistoriumskasse vom 6.6.1947.
113 AKPS: Personalakte Fritz Jahr J126 II (Anm. 108).
114 AKPS: Personalakte Fritz Jahr J126 II: Schreiben Fritz Jahr vom 10.6.1947.
115 AKPS: Personalakte Fritz Jahr J126 II: Schreiben Fritz Jahr vom 5.7.1948.
116 Die Urkunde ist unterschrieben von der anzeigenden „kaufmännischen Angestellten Veronika Schelhas, Halle (Saale), Steinweg 3".; StaH: Nr. 4998/1947: Sterbeurkunde Berta Elise Jahr; AKPS: Personalakte Fritz Jahr J126 II: Schreiben Fritz Jahr vom 28.11.1948.
117 AKPS: Personalakte Fritz Jahr J126 II: Schreiben Fritz Jahr vom 10.8.1948.
118 Fritz Jahr: Urchristliche Communio. In: Einheit. Theoretisch Zeitschrift des wissenschaftlichen Sozialismus 3 (1948), S. 187–189.
119 AKPS: Personalakte Fritz Jahr J126 II: Schreiben Fritz Jahr vom 7.3.1949.

einnahm, durch das Konsistorium von meinen Versorgungsbezügen abgezogen werden. Das ist an sich kein hoher Betrag: 44,20 Mk. Aber für meine Verhältnisse ist es eine beträchtliche Summe, und ihr Verlust trifft mich empfindlich und bringt mich ernstlich in Verlegenheit.[120]

Jahr schließt sein Schreiben vom 7. März 1949 mit der „herzlichen und dringenden Bitte um gütige Gewährung der erbetenen Beihilfe".[121] An der grundsätzlich prekären wirtschaftlichen Situation des Pfarrers i. R. Fritz Jahr änderte sich auch in den nächsten Jahren nichts. Von 1950 an wurde er im hallischen Adressverzeichnis nur noch unter der Berufsbezeichnung *Musikerzieher* geführt.[122] In einem internen Schreiben der Landes-Volks-Musikschule Halle (Saale) vom 19. Januar 1952 wurde der „Musikerzieher Fritz Jahr" als geeignet dargestellt und sei einem Kollegen vorzuziehen. Jahr könnte

> unbedenklich als Ausbilder für Mandolinengruppen eingesetzt werden. Er ist ein pädagogisch sehr befähigter Musikerzieher, der mit feinem Verständnis für die Eigenart der Schüler all sein Interesse in den Dienst der Aufgabe stellt.[123]

Im März und im Mai 1952 gingen Schreiben Jahrs beim Evangelischen Konsistorium ein, in welchen er um einmalige Unterstützungszahlungen bittet.[124] Schließlich starb am 1. Oktober 1953 „der Musikerzieher Paul Fritz Max Jahr". Die Anzeige seines Todes ist unterschrieben von „Frau Charlotte Stenzel, wohnhaft in Halle (Saale). Sie erklärte, von dem Tod aus eigener Wissenschaft unterrichtet zu sein." Als Todesursache vermerkte das standesamtliche Dokument „Bluthochdruck".[125]

---

120 AKPS: Personalakte Fritz Jahr J126 II: Schreiben Fritz Jahr vom 22.12.1948.
121 AKPS: Personalakte Fritz Jahr J126 II (Anm. 119).
122 StAH: Adressbücher Halle a. S. u. Umgebung (Anm. 13).
123 StaH: Aktenbestand Kultur, Nr. 41/730.
124 AKPS: Personalakte Fritz Jahr J126 II: Schreiben Fritz Jahr vom 14.3.1952 und vom 15.5.1952.
125 StaH: Nr. 433/1953, Bezirk Halle 1: Sterbeurkunde Paul Fritz Max Jahr. Das Evangelische Konsistorium Magdeburg wies in einem Schreiben an die Superintendentur Halle vom 24. Oktober 1953 darauf hin, dass ihm „der Sterbefall bisher von keiner Seite angezeigt worden ist", weshalb dringend um „sofortige Feststellung und Mitteilung des Todestages" gebeten werde. Ferner sei die „Konsistorialkasse fernmündlich angewiesen, die Versorgungszahlungen ab 1.11. zunächst einzustellen". AKPS: Personalakte Fritz Jahr J126 II: Mitteilung Evang. Konsistorium vom 24.10.1953.

Arbeitskraft und Gesundheit – biographische Anmerkungen zu Fritz Jahr

Rita Kielstein

Zusammenfassung

Im vorliegenden Beitrag wird der Einfluss von Fritz Jahrs körperlichem Leidensdruck auf sein berufliches Wirken und sein Werk untersucht. Entlang von Jahrs langjähriger Krankheitsgeschichte wird seine somatische wie psychische Konstitution rekonstruiert und mit seinem Werk in Verbindung gesetzt. Gleichzeitig wird der Einfluss medizinischer Expertisen und Medikamente, wie der starke Konsum bromhaltiger Medikamente, auf Jahrs Wahrnehmung der Wirklichkeit in die Untersuchung miteinbezogen. Dabei wird von der These ausgegangen, dass mit diesem Zugang eine angemessene Kontextualisierung von Fritz Jahrs Werk und Wirken durchführbar ist.

Abstract

In the following paper, the influence of Fritz Jahr's physical suffering to his professional activities and his work is studied. Along Jahr's long-standing history of illness, his somatic and mental constitution is reconstructed and related to his work. At the same time, the influence of medical expertise and medicines on Jahr's perception of reality, for example the strong consumption of brominated drugs, is included in this study. This is based on the hypothesis that with this approach, an appropriate contextualization of Fritz Jahr's work and influence is feasible.

Anamnese

In unserer visuell verwöhnten Welt fehlt zur ausführlichen Biographie nur noch eins: ein Foto. Es gibt aber kein Foto von Fritz Jahr – niemand weiß, wie er aussah. Lediglich der Internist Dr. Richard Meyer, Halle (Saale), erwähnt im ärztlichen Attest vom 12. Januar 1931 „seinen ebenmäßigen, großen und kräftigen Körperbau".[1] Anders dagegen ist die Beurteilung des Superintendenten Kessler aus Artern, der an den Konsistorialrat in Magdeburg 1930 schreibt: „Wenn er [Fritz Jahr] auch nicht ganz mißfallen hat, so halte ich (...) diesen ‚unmännlichen' Mann für glatt unmöglich." Und weiter heißt es: „Ein Glied der Gemeinde soll allerdings ‚verdächtigerweise' gerade betont haben, er [Fritz Jahr] sei der rechte Mann."[2] Die Neugier ist geweckt, was machte ihn so „unmännlich"? Was

---

1 AEKK Sachsen, Rep A, Spec. P, Nr. 126 I, 126 II, Personalakte von Pfarrer Fritz Jahr. Die Personalakte wurde im Archiv der Evangelischen Kirche der Kirchenprovinz Sachsen (abgekürzt mit AEKK Sachsen) eingesehen.
2 AEKK Sachsen, Personalakte (Anm. 1).

ist gemeint, wenn der Superintendent Kessler schreibt, „eine Person hält ihn ‚verdächtigerweise'" für den rechten Mann für die Gemeinde: Sein Aussehen, sein Auftreten, seine Ansichten?

Aufgrund der zahlreichen Zeugnisse und Bescheinigungen sollte es doch einfach sein, herauszufinden, was den Superintendenten zu diesem negativen Urteil bewog, denn eine genaue Beschreibung des Patienten gehört zum ärztlichen Handwerk genauso wie die Anamnese, in der neben den Beschwerden des Patienten verschiedene soziale und biographische Daten erhoben werden. In den ärztlichen Bescheinigungen und Stellungnahmen zu Fritz Jahr fehlen wichtige Angaben zum körperlichen Befund wie z.B. Körpergröße und -gewicht, Habitus, Haltung, Gang, Gestik und Mimik, Allgemein-, Ernährungs- und Kräftezustand. Es fehlen weiterhin die Beurteilungen von Skelett, Muskulatur, Haut, Durchblutung, Seh- und Hörvermögen und des Reflexstatus.

Bei einer Anamnese mit Brustfellentzündung und Herzaffektion sollten Befunde der Lungen- und Herzuntersuchung wie Atmung, Atemgeräusche, Herzgröße und Herztöne, Blutdruck und Pulsqualität nicht fehlen. Doch zunächst zur Anamnese, die der körperlichen Untersuchung meist vorangestellt wird.

(1) In der *Familienanamnese* werden die Berufe der Eltern, deren Krankheiten, Todesursache und Todesalter erfragt; auch Erbkrankheiten weiterer Verwandter sollten hier erfasst werden, denn häufig vererbte Krankheiten wie Diabetes mellitus, verschiedene Krebsarten, Alkoholismus, Rheumatismus, Steinleiden, Epilepsie, Suizid oder Infektionskrankheiten könnten wichtige Hinweise zur gezielten Diagnostik geben. In keinem medizinischen Gutachten zu Fritz Jahr werden diese Fakten erwähnt. Aus verschiedenen Briefen kann man die Familienanamnese lückenhaft zusammentragen.[3] Sie sieht dann so aus: Vater, geboren 1865, arbeitete als Beamter im Versicherungsdienst und litt nach der Entlassung 1922 unter einer manisch-depressiven Verstimmung. Er verstarb 1930 – die Ursache ist nicht erwähnt. Mutter, geboren 1862, verstarb im Alter von 59 Jahren nach mehrjährigem Krankenlager 1921, Krankheit und Todesursache sind unbekannt.

(2) In der sogenannten *Eigenanamnese* werden Verlauf der körperlichen und geistigen Entwicklung seit der Geburt, eventuell aufgetretene Krankheiten, deren Therapie und aktuelle Beschwerden erfasst. Auch hier sind die Informationen sehr lückenhaft und beginnen erst mit Jahrs Erwachsenenalter – aber Krankheiten im Kindesalter können Hinweise auf Anfälligkeiten im späteren Leben geben.

---

3   Vgl. AEKK Sachsen, Personalakte (Anm. 1).

Im Jahr 1914 meldete sich Fritz Jahr als Kriegsfreiwilliger; er ist zu diesem Zeitpunkt 19 Jahre alt. Nach drei Monaten wurde er als untauglich entlassen. Waren es körperliche oder psychische Gründe, die zu dieser Einstufung führten – oder das „Unmännliche", das den Superintendenten Kessler störte? Eine Musterungsuntersuchung ist, auch heute, nicht in der Lage, Krankheiten zu entdecken. Sie ist orientiert auf die Quantität der Wehrtauglichen. Die Untersuchungen dabei sind normiert und eher oberflächlich.

Sechs Wochen nach dem Tod der Mutter (1921) wurde er nach bestandener theologischer Prüfung wegen einer „äußerst akuten Brustfellentzündung" und „schwerer Herzaffektion"[4] von Dr. Richard Meyer für *dienstunfähig* erklärt. Wir wissen heute, dass emotionale Belastungen das Immunsystem schwächen und dadurch eine Infektion, insbesondere im oberen Respirationstrakt, entstehen und/oder kompliziert verlaufen kann.[5] Die Brustfellentzündung konnte man 1921 noch nicht mit Antibiotika behandeln, Penicillin wurde erst 25 Jahre später entdeckt, sodass die „Herzaffektion" für eine damals häufige Komplikation, die Entzündung des Herzmuskels und der Herzklappen, spricht. Spätere Beschwerden wie Müdigkeit, ausgeprägte Schwäche bis zur Hinfälligkeit, unregelmäßiger Herzschlag, Angst und Aufgeregtheit könnten Ausdruck eines bleibenden Schadens am Herzen sein.

Im Oktober 1924 erfolgte eine „Nasen-Op.", wie es im unpräzisen Befund vom 3. August 1925 von Dr. Meyer heißt.[6] Der Grund für diesen Eingriff ist unklar. Anhand der geschilderten Beschwerden und den Empfehlungen zu einem Kuraufenthalt könnte eine chronisch rezidivierende Nasennebenhöhlenentzündung vorgelegen haben.

1921 empfiehlt der Nervenarzt Dr. Georg Urbatio aus Halle (Saale) für den damals 26-jährigen Fritz Jahr eine Dienstunfähigkeit von mindestens drei Monaten wegen schwerer Herzaffektion, verbunden mit bedenklichen Erscheinungen nervöser Insuffizienz. Elf Jahre später, 1932, fragte Dr. Urbatio u.a. die Kirchenbehörde: „Wäre es nicht möglich, dem armen Mann eine Zeit wirklich ungestörter Ruhe zu gönnen?"[7] Im selben Jahr beantragte der Internist Professor Siefert, Halle (Saale) sogar die Versetzung in den Ruhestand mit folgenden Begründungen:

---

4 AEKK Sachsen, Personalakte (Anm. 1).
5 Vgl. Anette Pedersen, Robert Zachariae, Dana H. Bovbjerg: Influence of psychological stress on upper respiratory infection – A meta-analysis of prospective studies. In: Psychosomatic Medicine. Journal of Biobehavioral Medicine 72/8 (2010), S. 823–832.
6 Vgl. AEKK Sachsen, Personalakte (Anm. 1).
7 AEKK Sachsen, Personalakte (Anm. 1).

Zwar ist die Angst vor dem Alleinsein gewichen, zwar wagt Herr Jahr wieder regelmäßige Spaziergänge auf der Straße, zwar kann er sich mit geistigen Stoffen wieder ohne besondere Ermüdung beschäftigen (...), aber die Angstelemente sind doch noch so deutlich ausgeprägt, daß sie die zum Berufe nötige freie Beweglichkeit ernsthaft hindern. Er fühlt sich selbst in ungewohnter Umgebung beengt und unfrei. Nur mit einem Pfleger wagt er größere Spaziergänge, weil nur ein ihn begleitender starker Mann seine Angst in Schranken hält.[8]

(3) Die Informationen zur *sozialen Anamnese* kann man nur aus den Briefen von Fritz Jahr und den Zeugnissen über ihn zusammentragen. In den ärztlichen Attesten fehlen sie.

Im Beitrag von Steger in diesem Band werden seine unterschiedlichen Ausbildungsetappen von der Reifeprüfung bis zum Pfarrer vorgestellt. Um sein ehrgeiziges Berufsziel Theologe zu erreichen, lernte er nach der Reifeprüfung Hebräisch, Griechisch und Latein, anstatt, wie vom Vater gewollt, Buchhalter zu werden. Diesen äußerst starken Leistungswillen, seine Ziele trotz vieler Hürden durchzusetzen, findet man als roten Faden im gesamten Briefwechsel mit der Schulbehörde und der Evangelischen Kirchenbehörde in Magdeburg. Eloquent, von der eigenen Leistungsfähigkeit überzeugt, bereit in unterschiedlichen Positionen sein Wissen und seine Fähigkeiten zur Verfügung zu stellen, zählt er die aus seiner Sicht möglichen Arbeitsfelder auf: (1) Mitarbeiter im Institut für Evangelische Weltanschauung zu Wittenberg, (2) Pressetätigkeit im Dienst der Kirche, (3) Unterricht im Diakonissenkrankenhaus, (4) Taubstummenseelsorger sowie (5) Wissenschaftlicher Mitarbeiter in der Abteilung Volksbildung des Evangelischen Konsistoriums. Dazu erwähnt er eine kirchliche Tätigkeit in Halle oder bei der Pfarrstelle in Spichendorf, da 1. bis 5. nicht ausreichten, um den Lebensunterhalt einer Familie zu sichern.

Alle seine Vorschläge wurden abgelehnt. Er hatte keine Probleme, trotz untertänigster Anrede („hochwürdiges, hochzuverehrendes Konsistorium"), wenig diplomatisch seine Meinung zu den für ihn nachteiligen Entscheidungen zu äußern.[9] Zum Beispiel ein kritischer und vorwurfsvoller Brief vom 8. Mai 1925 an die Regierung, Abteilung für Kirchen- und Schulwesen: „Da die Schulverwaltung auf höfliche und verbindliche Vorstellungen erfahrungsgemäß auf die unverbindlichste Weise zu reagieren pflegt."[10] Oder ein Brief vom 22. Mai 1925 an die Regierung Magdeburg, Abteilung für Kirchen- und Schulwesen, in dem Fritz Jahr die Entscheidung der Schulbehörde kommentierte, die einen Vortrag

---

8   AEKK Sachsen, Personalakte (Anm. 1).
9   Vgl. AEKK Sachsen, Personalakte (Anm. 1).
10 AEKK Sachsen, Personalakte (Anm. 1).

von ihm beurteilt hatte, bei dem niemand von dieser Behörde anwesend war: „Welcher Wert dem Urteil einer solchen Dienststelle über die Befähigung einer Lehrkraft beizumessen ist, lasse ich dahingestellt (…). Recht haben und Recht erhalten ist zweierlei."[11]

Am 29. Mai 1925 schrieb er in einem Brief an den Stadtschulrat: „Das Vorhandensein von Irrtümern und Mißverständnissen erscheint mir durchaus unwahrscheinlich. Zum mindesten glaube ich, derartiges bei Ihnen nicht voraussetzen zu dürfen." Und weiter heißt es: „Eine persönliche Aussprache halte ich unter diesen Umständen für überflüssig – und gefährlich, weil geeignet, Entstehung neuer ‚Irrtümer und Mißverständnisse' zu begünstigen."[12] Am 20. Juni 1925 schickte er einen weiteren Beschwerdebrief an die Dienststelle des Stadtschulrats:

> Wenn ich mich über eine Dienststelle beschwere, dann kann dieselbe auf keinen Fall eine Untersuchung oder ein Verhör mit mir anstellen. Vielmehr ist dies allein Sache der höheren Instanz, in diesem Falle der Regierung. Denn „ungehörig" waren die betr. Briefe nur insofern, als bei einem derartigen Gebaren einer Verwaltungsperson so höfliche Briefe, wie die meinen, sachlich eigentlich nicht am Platze waren. Aufs schärfste muß ich die versteckte Drohung, daß demjenigen, der nur sein gutes Recht sucht, daraus in seinem Fortkommen Schwierigkeiten erwachsen sollen, [zurückweisen]. (…) Eine parlamentarisch zulässige Bezeichnung für dieses Verhalten der Regierung steht mir nicht zu Verfügung.[13]

Knapp ein Jahr später verfasste er am 25. Oktober 1926 einen Brief an das Evangelische Konsistorium in Magdeburg:

> [D]enn ich bin mir wohl der Tatsache bewußt und eingedenk, daß bescheidenes Herkommen auch zu bescheidenen Erwartungen betr. Vorwärtskommen im Beruf verpflichtet zugunsten besser situierter, bzw. besser empfohlener Mitbewerber.[14]

Wenige Wochen darauf sendet er am 23. November 1926 erneut einen Brief an das Evangelische Konsistorium in Magdeburg:

> Nun ist trotz meiner Mitteilung vom 25. Oktober über meine Dienstunfähigkeit das *Aushilfestellenangebot* vom 9. November gekommen (…), bei welchem es sich um eine Stelle handelt, welche durch ihre Lage in unmittelbarer Nähe des Leuna-Werkes zwar eine Luftveränderung, jedoch in Form einer Luftverschlechterung *bietet*.[15]

---

11 AEKK Sachsen, Personalakte (Anm. 1).
12 AEKK Sachsen, Personalakte (Anm. 1).
13 AEKK Sachsen, Personalakte (Anm. 1).
14 AEKK Sachsen, Personalakte (Anm. 1).
15 AEKK Sachsen, Personalakte, Hervorhebungen im Original (Anm. 1).

Ärzte schlugen ihm eine Luftverbesserung vor, da er wegen rezidivierender Atemwegsinfekte als dienstunfähig eingestuft worden war.

Am 26. November 1926 schrieb er an das Evangelische Konsistorium in Magdeburg:

> Dazu kommt, daß mir durch den hiesigen Herren Superintendenten/im Auftrage des hochlöblichen Konsistoriums, wie ich annehme/die Inanspruchnahme eines Arztes überhaupt verboten worden ist. – Daraus scheint hervorzugehen, daß meine Aussagen bzw. die ärztlichen Zeugnisse als *unglaubwürdig* keine Berücksichtigung finden sollen.[16]

Wenige Tage später, am 2. Dezember 1926, verfasste er einen Brief an das Evangelische Konsistorium der Provinz Sachsen zu Magdeburg:

> Bei aller Ergebenheit jedoch, die ich einem hochzuverehrenden Ev. Konsistorium zu Magdeburg entgegenbringe, muß ich gegen eine solche Verdächtigung (…), daß ich nur glaube, die Stellung aus gesundheitlichen Gründen nicht übernehmen zu können, falls sie besteht, den entschiedenen Protest einlegen. Auf jeden Fall *kann* ich erwarten, daß eine etwa vorhandene Unterstellung dieser Art erst ausreichend begründet wird, ehe man sie macht.[17]

Er nahm Stellung zu den ihm bekannten negativen Beurteilungen über ihn und bedankte sich schließlich dafür, dass diese Beurteilungen ihm die Gelegenheit gaben, seine Ansichten für eine Klärung des Sachverhalts mitzuteilen.

Im bereits zitierten Brief vom 26. November 1926 an das Evangelische Konsistorium der Provinz Sachsen Anhalt in Magdeburg bemerkte er außerdem: „[I]ch sei eigensinnig (…) [und] hätte eine zu hohe Meinung von mir."[18] Er fühlte sich unterschätzt und nicht anerkannt. Wahrscheinlich war er sehr frustriert, weil die ständigen Bitten um eine Anstellung, die seinen breit gefächerten Fähigkeiten und seinem Leistungswillen entsprach und die mit seinem Pflichtgefühl gegenüber dem manisch-depressiven Vater und seiner an Multipler Sklerose leidenden Frau zu vereinbaren ist, immer abschlägig beschieden wurden.

Mit den Ablehnungen seiner beruflichen Vorstellungen stieg die Frequenz der ärztlichen Zeugnisse. Die verordneten Medikamente, etwa das bromhaltige Beruhigungsmittel Bromural, schienen die Beschwerden eher zu verschlechtern. Im Brief von Professor Siefert (Oktober 1931) korrelieren die von ihm beschriebenen Symptome von Fritz Jahr auffällig mit den Symptomen einer

---

16 AEKK Sachsen, Personalakte, Hervorhebung im Original (Anm. 1).
17 AEKK Sachsen, Personalakte, Hervorhebung im Original (Anm. 1).
18 AEKK Sachsen, Personalakte (Anm. 1).

Bromvergiftung:[19] „[B]ettlägerig, Ohnmachtsanfälle, Doppelsehen, Angstattacken und Gehstörungen erwecken den Verdacht, daß ein organisches Leiden des ZNS [Zentrales Nervensystem] in der Entwicklung begriffen ist. Wegen Halluzinationen erfolgte eine stationäre Einweisung"[20] – soweit der Bericht des Nervenarztes. 1953 verstarb Fritz Jahr an einem Bluthochdruck – eine äußerst oberflächliche und unklare Formulierung einer Todesursache. Um in der Abfolge einer korrekten ärztlichen Berichterstattung zu einem Patienten zu verbleiben, folgt nun die Epikrise.

Epikrise

Fritz Jahr wuchs auf als einziges Kind eines Versicherungsbeamten, der manisch-depressiv erkrankte, und dessen Ehefrau, die mit 59 Jahren nach längerem Krankenlager starb. Die Wohnverhältnisse werden als wenig komfortabel beschrieben. Er widerstand dem Willen seines Vaters, Beamter zu werden, und studierte Theologie. Nach dem ersten theologischen Examen 1921 und dem Tod der Mutter erkrankte er an einer Pleuritis und einem wahrscheinlich bleibenden Herzschaden mit entsprechenden körperlichen Beschwerden. Trotz ehrgeiziger beruflicher Ziele unterbrachen diese körperlichen Beschwerden, aber auch psychische Symptome, ausgelöst durch seine Lebensumstände, seine berufliche Entwicklung.

Nach dem Tod der Mutter 1921 fühlte er sich gegenüber dem kranken Vater sozial verpflichtet. Das gleiche wiederholte sich mit der an Multipler Sklerose erkrankten Ehefrau. Er geriet in einen Konflikt zwischen sozialen Verpflichtungen gegenüber seinen kranken Angehörigen, damit im Zusammenhang stehender lokaler Gebundenheit und einer Kirchenverwaltung, die auf seine soziale Verantwortungsübernahme und krankheitsbedingte Bedürftigkeit keine Rücksicht nahm. Die Kirchenverwaltung bot ihm Tätigkeiten weit außerhalb von Halle (Saale) an oder Teilzeitbeschäftigungen, mit denen er seinen Lebensunterhalt nicht bestreiten konnte. Dem Schriftwechsel ist zu entnehmen, dass er als selbstüberschätzend, querulatorisch, sogar als Simulant eingestuft wurde und dass man keinesfalls geneigt war, seine hohen beruflichen Ansprüche zu akzeptieren.

---

19 Vgl. Kanokrat Suwanlaong, Kammant Phanthumchinda: Neurological manifestation of methyl bromide intoxication. In: Journal of Medical Association of Thailand 91/3 (2008), S. 421–426.
20 AEKK Sachsen, Personalakte (Anm. 1).

Hinzu kamen teilweise sehr oberflächliche ärztliche Untersuchungen und Einschätzungen. Schließlich wurden ihm, sicher wegen der inzwischen eingetretenen belastungsbedingten psychischen Störungen und der wahrscheinlich organischen Beschwerden nach Pleuritis und Endomyokarditis, 1921 bromhaltige Psychopharmaka verordnet, die ab 1928 in Mode kamen.[21] Die Symptome einer vermutlich vorliegenden Bromvergiftung erschwerten die gesundheitliche Situation zusätzlich. So ist dem Bericht des hallischen Internisten Professor Siefert zu entnehmen, dass Fritz Jahr an einer ausgeprägten Panikstörung litt.

Die Natur und Behandlung dieser vorwiegend psychoreaktiven Störung, der Panik, wurde 1950 in Halle (Saale) durch den Neurologen und Psychiater Professor Jochen Quandt und den Pharmakologen Professor Werner Ponsold aufgeklärt, was inzwischen jedoch in Vergessenheit geraten ist. Ich hoffe, nicht allen Hallenser Denkern widerfährt Ähnliches. In Bezug auf Fritz Jahr lässt sich fragen, ob es verwundert, dass dieser Mensch, durch die Sorge um andere Menschen in seinem beruflichen Fortkommen behindert, durch soziale Verhältnisse kleingehalten, durch Krankheit beeinträchtigt, durch die Konsistorialbürokratie erniedrigt, kurz – dieser leidende Mensch Mitgefühl für die am Menschen leidenden Menschen, Tiere und Pflanzen entwickelte und auf die Idee der Bioethik kam?

Hätte Fritz Jahr ähnliche finanzielle Unterstützung gehabt wie z.B. Karl Marx, dann hätte er seine Ideen zur Bioethik schon 1927 erfolgreicher publizieren können und er wäre – nun nicht unbedingt wie Marx auf einer Kreditkarte der Sparkasse Chemnitz – als Erfinder der Bioethik weltweit bekannt geworden. Doch dieser Ruhm wurde ihm zu Lebzeiten nicht zuteil.

---

21 Vgl. Theodor L. Sourkes: Early clinical neurochemistry of CNS-active drugs. Bromides. In: Molecular and Chemical Neuropathology 14/2 (1991), S. 131–142.

Epistemological, Political and Cultural Implications of the Discovery of Fritz Jahr's Work: the Concept and Project of European Bioethics

Amir Muzur and Iva Rinčić

Zusammenfassung

Dieser Artikel beginnt mit der Darstellung, wie das Werk von Fritz Jahr (1895–1953), einem deutschen Theologen und Lehrer aus Halle an der Saale, entdeckt wurde. Dieser Fund geht zwar erst auf das Jahr 1997 zurück, doch wurden Jahrs Werke schon bald danach in verschiedene Sprachen übertragen, vor allem ab 2007. Vor dem Hintergrund der *Georgetown Bioethics* und ihrer theoretischen Defizite wird die Bedeutung der Ideen im Werk Fritz Jahrs für die Bioethik herausgearbeitet. Daran anschließend wird die Geschichte des Bioethik-Begriffs nachgezeichnet: Wie kam die US-amerikanische Konzeption einer Bioethik nach Europa und wie entstanden eigene, europäische Konzeptionen einer Bioethik?

Schließlich wird ein aktuelles Projekt zur Bioethik präsentiert, das im Sinne Jahrs eine europäische Bioethik begründen helfen soll. Dieses Projekt beinhaltet sowohl die Erforschung der Wurzeln einer europäischen Bioethik und Forschungen zu Jahrs Leben und Werk als auch Konferenzen und Publikationen über die europäische Bioethik und zu Jahr selbst. Das Projekt findet in der *Rijeka-Deklaration über die Zukunft der Bioethik* Ausdruck, verbunden mit der Gründung des Fritz-Jahr-Dokumentations- und Forschungszentrums für eine europäische Bioethik in Rijeka (Kroatien).

Abstract

The authors start by elucidating the moment of discovery of the work of Fritz Jahr (1895–1953), a German theologian and teacher from Halle. The discovery occurred in 1997 but spread quickly all over the world especially after 2007. The importance of Fritz Jahr's ideas is emphasized with respect to (American) Georgetown bioethics and its shortcomings. The paper deals with the history of the introduction of bioethical ideas in Europe, as well as that of the emergence of some original European bioethical concepts.

Finally, the authors present a topical project of establishing a (European) Jahrian bioethics, including exploration of the roots of European bioethics and of Jahr's life and work, as well as conferences and publications on the subject, the conceiving of the Rijeka Declaration on the Future of Bioethics and the foundation of the Fritz Jahr Documentation and Research Centre for European Bioethics in Rijeka (Croatia).

Introduction

Four decades ago, Van Rensselaer Potter (1911–2001), then professor at the University of Wisconsin and a scientist of great repute and experience in biochemistry, published a paper entitled *Bioethics. The science of survival*[1] and, a year later, a book *Bioethics. Bridge to the Future*.[2] Influenced by some of the ideas of Margaret Mead, Aldo Leopold, Teilhard de Chardin, Albert Schweitzer, and others, Potter expressed his concern about the dehumanization of science: according to him, the rapid technological and medical progress of his day had brought knowledge but not the wisdom to use that knowledge properly. For Potter, a new science was needed to re-establish ecological balance and protect natural resources: *bioethics*.

Potter's idea was first embraced by André Hellegers (1926–1979), a Dutch-American obstetrician and fetal physiologist who had strongly opposed the teaching of the Roman Catholic Church on fertility control, and founded Georgetown University's Joseph and Rose Fitzgerald Kennedy Institute of Ethics in Washington, D.C.: by associating the institute's orientation with Potter's notion of bioethics, Hellegers institutionalized and, in a way, 'saved' Potter's teaching from oblivion.

Eventually, the first bioethics historians started to appear. Warren Reich,[3] Tina Stevens,[4] H. Tristram Engelhardt, Jr., Ivan Šegota, and other authors considered bioethics "a thoroughly American phenomenon (…) [reflecting] a particularly American version of a liberal democratic ethos with its special emphasis on individual autonomy and personal rights"[5] or "an indigenous American product."[6]

What is wrong with (Georgetown) bioethics?

Years after Potter's pioneer book, bioethics still looked like a rising new hope for a world accumulating more and more insoluble dilemmas. But has bioethics fulfilled those expectations? On the contrary, there are several points compromising the *Georgetown* ('American') *bioethics* as science.[7]

---

1 Van Rensselaer Potter: Bioethics. The science of survival. In: Perspectives in Biology and Medicine 14 (1970), pp. 127–153.
2 Van Rensselaer Potter: Bioethics. Bridge to the future. Englewood Cliffs 1971.
3 Warren Thomas Reich: The word 'bioethics'. Its birth and the legacies who shaped it. In: Kennedy Institute of Ethics Journal 4/4 (1994), pp. 319–335.
4 M. L. Tina Stevens: Bioethics in America. Origins and cultural politics. Baltimore 2000.
5 Hugo Tristram Engelhardt Jr.: Introduction. Bioethics as a global phenomenon. In: John F. Peppin, Mark J. Cherry (eds.): Regional perspectives in bioethics. London, New York 2003, pp. XIII–XXII, here: p. XV.
6 Ivan Šegota: Nova medicinska etika (bioetika) Priručnik. [New medical ethics (bioethics). A handbook]. Rijeka 1994.
7 Cf. Iva Rinčić, Amir Muzur: 'European bioethics' between culture, philosophy, politics and medicine. In: Walter Schweidler (ed.): Bioethik – Medizin – Politik / Bioethics – Medicine – Politics. Proceedings of the 6th Southeast European Bioethics Forum. Belgrade 2010. Sankt Augustin 2012, pp. 25–30.

First, without having answers (that is, scientifically proven answers) to crucial questions – such as, when does life begin, what is death,[8] is there a sense/purpose to suffering, what is the primary motivation for acting, where are the limitations to freedom of action, or where are the borders of personality – bioethics cannot and should not endorse or condemn a particular behavior.

Second, Potter expected bioethics to force natural scientists to improve their education in humanities. However, one can find numerous examples of very educated scientists who committed crimes or devised dangerous innovations, proving that education cannot be considered any guarantee of wisdom (that is, of comprehending *good*). Moreover, there has never been any consensus about *universal good*, leaving space for all kinds of relativizations about it (good vs. better, good for majority vs. good for minority/individual, etc.).

Third, unlike ethics, bioethics deals with topics of vital importance and therefore cannot reconcile itself to being stopped at the level of debate. Bioethics tends to institutionalize its views and to transform them into legal norms.[9] Norms based on ignorance and non-scientific argumentation, however, necessarily rest on shaky ground.

Fourth, a plea for respect for cultural diversity may function for anthropology, but not for bioethics: if, namely, being *culturally approved* is enough for a norm to be bioethically accepted, it means that no moral progress is needed or possible, nor can there be any criticism of practices from other cultures.[10]

Fifth, if medical knowledge is important, how can decisions be delegated to the less informed? Is *informed consent* not just a way for physicians to avoid responsibility?

Sixth, classical American bioethics textbooks have tried to reduce decision-making to a matter of principles.[11] And that principalism has been broadly promoted, as evidenced by the 1974 U.S. Congress act that established the National

---

8   Cf. Gary S. Belkin: Brain death and the historical understanding of bioethics. In: Journal of the History of Medicine and Allied Sciences 58/3 (2003), pp. 325–361.
9   Cf. Amir Muzur, Iva Rinčić: Etika i bioetika. Sličnosti i razlike u odnosu prema pravu. [Ethics and bioethics. Similarities and differences with respect to law]. In: Iva Sorta Bilajac (ed.): Bioetika i medicinsko pravo. Zbornik radova 9. bioetičkog okruglog stola. [Bioethics and medicine law: proceedings of the 9th bioethics round table]. Rijeka 2009, pp. 111–116.
10 Cf. Tomislav Bracanović: Respect for Cultural Diversity in Bioethics. Empirical, conceptual and normative constraints. In: Medicine, health care and philosophy 14/3 (2011), pp. 229–236.
11 Cf. Jennifer K. Walter, Eran P. Klein (eds.): The Story of bioethics. From seminal works to contemporary explorations. Washington 2003.

Commission for the Protection of Human Subjects of Biomedical and Behavioral Research, aimed at identifying "basic ethical principles."[12] However, even Robert Veatch, advocating a set of six moral principles,[13] has to recognize that some case-by-case judgments of what is ethically required are necessary.

All those points may have resulted in the *Georgetown bioethics'* being considered simplified, narrowed down and limited to medical ethics, and thus, as Jonsen would say, "boring".[14] One now might legitimately ask: why has Georgetown bioethics gone in such direction? One of the possible answers may be: because of (wrong) linguistic coinage of the word *bioethics* by Van Rensselaer Potter around 1970. Potter, namely, had conceived the discipline as "a bridge between biological SCIENCES and humanities"[15] and "ethics based upon BIOLOGICAL knowledge", thus combining "bio-logical science" and "ethics" into bioethics. As opposed to Potter, as we shall see, Fritz Jahr derived his *Bio-Ethik*, in his 1926 paper,[16] from the Greek word for life, *-bios*, almost ironically referring to the term *Bio-Psychik*, as used by Rudolf Eisler in 1909.[17] Unlike Potter, Jahr thereby associated ethics with life – of humans, but also of animals and plants, and not ethics with science (and medicine, regarded by Potter as applied biology).

European bioethics before the discovery of Jahr's work

Europe reacted very slowly to Potter's and Hellegers' moves, being especially resistant to the term *bioethics*; one exception was the *Borja de Bioètica* institute, founded in Barcelona back in 1976. So it was only in 1983 that the first national bioethical committee was founded in France (although still without using the term *bioethics*), the *Comité Consultatif National d'Ethique pour les sciences de la vie et de la santé*, as well as the Council of Europe *Ad-hoc Committee on Genetic Experts* (transformed into *Ad-hoc Committee on Experts on Bioethics* in 1985). Slowly but surely, Potter's

---

12   The National Research Act (Pub. L. 93–348), p. 349, at: http://history.nih.gov/research/downloads/PL93-348.pdf (Accessed by February 22, 2013).
13   Cf. Robert M. Veatch: A theory of medical ethics. New York 1981.
14   Cf. Albert R. Jonsen: Why has bioethics become so boring? In: Journal of Medicine and Philosophy 25/6 (2000), pp. 689–699.
15   The following quotations are from Potter: Bioethics (ref. 2), p. VII.
16   Fritz Jahr: Wissenschaft vom Leben und Sittenlehre (Alte Erkenntnisse in neuem Gewande). In: Mittelschule 40/45 (1926), pp. 604–605.
17   See more about the use and abuse of the prefix "bio-" in: Iva Rinčić, Amir Muzur: Fritz Jahr i rađanje europske bioetike. [Fritz Jahr and the birth of european bioethics]. Zagreb 2012, pp. 143–152.

and Hellegers' ideas were conquering the world, sometimes promoted by the Catholic Church, like in Italy and Croatia where they appeared in the early 1980s.[18]

Even if Potterian bioethics still penetrated Europe, this import of ideas was not only slow but also somehow mechanical and reluctant to embrace the term *American*. One might say, that was the phase (1975–1985) when *European bioethics* meant 'Bioethics in Europe' and not much more.

In the first years of the new millennium, nevertheless, some more original concepts did start to emerge in Europe. Around 2004, Ante Čović, Professor of Ethics from the University of Zagreb, Croatia, paved the way for *integrative bioethics*, viewed as a meeting point and forum of polylogue of various perspectives (scientific and non-scientific) and resulting in an *orientational knowledge* as a platform for solving theoretical and practical problems related to all aspects of life.[19] The *movement* of integrative bioethics has produced a series of at least 5 scientific projects, 25 symposia, 30 books, and a tight, highly collaborative network of a few dozens of scholars in Southeast Europe and Germany.[20]

Curiously, a theoretical concept of a similar title, *Integrated Bio-Ethics*, emerged in October 2007 at the Faculty of Biochemistry, Biophysics and Biotechnology of the Jagellonian University in Kraków, Poland. Devised by the group of Gregor Becker, *Integrated Bio-Ethics* is very much action oriented, considering bioethics as "comprehension and analysis of moral problems originating and taking place in Bio-Sciences"[21] (that is, very close to Potter's coinage of the term and the later Georgetown practice).

---

18 Cf. Iva Rinčić, Amir Muzur: Variety of bioethics in Croatia. A historical sketch and a critical touch. In: Synthesis philosophica 26/2 (2011), pp. 403–428.
19 To learn more about the integrative bioethics, see: Ante Čović: Integrativna bioetika i pluriperspektivizam. [Integrative bioethics and pluriperspectivism]. In: Velimir Valjan (ed.): Integrativna bioetika i izazovi suvremene civilizacije. Zbornik radova Prvog međunarodnog bioetičkog simpozija u Bosni i Hercegovini (Sarajevo, 31.III.–1.IV. 2006.). [Integrative bioethics and the challenges of contemporary civilisation Proceedings of the 1st international bioethical symposium in Bosnia and Herzegovina (Sarajevo, March 31–April 1, 2006)]. Sarajevo 2007, pp. 65–76; Hrvoje Jurić: Uporišta za integrativnu bioetiku u djelu Van Rensselaera Pottera. [Footholds for integrative bioethics in the work of Van Rensselaer Potter]. In: Velimir Valjan (ed.): Integrativna bioetika i izazovi suvremene civilizacije. Zbornik radova Prvog međunarodnog bioetičkog simpozija u Bosni i Hercegovini (Sarajevo, 31.III.–1.IV. 2006.) [Integrative bioethics and the challenges of contemporary civilisation. Proceedings of the 1st international bioethical symposium in Bosnia and Hercegovina (Sarajevo, March 31–April 1, 2006)]. Sarajevo 2007, pp. 77–99.
20 Cf. Muzur, Rinčić: Variety of bioethics in Croatia (ref. 18).
21 The Group for Bioethics in life sciences: The Kraków Model of Integrated Bio-Ethics. p. 6, at: http://www.scanbalt.org/files/graphics/ScanBalt/Newsletter%20archive/News letter%20 April%202008/gbls%202008%20final%20brochure.pdf (Accessed by February 26, 2013).

The Jahr 'confusion'

When, in 1997, Rolf Löther of Berlin Humboldt University first referred to the European origin of the word *bioethic*,[22] indicating the 1927 paper by the Halle theologian and teacher Fritz Jahr (1895–1953),[23] very few would have heard of it. The same can be supposed for the first papers by Eve-Marie Engels of Tübingen (including the translation of her 2001 paper from German into Portuguese in 2004).[24] However, it is much more difficult to explain why North-American authors ignored the series of papers by Hans-Martin Sass[25] of the Kennedy Institute of Ethics, more thoroughly analyzing Jahr's concept of *Bio-Ethik* (*disregarded* might be a better term, since, although Sass' first paper on Fritz Jahr had already been published in three languages in 2007, the international symposium entitled *Founders of Bioethics*, held in June 2010 at Edinboro University, PA, listed only American speakers with no reference to Jahr).[26]

At any rate, the news about Fritz Jahr's re-discovered ideas has started to spread all around the world: to Germany, France, Croatia, Bosnia and Herzegovina, Serbia, Macedonia, USA, Argentina, Brazil, Chile, Colombia, Venezuela, India, etc.[27] (see Picture 1 for a scheme reconstructing the first decade of the spread).

---

22 Rolf Löther: Evolution der Biosphäre und Ethik. In: Eve-Marie Engels, Thomas Junker, Michael Weingarten (eds.): Ethik der Biowissenschaften. Geschichte und Theorie – Beiträge zur 6. Jahrestagung der Deutschen Gesellschaft für Geschichte und Theorie der Biologie (DGGTB) in Tübingen 1997. Berlin 1998, pp. 61–68.
23 Fritz Jahr: Bio-Ethik. Eine Umschau über die ethischen Beziehungen des Menschen zu Tier und Pflanze. In: Kosmos 24/1 (1927), pp. 2–4.
24 Eve-Marie Engels: O desafio das biotécnicas para a ética e a antropologia. In: Veritas 50/2 (2004), pp. 205–228.
25 In particular, Hans-Martin Sass: Fritz Jahr's 1927 concept of bioethics. In: Kennedy Institute of Ethics Journal 17 (2007), pp. 279–295.
26 Cf. Edinboro University, at: http://bioethics.edinboro.edu/schedule/ (Accessed by 22.2.2013).
27 For more details about the spread of the news, see: Amir Muzur, Iva Rinčić: Fritz Jahr (1895–1953). A life story of the "inventor" of bioethics and a tentative reconstruction of the chronology of the discovery of his work. In: Jahr 2/4 (2011), pp. 385–394. The paper was republished with slight modifications in: Amir Muzur, Iva Rinčić: Fritz Jahr. On how he had discovered bioethics and how bioethicists have discovered him. In: Amir Muzur, Hans-Martin Sass (ed.): Fritz Jahr and the foundations of Global Bioethics. The future of Integrative Bioethics. Münster 2012, pp. 169–177.

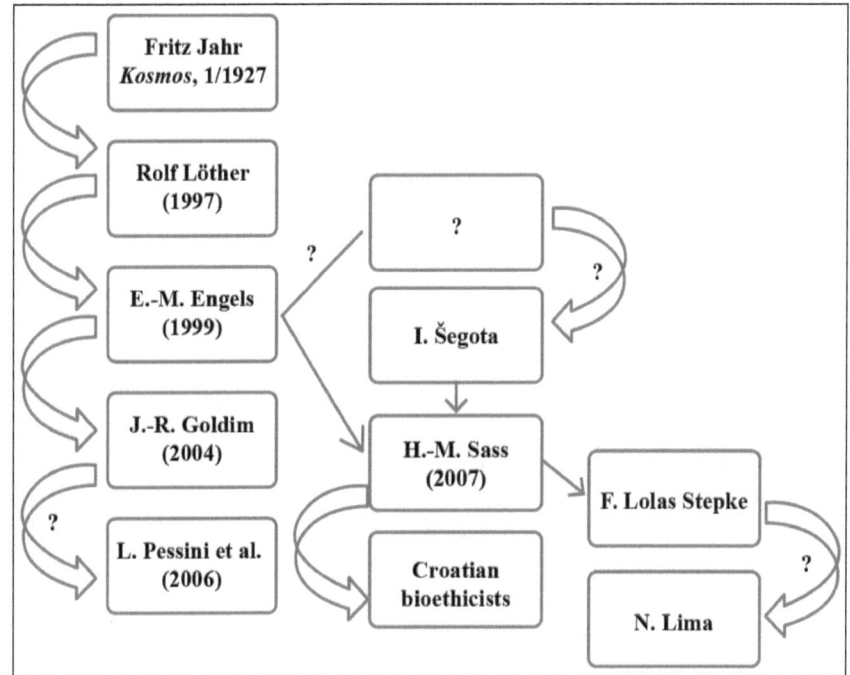

Picture 1: A chronological reconstruction of the spread of the discovery of Fritz Jahr (covering 1997–2007, approximately)

Not everyone has been satisfied by this discovery: an editor of an American bioethics journal, for instance, replied to the submission of a paper on Fritz Jahr by: "The content and issues raised therein were not appropriate for publication in our journal. (…) AJOB has previously published on extending Potter's bioethics, and there is not enough depth to this article." Another editor, of another international bioethics journal, wrote that "for our readers your conceptual points are of greater interest than the historical bits at the beginning (Potter-Jahr etc.)".[28]

---

28 Both quotes are from the electronic correspondence with a publisher.

The project of Jahr's revival

At the time we got acquainted with Jahr's work – that is, some ten years after Rolf Löther's discovery and thanks to Hans-Martin Sass' series of papers translated also into Croatian – not much was known about Jahr's life and bibliography. So we conceived a project entitled *Fritz Jahr and European roots of bioethics: establishing an international scholars' network* (EuroBioNethics). The project obtained support by the Croatian Science Foundation and was launched in February 2011 and completed in August of the same year.

The major scope of the project was to research the life and work of Fritz Jahr (1895–1953). We had established contacts with several archives and libraries in Jahr's home-city of Halle, and then arranged a study trip including the first probing research in those institutions. The materials collected enabled us to complete Jahr's tentative biography, including data on his parents, birth, addresses in Halle, schooling, marriage, and both teaching and preaching work.[29] We photographed some of the schools Jahr had been teaching at, some of the churches related to his pastoral activities, and his home in Albert-Schmidt-Strasse 8.[30] Unfortunately, we have not succeeded as yet in finding a photo of Fritz Jahr himself.

The crucial moment in the course of the project was the organization of the 1st International Conference *Fritz Jahr and the Roots of European Bioethics*, held in Rijeka and Opatija, Croatia, on March 11–12, 2011. Fifteen scholars from Croatia, France, Germany, Cyprus, USA, Brazil, Argentina, and Colombia presented papers on Fritz Jahr and other *precursors* of modern bioethics, including Aristotle, Francis of Assisi, Immanuel Kant, Albert Schweitzer, Karl Löwith, Hans Jonas, and others[31] (for a more complex scheme of authors that influenced Jahr's ideas, see Picture 2).

---

29 For preliminary reports on Fritz Jahr's life and work, cf: Iva Rinčić, Amir Muzur: Fritz Jahr. The invention of bioethics and beyond. In: Perspectives in Biology and Medicine 54/4 (2011), pp. 550–556; and Amir Muzur, Iva Rinčić: Fritz Jahr (1895–1953). The man who invented bioethics. In: Synthesis Philosophica 26/1 (2011), pp. 133–139.
30 See those images at: http://www.eurobionethics.com/study-trip.php (Accessed by April 10, 2013).
31 See the conference programme at: http://www.eurobionethics.com/programme.php (Accessed by April 10, 2013).

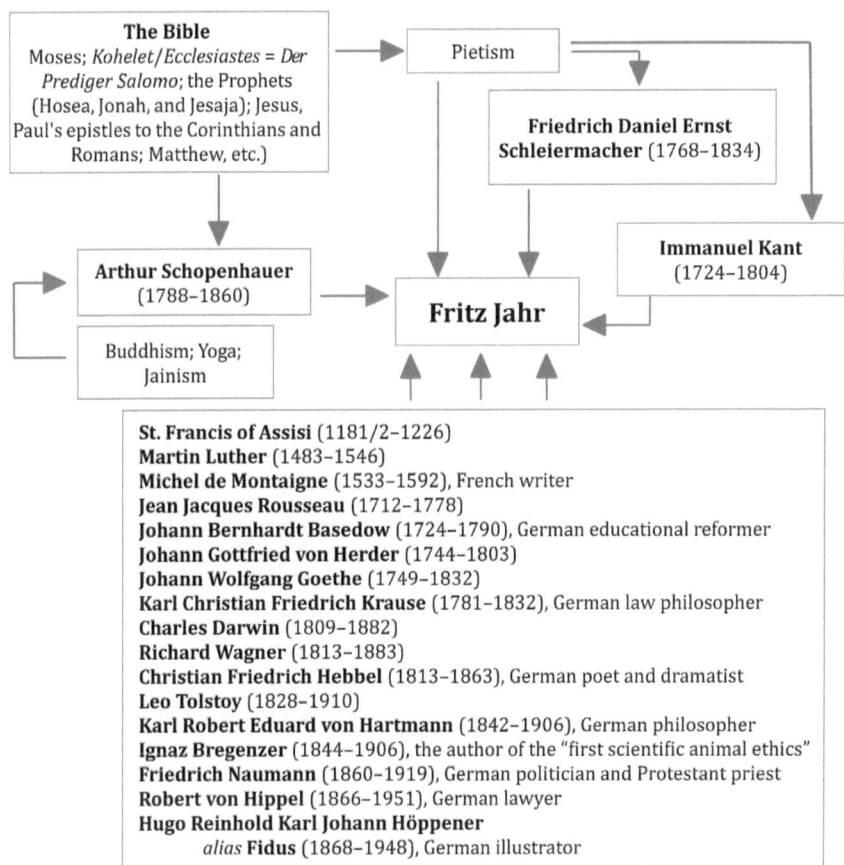

Picture 2: *A diagram of major influences upon Fritz Jahr's ideas*

The final meeting of the participants produced an agreement on further steps – mainly establishment of the project website (www.eurobionethics.com), preparing and signing of the *Rijeka Declaration on the Future of Bioethics*, coordinating the further steps toward the establishment of the Fritz-Jahr-Award for Research and Promotion of European Bioethics, and other activities.

The major result has been provided by the signing of and, eventually, the publication of the *Rijeka Declaration on the Future of Bioethics*. Up to this moment, the Declaration text has been translated into eight languages (Croatian, English, German, French, Spanish, Portuguese, Greek, and Macedonian) and published in a dozen of various Internet portals and journals in Croatia, Serbia, Sweden, India, Argentina, Brazil, Venezuela, etc. This is the English version:

RIJEKA DECLARATION ON THE FUTURE OF BIOETHICS

Fritz Jahr used the term 'bioethics' ('Bio-Ethik') as early as 1927. His 'bioethical imperative' (Respect every living being as an end in itself, and treat it, if possible, as such!) should guide personal, professional, cultural, social, and political life, as well as the development and application of science and technology. In order to promote the Bioethical Imperative and the future of integrative bioethics, the participants of the Rijeka symposium 'Fritz Jahr and European roots of bioethics: Establishing an international scholars' network (EuroBioNethics)', wish to highlight the following:

1. Contemporary bioethics quite often has been narrowed down to issues of informed consent and liability in medical ethics, whereas the practical impact of general ethical principles has been minimal.
2. It is necessary that bioethics be substantially broadened and conceptually and methodologically transformed so that it may consider different cultural, scientific, philosophical, and ethical perspectives (pluriperspective approach), integrating those perspectives into orientational knowledge and practical action (integrative approach).
3. Such Integrative Bioethics will have to harmonize, respect, and learn from the rich plurality of individual and communal perspectives and cultures of the global community.
4. Recognizing the inexhaustible source of relevant perspectives for Integrative Bioethics in the works of authors and teachings using the term and the concept of bioethics, but also of the other 'precursors' of integrative bioethical and deontological ideas since antiquity, we strongly call upon the study of classical works and teachings.
5. Respect for life, the considerate treatment of all life forms, need to be supported by all citizens, public discourse and the media, and by educational programs at all levels.
6. If these ideas are successful, bioethics will become a truly open field of meeting and dialogue of various sciences and professions, visions and worldviews that have been gathered to articulate, to discuss, and to solve ethical issues related to life as a whole and each of its parts, life in all its forms, shapes, stages, and manifestations, as well as to life conditions in general.
7. If these ideas are successful, bioethics will become the basis for the development and implementation of law, nationally and internationally.
8. If these ideas are successful, the recognition and implementation of bioethics will become the 'bridge to the future', a 'science of survival', and wisdom as 'knowledge of how to use knowledge' (as Van Rensselaer Potter defined it in the 1970s) of modern medicine and technology.

The EuroBioNethics International Scholars' Network, promoting the above ideas, will organize further conferences and establish a website to improve global intercultural communication and cooperation. A Fritz-Jahr Award for the Research and Promotion of European Roots of Bioethics will soon be announced. The Network invites scientists and ethicists for communication and cooperation in implementing these ideas of the Rijeka Declaration.

Signed in Rijeka/Opatija (Croatia), on March 12, 2011, by all the participants of the Conference.[32]

Discussion and further directions

In May 2010, before even starting the EuroBioNethics project, the Department of Social Sciences and Medical Humanities at the University of Rijeka's Faculty of Medicine launched a journal named *Jahr*, devoted mostly to bioethics. As yet, 8 issues of the journal have appeared, including the one containing the proceedings of the Jahr conference (*Jahr* 2/4).

Within the last year only, two books on Jahr have been published, and a selection of Jahr's papers appeared in three German, three English, and two Portuguese editions (as yet, the only *opera omnia* edition, with all 22 known papers by Jahr, appeared in Croatian translation in December 2012).

On May 15, 2013, *Fritz-Jahr Documentation and Research Centre for European Bioethics* opened its doors within the Faculty of Medicine in Rijeka. Founders are the County of Primorje and Gorski Kotar and the University of Rijeka, while among its supporters are the City of Rijeka and some regional private enterprises. The Centre is supposed to collect archival materials and publications related to the development of bioethics in Europe and to offer the possibility to researchers to study them.

That the Jahrian idea cannot be stopped anymore has been confirmed also by the organization of a 3rd international conference on Fritz Jahr, held in his hometown Halle in November 2012[33] and chaired by Florian Steger, Director of the Institute for the History and Ethics of Medicine at Martin-Luther University Halle-Wittenberg, Jan C. Joerden, Director of the Interdisciplinary Centre for

---

32 Cf. http://de.scribd.com/doc/55410340/Rijeka-Declaration-on-the-Future-of-Bioethics (Accessed by April 10, 2013).
33 The title of the Halle conference was: *1927 – Die Geburt der Bioethik in Halle (Saale) durch den protestantischen Theologen Fritz Jahr (1895–1953)*. The 2nd conference on Fritz Jahr was organized by Leo Pessini, a satellite symposium to the 8th International Conference on Clinical Ethics and Consultation in May 2012 in São Paulo, Brazil (*Legacy of Fritz Jahr in Latin America and the future of bioethics*). The session was very well attended and the speakers were Amir Muzur, Iva Rinčić, Hans-Martin Sass, José Roberto Goldim, and Fernando Lolas Stepke.

Ethics at Europe University in Frankfurt an der Oder, and Andrzej M. Kaniowski, Chair for Ethics at the Łódz University, Poland.

The only initiative which has not been completed as yet concerns the Fritz Jahr-Award, conceived as a way to promote the idea of integrative/Jahrian/ European bioethics by offering young researchers and/or senior scholars to spend a certain amount of time in Halle for the purpose of research and/or visiting professorship. Contacts have been established and some moral support has been obtained from Prof. Dr. Jörg Dierken of Halle University's Faculty of Theology, Prof. Dr. Matthias Kaufmann, one of the directors of the Centre for Medicine-Ethics-Law at Halle University, and Dr. Thomas Müller-Bahlke, director of the Francke Foundation in Halle. Support has been offered also by the Croatian Bioethics Society and the Referal Centre for Integrative Bioethics in Zagreb. Nevertheless, a certain resistance to the idea (or to Fritz Jahr?) has been observed on the part of the City of Halle, the Leopoldina Academy, and the rector of the University. At the moment, the outcome of the project is uncertain. One has to remember from the Potter-Hellegers story, however, that, for an idea to be saved, a serious degree of more permanent institutionalization will have to be reached. A Fritz-Jahr-Award might be a guarantee that Jahr's ideas will not live only as long as their enthusiastic discoverers.

Fritz Jahr und die Bioethik des 21. Jahrhunderts

Hans-Martin Sass

Zusammenfassung

Der Hallenser Pastor Fritz Jahr (1895–1953) hat 1927 den Begriff und das Konzept von Bioethik als einer neuen akademischen Disziplin und einer universalen Tugendhaltung geprägt und beschrieben. In Anlehnung und Weiterführung des Ansatzes von Immanuel Kant (1724–1804) definiert er als Bioethischen Imperativ: „Achte jedes Lebewesen grundsätzlich als einen Selbstzweck, und behandle es nach Möglichkeit als einen solchen!" Basierend auf vergleichenden physiologischen und psychologischen Studien weitet er damit den kantischen Kategorischen Imperativ aus auf alle Formen des Lebens. Seine Vision eines neuen interdisziplinären Faches und einer neuen globalen Ethik im Umgang mit Natur und Umwelt waren lange Zeit vergessen. Erst heute sehen wir, dass Jahrs methodischer und konzeptioneller Paradigmenwechsel in der Bewertung von Leben, von Lebensformen und Lebensräumen nicht nur neue methodische und inhaltliche Perspektiven für die Natur- und Umweltwissenschaften eröffnet, sondern auch für die Organisations-, Wert- und Kulturwissenschaften.

Abstract

Pastor Fritz Jahr (1895–1953) of Halle (Saale) coined and defined the term and concept of bioethics as a new academic discipline and a universal virtue. Broadening Immanuel Kant's (1724–1804) Categorical Imperative he defines as Bioethical Imperative: "Respect every living being in general as an end in itself and treat it, if possible, as such!" Referencing comparative physiological and psychological studies he extends Kant's Categorical Imperative towards all forms of life. For some time, his vision of a new interdisciplinary discipline and a new global ethics in dealing with Nature and environment was forgotten. Only today, we recognize the importance of Jahr's methodological and conceptual paradigm changes in evaluating life, forms of life and fields in life not only for new perspectives in the natural and environmental sciences, but also in organizations, cultures, and the humanities.

Bio-Ethik – Was ist das?

Seit gut zwei Jahrzehnten gibt es in europäischen Universitäten, Medien und in der Politik einen neuen Begriff: Bioethik.[1] Wieso Bio-Ethik und nicht einfach

---

1 Der Pastor Fritz Jahr schrieb 1927 einen einleitenden Artikel im ersten Heft der Zeitschrift *Kosmos* mit dem Titel *Bio-Ethik. Eine Umschau über die ethischen Beziehungen des Menschen zu Tier und Pflanze*. Vgl. Fritz Jahr: Bio-Ethik. Eine Umschau über die ethischen Beziehungen des Menschen zu Tier und Pflanze. In: Kosmos. Handweiser für Naturfreunde und Zentralblatt für das naturwissenschaftliche Bildungs- und Sammelwesen 24/1 (1927), S. 2–4. Dieser Aufsatz blieb weitgehend ohne Echo. Van Rensselar Potter (1911–2001),

Ethik wie bisher in Philosophie und Kulturgeschichte? Physik und Ethik sind neben Logik die beiden Gebiete der Philosophie und Wissenschaft, wie Aristoteles (384–322 v. Chr.) sie vor 2 500 Jahren beschrieben und unterteilt hatte. Physik beschäftigt sich mit den Regeln der physikalischen Welt; Ethik beschreibt das, was man tun soll oder tun sollte, also die Regeln der gesellschaftlichen und kulturellen Welt. Das ist seitdem die im Abendland verbindliche Gliederung und Terminologie. Immanuel Kant (1724–1804) bemerkt hierzu in der *Grundlegung zur Metaphysik der Sitten* 1785: „Gesetze sind entweder Gesetze der Natur oder der Freiheit. Die Wissenschaft von der ersteren heißt Physik, die der anderen ist Ethik; jene wird auch Naturlehre, diese Sittenlehre genannt."[2] Der Hallenser Pastor Fritz Jahr (1895–1953) war bereits in der ersten Hälfte des vorigen Jahrhunderts anderer Meinung als Aristoteles und Kant, als er vor 85 Jahren den Begriff Bio-Ethik prägte und auch definierte. Die moderne Welt des frühen 20. Jahrhunderts verlangte in seinen Augen nach einer neuen und klareren Begrifflichkeit, die sich

---

Onkologe am McAedle-Krebsforschungszentrum in Madison, Wisconsin, veröffentlichte über 40 Jahre später ohne Kenntnis von Fritz Jahr 1970 in der wenig verbreiteten Zeitschrift *Perspectives in Biology and Medicine* einen kleinen Aufsatz *Bioethics – the Science of Survival*. Vgl. Van Rensselaer Potter: Bioethics – the science of survival. In: Perspectives in Biology and Medicine 14/1 (1970), S. 127–153; vgl. auch ders.: Bioethics. Bridge to the future. Englewoods Cliffs 1971. Potter sah, auch beeinflusst durch Aldo Leopolds (1887–1948) *Land Ethics* (1949), die Existenz der Menschheit und der Welt gefährdet durch Technisierung, Mechanisierung und Industrialisierung. Etwa gleichzeitig wurde das „Kennedy Institute of Ethics" mit Geldern der Kennedy-Familie an der Georgetown Universität gegründet, das sich zunächst „Kennedy Institute of Bioethics" nannte. Vgl. André Hellegers: Bioethics center formed. In: Chemical and Engineering News 49/42 (1971), S. 7. Der Begriff Bioethik ist heute mit diesem Institut und dessen Arbeit auf dem Gebiet der Medizinethik – nicht Bioethik! – eng verbunden und wird deshalb auch leider immer noch global falsch verstanden. Es spricht nicht für Präzision und wissenschaftliche Klarheit, dass bis heute in Wissenschaft, Politik und Öffentlichkeit immer wieder Bioethik als Synonym mit Medizinethik gebraucht wird. Wer unklare Begriffe verwendet, der denkt auch unklar und entscheidet und handelt auf einer unklaren Basis. Vgl. Hans-Martin Sass: Für präzise und differenzierte Begriffe. In: Mitteilungen des Hochschulverbandes 10 (1991), S. 233–236. Diese Verworrenheit zeigte sich auch bei der Einführung der medizinischen Ethik in der Bundesrepublik in den 1980er Jahren und der teilweisen Ersetzung des ärztlichen Paternalismus durch Respekt vor der Autonomie des Patienten, als es zu nicht unerheblichen Widerständen seitens studentischer Gruppen kam, die eine neue Bevormundung durch amerikanisch-kapitalistische Interessen befürchteten. Vgl. Hans-Martin Sass: Fritz Jahr's bioethischer Imperativ. 80 Jahre Bioethik in Deutschland von 1929 bis 2007. Bochum 2007.

2 Immanuel Kant: Grundlegung zur Metaphysik der Sitten (1785). Akad.-Ausg. Bd. 4. Berlin, New York 1968, S. 387.

in der wissenschaftlichen und akademischen Welt breitmachen und die vor allem das individuelle, kulturelle und gesellschaftliche Verhalten neu prägen sollte. Jahr zielte also, um einen Begriff von Kant aufzugreifen, auf eine ‚Revolutionierung der Denkungsart' und nachfolgend auf eine Revolutionierung der Handlungsart – also auf einen Paradigmenwechsel im Denken und im Handeln, in den Wissenschaften und im täglichen Leben.

Jahrs Neuansatz einer akademischen interdisziplinären Kultur- und Handlungswissenschaft und seine Forderung nach einer Änderung von Handlungsmotivationen und Handlungszielen kommt nicht einfach aus einer persönlichen Intuition oder Betroffenheit, sondern stellt sich vor als notwendiges Ergebnis der Wissenschaftsentwicklung seiner Zeit, insbesondere der empirischen physiologischen und psychologischen Untersuchungen von Wilhelm Wundt (1832–1920) in der zweiten Hälfte des 19. Jahrhunderts in Leipzig. Wundt hatte empirisch und theoretisch nach einem einheitlichen interdisziplinären Verständnis der Integration von Physiologie und Psychologie gesucht, ähnlich wie Albert Einstein (1879–1855) später nach einer Integration der Wellentheorie und Korpuskulartheorie in der Physik suchte. Im Gegensatz zu den Modellen der Relativitätstheorien in der Physik sind wir auch heute in Neurologie, Physiologie und Psychologie nicht sehr viel weiter, als Wundt vor 150 Jahren war.[3]

---

3 Wir dürfen mit Wundt von einer Parallelität physiologisch-neurologischer und psychologischer Prozesse ausgehen – und zwar bei Pflanze, Tier und Mensch –, können diese aber selten befriedigend ineinander übersetzen. Wir wissen heute, dass neurotechnologische Stimulationen durch Medikamente oder Elektrizität psychologische Veränderungen hervorrufen; wir messen neurologisch-physiologische Prozesse bei Mikroben, Pflanzen und Tieren, können diese aber nicht in Psychologie übersetzen und das umso weniger, je weiter diese Lebewesen entwicklungsgeschichtlich von uns entfernt sind. Schon 1713 diskutierte George Berkeley (1685–1753) in seinen einflussreichen *Dialogen zwischen Hylas und Phylonous*, dass wir selbst körperliche, emotionale und sinnliche Erfahrungen unserer Mitmenschen (Schmerz, Liebe, Freude, Folter) nur ex analogia indirekt interpretieren und nicht direkt empfinden können. Diese Vermutungen von Analogie werden umso unsicherer, je weiter Tiere, Pflanzen oder Mikroben von uns entfernt sind. Der Pflanzenphysiologe weiß, dass ausgerissene Maispflanzen unverzüglich auf Notschutz umschalten und dass bei abgeschnittenen Pflanzen die Wurzeln in der Erde Signale aussenden, auf die andere Pflanzen mit Hilfe oder Aggression reagieren; der Schrebergärtner weiß, welche Nutzpflanzen sich ‚nicht mögen' und welche gut miteinander harmonieren. Wie ist es um die Individualität und ‚Interessen' eines Schmetterlings bestellt in seinen verschiedenen Stadien von Ei, Raupe, Puppe, Schmetterling? Haben Pflanzen Schmerzen so wie geprügelte Hunde? Vgl. Carol Kaesuk Yoon: Perhaps plants scream, too. In: International Herald Tribune 3/16 (2011), S. 10. Oder haben sie Angst, wie wir es von hochgezüchteten Schweinerassen kennen? Zur komplexen

Jahrs Modell ethischen Denkens und Handelns in Wissenschaft und Leben fußt auf der modernen Wissenschaft. „Die scharfe Scheidung zwischen Tier und Mensch, die seit Beginn unserer europäischen Kultur bis zum 18. Jahrhundert herrschend war, kann heute nicht mehr aufrechterhalten werden",[4] so beginnt er 1927 seinen bahnbrechenden Leitartikel im ersten Heft der führenden deutschen naturwissenschaftlichen Zeitschrift *Kosmos*: „Die Philosophie, die früher der Naturwissenschaft ihre Leitgedanken vorschrieb, musste nun selbst ihre Systeme auf naturwissenschaftlichen Einzelerkenntnissen aufbauen. (...) Was folgte aus dieser Umwälzung?", fragt er weiter und antwortet mit Bezug auf Wilhelm Wundt: „Zunächst die grundsätzliche Gleichstellung von Menschen und Tier als Versuchsobjekt der Psychologie."[5] Bei identischen Methoden in der Physiologie und Psychologie stellt er als Ergebnis vergleichender anatomisch-zoologischer Forschung „höchst lehrreiche Vergleiche zwischen Menschen- und Tierseele"[6] fest.

Terminologisch geht Jahr von Rudolf Eisler (1873–1926) aus, der 1910 in seinem einflussreichen *Wörterbuch der philosophischen Begriffe* den Begriff „Biopsychik" zur Beschreibung des „Psychischen als biologischen Faktor (...)"[7] vorgestellt hatte. Hieran knüpft Jahr an, wenn er 1927 schreibt: „Von der Bio-Psychik ist [es] nur ein Schritt bis zur Bio-Ethik, d.h. zur Annahme sittlicher Verpflichtungen nicht nur gegen den Menschen, sondern auch gegen alle Lebewesen."[8] Raoul Francé (1874–1943) hatte für die lebendigen und lebensunerlässlichen Interaktionen

---

und weitgefächerten Kommunikation von Pilzen beispielsweise mit ihrer Umwelt vgl. Günther Witzany: Biocommunication of Fungi. Dodrecht, Berlin 2012.

4   Jahr: Bio-Ethik (Anm. 1), S. 2.
5   Fritz Jahr: Bio-Ethik. Eine Umschau über die ethischen Beziehungen des Menschen zu Tier und Pflanze (1927). In: Arnd T. May, Hans-Martin Sass (Hg.): Aufsätze zur Bioethik 1924–1948. Werkausgabe. 2. Aufl. Münster 2013, S. 25–31, hier: S. 25.
6   Jahr: Bio-Ethik (Anm. 5), S. 26. Jahr zitiert Raoul Heinrich Francé (1874–1943), einen der Väter moderner ökologischer Landwirtschaft, *Pflanzenpsychologie als Arbeitshypothese der Pflanzenphysiologie* (1909), Theodor Fechner (1801–1887) *Nanna oder das Seelenleben der Pflanze* (1848) und Rudolf Eisler (1873–1926) *Das Wirken der Seele. Ideen zu einer organischen Psychologie* (1909). Vor den Studien von Wilhelm Wundt (1832–1920) hatten Arthur Schopenhauers (1788–1860) *Welt als Wille und Vorstellung* (1819) und Karl Christian Hermann Krauses (1781–1832) *System der Sittenlehre* (1810) und *Urbild der Menschheit* (1811) philosophisch den Weg zu einer Kehrtwende des europäischen Denkens vorbereitet, worauf Jahr ausdrücklich hinweist.
7   Rudolf Eisler: Biopsychik. In: Rudolf Eisler (Hg.): Wörterbuch der Philosophischen Begriffe. Bd. 1: A–K. 3. Aufl. Berlin 1910, S. 190.
8   Jahr: Bio-Ethik (Anm. 5), S. 26.

und gegenseitigen Abhängigkeiten von Lebewesen den Begriff ‚Biozoemose' vorgeschlagen.[9] Für Eisler ist Biozoemose eine Lebensgemeinschaft unterschiedlicher Organismen, so „dass jedes ‚Ich' mit seiner Umwelt in gesetzmäßigen Beziehungen steht, welche nach einer Epharmonie tendieren", denn die biologische Biozoemose ist „eine Teilerscheinung der allgemeinen Gleichgewichtstendenz des ‚Bios'".[10] Neuere Untersuchungen bestätigen diesen Ansatz von Eisler.[11] Wenige

---

9 Vgl. Raoul Heinrich Francé: Die Welt als Erleben. Grundriß einer objektiven Philosophie. Bd. 6: Grundlagen einer objektiven Philosophie. Dresden 1923, S. 96ff.

10 Vgl. Rudolf Eisler: Wörterbuch der philosophischen Begriffe. Bd. 1: A–K. 4. Aufl. Berlin Jahr, S. 226. Rudolf Eisler zog aus der neueren physiologischen und psychologischen Forschung eine wissenschaftstheoretische Konsequenz, die sich gegen vitalistische Metaphysik und Spekulation wendet: „Will man nun die Unklarheiten und metaphysischen oder sonstigen überflüssigen Annahmen des ‚Vitalismus' vermeiden, auf unbekannte, ad hoc erdachte und konstruierte ‚Lebenskräfte' (Entelechien, Dominanten, u. dgl.) Verzicht leisten, will man ferner die Geschlossenheit der Naturkausalität auch auf dem Gebiete des Organischen festhalten, dann bleibt nichts übrig, als die Biophysik und Biochemie durch eine *Biopsychik* zu ergänzen (nicht zu verdrängen) und einzusehen, daß psychische Regungen niederer und höherer Art, Strebungen eindeutiger und komplizierter Form, Tendenzen zur *Erhaltung der organischen Einheit* und Triebe und *Wollungen*, die daraus als Konsequenzen fließen, Mittel zum obersten Zweck sind – direkt und indirekt die Lebensvorgänge regieren und modifizieren." Ausgehend von Wundt identifiziert Eisler den Willen als „innerstes teleologisches Agens des Lebens, als Schöpfer biotischer Zweckmäßigkeit (…) Weit entfernt, daß der Wille ein Entwicklungsprodukt von mechanischen Reflexen ist, lassen sich umgekehrt die *Reflexe* und automatischen Vorgänge am besten als *Residuen ursprünglicher Willensprozesse* betrachten". Rudolf Eisler: Das Wirken der Seele. Ideen zu einer organischen Psychologie. Leipzig 1909, S. 31–32.

11 Neuere molekularbiologische Untersuchungen bestätigen, dass nicht nur der brasilianische Urwald sondern auch jeder einzelne von uns Menschen in einer hochkomplexen Biozoemose mit vielen anderen Lebewesen nur existieren kann, darunter Trillionen von Mikroben als Bakterien, Viren und Pilze in und an unserem Körper, ohne die wir nicht leben könnten – von unserer sonstigen sozialen und biologischen Umwelt ganz zu schweigen. Jahr konnte vor knapp 100 Jahren diese neueren Studien nicht kennen. Sein ethischer Ansatz ist der von Mitgefühl, Solidarität, Empathie, Ehrfurcht und Respekt vor dem Leben, dem Bios insgesamt. Aber in seinen gesundheitsethischen Überlegungen und seiner Analyse der Interaktionen und Interdependenzen von Egoismus und Altruismus diskutiert er diese biozoemotischen Harmonien, in denen Egoismus und Altruismus sich komplementieren und fördern. Das *Human Microbiome Project* des National Institute of Health in den USA kennt nicht den Begriff Biozoemose, sondern spricht vom Microbiome. Vgl. Michael Specter: Germs are us. Bacteria make us sick. Do they also keep us alive? In: The New Yorker (22.10.2012), S. 32–39. Peer Bork (*1963) vom *Europäischen Laboratorium für Molekularbiologie* (EMBL) in Heidelberg sieht neue therapeutische Anwendungen dieser Erkenntnisse

Jahre nach dem deutschsprachigen Erscheinen von Charles Darwins (1809–1882) *Origin of Species* (1859) veröffentlicht Wilhelm Wundt seine einflussreichen *Vorlesungen über Tier- und Menschenseele* (1863), die bis 1919 sechs weitere Auflagen erleben.

Kategorischer Imperativ und Bioethischer Imperativ

Konzeptionell orientiert Jahr sich an Kants Pflichten- und Tugendlehre. Der ‚Alleszermalmer' aus Königsberg, wie man Kant sowohl respektvoll wie ablehnend nannte, hatte in seiner *Kritik der reinen Vernunft* die Metaphysik und Dogmatik als unbeweisbar, aber auch als unwiderlegbar analysiert und eine Ethik auf sie aufzubauen als gefährlich und trügerisch bezeichnet. Statt dessen hatte er rein formal einen ethischen Imperativ als einfache und selbstverständliche Pflicht eines jeden Menschen postuliert, den kategorischen Imperativ, der in seiner zweiten Formulierung hieß: „Handle so, daß du die Menschheit sowohl in deiner Person, als in der Person eines jeden andern jederzeit zugleich als Zweck, niemals bloß als Mittel brauchst."[12] Dieser Imperativ bezog sich auf uns Menschen und war kategorisch und nicht flexibel, d.h., er stand nicht zur Abwägung oder Modifizierung, zur Diskussion oder Disposition. Friedrich Schiller (1759–1805), ein Kantianer, äußere sich zynisch zu dieser Unbedingtheit des Kategorischen mit dem Spruch „gern dien' ich dem Freunde, doch leider tu ich's aus Neigung".[13]

Eben diese Schwäche der kantischen Position ersetzt Fritz Jahr durch einen radikalen Neuansatz der Grundlegung von Ethik. Ethik gründet sich auf Mitgefühl, Sympathie, Empathie; sie ist nicht kategorisch sondern pragmatisch. Und damit weitet Jahr den Imperativ aus von den Mitmenschen hin auf alle Lebewesen, die Welt des ‚Bios' insgesamt. Er schließt seinen Leitartikel im ersten Heft der Zeitschrift *Kosmos* 1927, nachdem er kritisiert hatte, dass „irgendein Flegel

---

aus der Microbiome-Forschung und kritisiert insbesondere den unüberlegten Einsatz von Antibiotika und die generelle Ausrottung des Helicobacter pylori, den wir Menschen seit Jahrmillionen mit uns herumtragen. Nur zehn Prozent aller Zellen im und am menschlichen Körper sind menschliche Zellen, der überwiegende Teil des Microbionome im und am Menschen besteht aus Bakterien und anderen Mikroorganismen, die uns gesund und lebensfähig halten. Vgl. Nathan Wolfe: Small World. They're invisible. They're everywhere. And they rule. In: National Geographic Januar 223/1 (2013), S. 136–147.

12 Immanuel Kant: Grundlegung zur Metaphysik der Sitten (1785). Akad.-Ausg. Bd. 4. Berlin, New York 1968, S. 429.

13 Friedrich Schiller: Gedichte, Klassische Lyrik. Sämtliche Werke. Bd. 3. Gedichte, Erzählungen, Übersetzungen, Deutscher Bücherbund. Stuttgart 1995, S. 256.

gedankenlos Blumen am Wege mit dem Spazierstock köpft", mit dem Aufruf, dass wir „es noch so weit bringen, daß als Richtschnur für unser Handeln die bio-ethische Forderung gilt: *Achte jedes Lebewesen grundsätzlich als einen Selbstzweck, und behandle es nach Möglichkeit als solchen!*"[14] Sprachlich hatte Jahr den Bioethischen Imperativ schon zwei Monate früher dem kantischen Kategorischen Imperativ nachgebaut in einem pädagogischen Aufsatz in der *Zeitschrift für das Mittelschulwesen* und ihn als eine notwendige Konsequenz aus den Ergebnissen moderner Lebenswissenschaften und als bedeutend für den schulischen Unterricht in der Ethik und in den Humanwissenschaften vorgestellt.[15]

Gleichsam um zu zeigen, dass Tierschutz nicht isoliert ist und es in Ethik und Moral eigentlich nicht zentral um Tiere oder Pflanzen geht, sondern um den Menschen und seine soziale und ethische Kultur, fügt Jahr sozusagen als Begründung des Bioethischen Imperativs hinzu:

> Und wenn man die absolute Geltung dieses Grundsatzes, soweit er sich eben auf die Tiere und Pflanzen bezieht, nicht anerkennen will, so möge man ihn, um schon Gesagtes zu wiederholen, mit Rücksicht auf die sittlichen Verpflichtungen gegen die gesamte menschliche Gesellschaft dennoch befolgen.[16]

Mit diesem Hinweis auf die sittlichen Verpflichtungen gegen die Menschheit insgesamt in der Befolgung des Bioethischen Imperatives nähert Jahr sich wieder Kant an, der den kategorischen Imperativ auch als eine Formel zur Universalisierung verstand: „Handle so, daß die Maxime deines Willens jederzeit zugleich als Princip einer allgemeinen Gesetzgebung gelten könne."[17]

An verschiedenen Stellen weist Jahr darauf hin, dass in Deutschland und anderswo sich dieser Bioethische Imperativ auch schon in Tierschutzgesetzen und staatlichen Verordnungen niedergeschlagen habe. Der Bioethische Imperativ

---

14 Jahr: Bio-Ethik (Anm. 5), S. 31.
15 Fritz Jahr: Wissenschaft vom Leben und Sittenlehre. Alte Erkenntnisse in neuem Gewande. In: Die Mittelschule. Zeitschrift für das gesamte mittlere Schulwesen 40/45 (1926), S. 604–605. Ich verdanke diesen Hinweis Florian Steger; vgl. auch dessen Beitrag in diesem Band. Dieser Aufsatz Jahrs, der einen Monat vor seinem Beitrag im *Kosmos*, im Januar 1927, erschien, jetzt auch in: Arnd T. May, Hans-Martin Sass (Hg.): Aufsätze zur Bioethik 1924–1948. Werkausgabe. 2. Aufl. Münster 2013, S. 19–24, hier: S. 23. Beide Aufsätze setzen unterschiedlich interessante Schwerpunkte zu Begriff und Funktion von Bioethik.
16 Fritz Jahr: Tierschutz und Ethik in ihren Beziehungen zueinander (1928). In: Arnd T. May, Hans-Martin Sass (Hg.): Aufsätze zur Bioethik 1924–1948. Werkausgabe. 2. Aufl. Münster 2013, S. 39–45, hier: S. 45.
17 Immanuel Kant: Kritik der praktischen Vernunft. Akad.-Ausg. Bd. 5. Berlin, New York 1968, S. 30.

im Gefolge eines an der gemeinsamen Evolution und des Zusammenhangs des Lebens orientierten Idealismus repräsentiert also nicht mehr und nicht weniger als einen grundsätzlichen Paradigmenwechsel in der europäischen Geistes- und auch Rechtsgeschichte. Diese in Anlehnung an Kant gefundene Formulierung wird Jahr nicht mehr ändern, wenn er sie später in unterschiedlichen Kontexten wiederholt. Nicht mehr das cartesianische ‚more geometrico' und der Mensch als Maschine – Julien Offray de la Mettrie (1709–1751) *L'homme machine* – in der Nachfolge von Aristoteles' *Organon* und Francis Bacons (1561–1626) *Novum Organon* (1620), sondern eine biologische und evolutionäre Entwicklungstheorie der Interaktion und Interdependenz in der Nachfolge von Johann Gottfried von Herder (1744–1803), Arthur Schopenhauer (1788–1860) und Darwin bildet die konzeptionelle Basis für Jahrs Paradigmenwechsel und dabei bleibt es. Was folgt, sind Präzisierungen und Anwendungen, auch die Beseitigung von Missverständnissen. Natürlich: Jahr ist sich bewusst, dass er keine neue ‚Erfindung' vorlegt, sondern dass er transkulturell in einer langen ethischen und kulturellen Tradition steht und er nennt schon in seinem Leitartikel von 1927 Buddha und Franz von Assisi (1181/82–1226). *Ehrfurcht vor dem Leben* hatte wenig später Albert Schweitzer (1875–1965)[18] geschrieben und Peter Singer (*1946) hatte die *Heiligkeit des Lebens* zum Prinzip seiner Ethik gemacht. Anders als es bei der Pflichtenlehre Kants und beim kategorischen Imperativ ist, findet Jahr im Bioethischen Imperativ eine empirische Wurzel in einer natürlichen Empathie. Eine in der abendländischen Kultur unterschwellige Tradition wird bei Jahr zum zentralen Paradigma der Gesinnungseinstellung und diese zu einem neuen interdisziplinären akademischen Fach.

---

18 Fritz Jahr und Albert Schweitzer haben einander nicht zitiert, aber sie müssen ihre Positionen gekannt haben. Schweitzer berichtet in einer kleinen Miszelle in der im Umkreis von Halle (Saale) verbreiteten *Mut und Kraft. Zeitschrift für Evangelische Kirchengemeinden*, in der auch Jahr publizierte, ein wenig beachtetes Erlebnis aus seiner eigenen Jugend, das die natürliche Anlage der Empathie mit anderen Lebewesen anschaulich schildert und als starke Unterstützung für Jahrs Ansatz zitiert werden soll: „In den Ferien durfte ich beim Nachbarn Fuhrmann sein. Sein Brauner war schon etwas alt und engbrüstig. Er sollte nicht viel traben. In der Fuhrmannsleidenschaft ließ ich mich aber immer wieder hinreißen, ihn mit der Peitsche zum Traben anzutreiben, auch wenn ich wußte, daß er müde war. Der Stolz, ein trabendes Pferd zu leiten, betörte mich. Der Mann ließ es zu, ‚um mir die Freude nicht zu verderben'. Aber was wurde aus der Freude, wenn wir nach Hause kamen und ich beim Ausschirren bemerkte, was ich auf dem Wagen nicht so gesehen hatte, daß die Flanken des Tieres arbeiteten! Was nützte es, daß ich ihm in die müden Augen schaute und es stumm um Verzeihung bat?" Albert Schweitzer: Miszelle. In: Mut und Kraft. Zeitschrift für Evangelische Kirchengemeinden 3/10 (1926), S. 5.

Der Bioethische Imperativ – missverstanden

Das erste Missverständnis ist, dass Liebe zu Tieren und zur Umwelt die Liebe zu dem Menschen ersetzen könnte. Jahr greift ein Beispiel von Eduard von Hartmann (1842–1906) auf, um dieses Missverständnis einer ‚falschen Bioethik' zu korrigieren. Es ist das Beispiel der „‚versauerten alten Jungfer', die ihren fetten Mops mit Braten und Süßigkeiten überfüttert, während sie ihre Dienstboten darben läßt".[19] Jahr nennt das eine „falsche Tierliebe", deren Pendant „falsche Liebe" unter Menschen ist, die sich „in widerlicher Verhätschelung, in ungerechter Bevorzugung, in ‚Vetternwirtschaft' (…) äußert". Er resümiert:

> Ist aber solche falsche Menschenliebe kein durchschlagendes Argument gegen die Ethik, so ist auch die zuweilen auftretende falsche Tierliebe kein Beweis gegen die Berechtigung des Tierschutzes.
>
> Vielmehr liegt die Sache so: Wenn wir ein fühlendes Herz auch für die Tiere in der Brust hegen, dann werden wir leidenden Menschen unser Mitleid und unsere Hilfe ebenfalls nicht vorenthalten. Wessen Liebe so groß ist, daß sie, über die Grenzen des Nur-Menschlichen hinausgehend, noch im armseligsten Geschöpf etwas Heiliges sieht, der wird auch in dem ärmsten und geringsten seiner Menschenbrüder dieses Heilige zu finden und hochzuachten wissen und sich dabei nicht auf einen begrenzten Teil derselben, etwa einer Gesellschaftsklasse, einen Interessenverband, eine Partei und was sonst noch in Betracht kommen mag, beschränken. Umgekehrt ist gefühllose Grausamkeit gegen die Tiere ein Zeichen für einen rohen Charakter, der auch seiner menschlichen Umgebung gefährlich werden kann.[20]

Jahr zitiert in diesem Zusammenhang den Grafen Lew Tolstoi (1828–1910): „‚Vom Tiermord zum Menschenmord ist nur ein Schritt'"[21] und weist auf Kant hin, der „in den ‚Metaphysischen Anfangsgründen der Tugendlehre' die schonende und barmherzige Behandlung der Tiere geradezu als eine Pflicht des Menschen gegen sich selbst"[22] bezeichnet habe.

Das zweite Missverständnis ist, dass alles Leben gleichermaßen zu achten und zu fördern sei. Wir alle müssen als Lebewesen Nahrung zu uns nehmen und die kommt von Lebewesen, Pflanzen oder Tieren. Mit Buddha kritisiert er extreme Formen des Respekts vor dem Leben bei indischen Schwärmern, „die überhaupt kein Lebewesen antasten wollen":[23]

---

19 Jahr: Tierschutz (Anm. 16), S. 40.
20 Jahr: Tierschutz (Anm. 16), S. 40f.
21 Jahr: Tierschutz (Anm. 16), S. 41.
22 Jahr: Tierschutz (Anm. 16), S. 41.
23 Jahr: Bio-Ethik (Anm. 5), S. 29.

Der Yogabüßer soll unter keinen Umständen auf Kosten seiner Mitgeschöpfe leben; er soll vor allem keine Tiere töten, aber auch Pflanzenkost nur unter gewissen Voraussetzungen genießen. Er muß ein Tuch vor dem Mund tragen, um beim Einatmen kein noch so kleines Lebewesen zu vernichten; aus demselben Grunde muß er das Trinkwasser filtrieren und darf nicht baden. Die Sucht, keinem Lebewesen bei der Selbsterhaltung zu schaden, führt auch noch heute gewisse indische Büßer dazu, sich von Pferdemist zu nähren.[24]

Und wenn jemand „selbst eine giftige Schlange nicht töten will, weil ‚auch die Schlangen unsere Brüder und Schwestern sind', so haben wir für dieses Empfinden kein Verständnis, und wir halten es sogar für unsere Pflicht, schädliche Tiere zu töten, wenn wir können".[25] Natürlich gehören Ratten und Mäuse nicht in unsere Wohnungen und krankmachende Viren, Bakterien und Pilze nicht in unsere Krankenhäuser, Altenheime, Büros und Wohnungen.

Dennoch bleiben kontroverse Themen übrig, so die Frage nach dem ethischen Umgang mit Schnittblumen. Eduard von Hartmann hatte in einem Aufsatz über Blumenluxus geschrieben, eine gepflückte Blume sei „‚ein zum Tode verwundeter Organismus, dessen Farben nur noch nicht beschädigt sind, ein noch lebendes und lächelndes Haupt, das von einem Rumpf getrennt ist'".[26] Wir führen ähnliche Diskussionen über Nerzmäntel und Pelzmoden. Jahr argumentiert, dass auch Blumen am Halm sterben und dass Schnittblumen zu diesem Zweck gehegt und gepflegt wurden, also diesem Zivilisationsverbrauch ihr Leben verdanken.[27] Ist das mit den vielen kleinen Nerzen ebenso, die nicht geboren worden wären und keinen Spaß und kein Leben haben würden, wenn es keine Pelzindustrie und Pelzmode gäbe?

Insgesamt lässt sich bezüglich eines möglichen Konflikts zwischen Ethik und Tierschutz also in Jahrs Formulierung Folgendes festhalten:

> Ist es nun tatsächlich so, daß der richtig verstandene und richtig betriebene Tierschutz fördernd auf die Ethik einwirkt, stimmt es, daß er volkserziehenden und volksbildenden Wert hat, dann darf er unter keinen Umständen vernachlässigt werden. Andererseits wird ein jeder, der tierschützerisch eingestellt ist, allgemein ethische Bestrebungen, die ja, wie gesagt, auch an der Tierethik nicht ablehnend oder schweigend vorübergehen dürfen, nach Kräften zu fördern suchen, weil er damit indirekt zugleich für den Tierschutz arbeitet.[28]

---

24 Jahr: Bio-Ethik (Anm. 5), S. 27.
25 Jahr: Bio-Ethik (Anm. 5), S. 30.
26 Zitiert nach Jahr: Bio-Ethik (Anm. 5), S. 29.
27 Viele Kulturpflanzen wie Getreide und Kartoffeln werden geerntet, wenn sie abgestorben sind, also wenn nach Herder ihre ‚Bedürfnisse' an Leben und Lust erfüllt sind; aber Salatpflanzen werden frisch und grün geerntet, wenn sowohl ihr ‚Bedürfnis' nach Leben wie auch ihre ‚Bestimmung', nämlich Samen zu bilden und sich fortzupflanzen, noch nicht erfüllt ist.
28 Jahr: Tierschutz (Anm. 16), S. 42.

Als Maßstab für verantwortungsvolles Handeln und Abwägen gegenüber dem nichtmenschlichen Leben greift Jahr auf Herders Verständnis von ‚Bedürfnissen' und Krauses (1781–1832) Interpretation von ‚Bestimmung' zurück: Es sind

> die Bedürfnisse der Tiere an Zahl weit geringer (...) als die des Menschen. In erhöhtem Maße gilt dies für die Pflanze, so daß die praktischen, sittlichen Verpflichtungen, die schon gegen die Tiere (wenn auch nicht grundsätzlich, so doch praktisch) geringer sind, gegen sie noch viel weniger Schwierigkeiten bereiten. Des weiteren ist hier noch das Prinzip des Kampfes ums Dasein von Einfluß, ein Grundsatz, der auch unsere ethischen Pflichten gegen unsere Mitmenschen in gewisser Weise modifiziert, so sehr wir dies auch bedauern mögen.[29]

Mit dem auf Mitleid sich gründenden Bioethischen Imperativ stellt sich Jahr klar gegen Kant, der Ethik auf eine nach seinem Verständnis nur dem Menschen ausschließlich zukommende reziproke Würde gründet. Kant hatte gesagt:

> Das moralische Gesetz ist heilig (unverletzlich). Der Mensch ist zwar unheilig genug, aber die Menschheit in seiner Person muß ihm heilig sein. In der ganzen Schöpfung kann alles, was man will, und worüber man etwas vermag, auch bloß als Mittel gebraucht werden; nur der Mensch, und mit ihm jedes vernünftige Geschöpf ist Zweck an sich selbst. Er ist nämlich das Subject des moralischen Gesetzes, welches heilig ist, vermöge der Autonomie seiner Freiheit.[30]

Kant gründete die Freiheit und die kategorische ethische Forderung auf „den Willen aller vernünftigen Wesen": „Ein jedes Wesen, das nicht anders als unter der Idee der Freiheit handeln kann, ist eben darum, in praktischer Rücksicht, wirklich frei."[31] Jahr gründet demgegenüber seinen Bioethischen Imperativ auf die Würde allen Lebens, das leiden kann und das dem Leiden ausgesetzt ist. Natürlich gibt es auch bei Jahr keine Reziprozität von Verantwortung und Ethik zwischen Mensch und Nichtmensch, aber das schließt nicht aus, dass es entsprechend ihren ‚Bedürfnissen' und ‚Bestimmungen' auch Verantwortungen gegenüber nichtmenschlichem Leben gibt. Insofern kann der Bioethische Imperativ auch als Maxime des Mitleidens in der Absicht von Leidensvermeidung, Leidensverhinderung und Reduktion von Leiden verstanden werden:

> Daß dieses Phänomen [Mitleid] in jeder normalen Menschenseele in größerem oder geringerem Maße vorhanden ist, nimmt auch das deutsche Strafgesetzbuch an, indem es in § 360, 13 voraussetzt, daß Tierquälerei dazu angetan ist, Ärgernis zu erregen.[32]

---

29 Jahr: Tierschutz (Anm. 16), S. 44.
30 Kant: Kritik der praktischen Vernunft (Anm. 17), S. 87.
31 Kant: Grundlegung zur Metaphysik (Anm. 12), S. 448.
32 Jahr: Tierschutz (Anm. 16), S. 45.

Wie für Peter Singer[33] ist für Fritz Jahr der auf Leidensfähigkeit begründete Respekt vor Tier und Pflanze selbstverständlicher und essentieller Teil jeder praktischen Ethik. Bioethik ist deshalb selbstverständlicher Teil einer bürgerlichen Rechtsordnung und Rechtskultur.[34] Es gibt nicht nur ethische Pflichten gegen Mitmenschen, sondern auch gegen Lebewesen:

> Die Tatsache des engen Zusammenhanges zwischen Tierschutz und Ethik beruht letztlich darauf, daß wir nicht nur gegen die Mitmenschen, sondern auch gegen die Tiere, ja, sogar gegen die Pflanzen – kurz gesagt gegen alle Lebewesen – ethische Verpflichtungen haben, so daß wir geradezu von einer „Bio-Ethik" sprechen können.[35]

Bioethik – Gesellschaftsethik

Die Bioethik geht davon aus, dass wir Menschen nicht nur mit Pflanzen und Tieren und insgesamt in einer Biozoemose von natürlichen Umwelten und Mitwelten leben. Wir sind als Individuen und Gruppen Teil menschlicher Gemeinschaften und kultureller und sozialer Lebensformen. Selbstverständlich muss der normative Bioethische Imperativ bedenken, dass wir Menschen sterbliche

---

33 Vgl. Peter Singer: Praktische Ethik. 2. Aufl. Stuttgart 1994.
34 Jahr verweist auf Schleiermachers *Philosophische Ethik* (1841) sowie besonders auf den in iberoamerikanischen Kulturen bis heute einflussreich gebliebenen Karl Christian Friedrich Krause, der in seiner *Rechtsphilosophie* fordert, „daß jedes Lebewesen als solches zu achten sei und zwecklos nicht zerstört werden dürfe. Denn sie alle, die Pflanzen und die Tiere ebenso wie der Mensch, seien gleichberechtigt; allerdings nicht zu gleichem, sondern ein jedes nur zu dem, was ein notwendiges Erfordernis zur Erreichung seiner Bestimmung ist." Zitiert nach Jahr: Tierschutz (Anm. 16), S. 43.
35 Jahr: Tierschutz (Anm. 16), S. 42f. Weil Mitleid ein „empirisch gegebenes Phänomen der Menschenseele" ist – also ein ethisches Prinzip und eine menschliche Tugend zugleich –, hat der Respekt vor allen nichtmenschlichen Lebewesen auch eine zwischenmenschliche und gesellschaftliche Funktion innerhalb einer auf Mitmenschen bezogenen Ethik und Kultur. Und deshalb kann Jahr seinen Artikel über Tierschutz und Ethik wie folgt abschließen: „Nach alldem ergibt sich als Richtschnur für unser sittliches Handeln der bioethische Imperativ: Achte jedes Lebewesen, also auch die Tiere, als einen Selbstzweck, und behandle es nach Möglichkeit als solchen! Und wenn man die absolute Geltung dieses Grundsatzes, soweit er sich eben auf die Tiere und Pflanzen bezieht, nicht anerkennen will, so möge man ihn, um schon Gesagtes zu wiederholen, mit Rücksicht auf die sittlichen Verpflichtungen gegen die gesamte menschliche Gesellschaft dennoch befolgen." Jahr: Tierschutz (Anm. 16), S. 45.

und dem Naturgesetz nach von Essen und Trinken abhängige Lebewesen sind – also nicht nur vernunftbegabte Wesen, sondern auch physiologische Wesen mit physiologischen Bedürfnissen. Zum Verzehr kommen im Wesentlichen nur pflanzliche und tierische Gewebe, also ‚Lebewesen' infrage. Das erfordert für die Ausweitung des kategorischen Imperativs auf den Respekt vor der Würde und Verletzlichkeit der Pflanzen- und Tierwelt eine Modifizierung der Rigorosität unter Beibehaltung des Kategorischen. Als kategorische Maxime wie bei Kant kann also auch die Jahrsche Erweiterung des Kategorischen Imperativs mit den Worten Kants universale Geltung haben: „[H]andle nur nach derjenigen Maxime, durch die du zugleich wollen kannst, daß sie ein allgemeines Gesetz werde."[36] Der Vorbildcharakter einer solchen Maxime liegt im rigorosen formalen Anspruch und in der Anmutung, diesen formalen Anspruch inhaltlich im Respekt vor Würde des Lebenden und potentiell Leidenden zu füllen. Kants kategorischer Imperativ war formal und formulierte eine formale Maxime in Achtung vor dem objektiven Sittengesetz; Jahrs Bioethischer Imperativ ist inhaltlich, aber nicht weniger orientiert an einem objektiven normativen Sittengesetz des Respekts vor der Würde alles Lebenden. Jahrs Bioethischer Imperativ argumentiert differenziert. Kant leistete sich den Luxus einer nichtinhaltlichen Generalisierung des kategorischen Imperativs. Für Jahr ist Bioethik ganz selbstverständlich auch Sozialethik und politische und gesellschaftliche Ethik.

Jahr differenziert zwischen unterschiedlichen ethischen Verpflichtungen gegenüber nichtmenschlichem Leben, die sich praktisch nach dessen ‚Bedürfnissen' (Herder) bzw. nach seiner ‚Bestimmung' (Krause) richten, und den Verantwortungen und Verflechtungen zwischen uns Menschen:

> Nun sind ja die Bedürfnisse der Tiere an Zahl weit geringer und an Inhalt weniger kompliziert als die des Menschen. In erhöhtem Maße gilt dies für die Pflanze, so daß die praktischen sittlichen Verpflichtungen, die schon gegen die Tiere (wenn auch nicht grundsätzlich, so doch praktisch) geringer sind, gegen sie noch viel weniger Schwierigkeiten bereiten. Des weiteren ist hier noch das Prinzip des Kampfes ums Dasein von Einfluß, ein Grundsatz, der auch unsere ethischen Pflichten gegen unsere Mitmenschen in gewisser Weise modifiziert, so sehr wir dies auch bedauern mögen. Denn unser ganzes Leben und Treiben in der Politik, im Wirtschaftsleben, im Kontor, im Laboratorium, in der Werkstatt, auf dem Acker, es ist, wie Naumann sehr richtig betont, in seinen Beweggründen und Zielen keineswegs in erster Linie auf Liebe eingestellt, vielfach aber auf Kampf mit irgendwelchen Mitbewerbern. Wir werden uns dessen oft nur nicht bewußt, solange dieser Kampf ohne Haß in ehrlicher, gesetzlich erlaubter Weise geführt wird. Ebenso wenig wie wir nun den Kampf mit unseren Mitmenschen ganz vermeiden können, ebenso

---

36 Kant: Metaphysik (Anm. 12), S. 421.

unvermeidlich ist auch der Kampf ums Dasein mit anderen Lebewesen. Trotzdem aber werden wir weder im ersteren noch im letzteren Falle das Ideal ethischen Verpflichtetseins als Richtungspunkt aus dem Auge verlieren.[37]

Damit weitet Jahr seine Einsicht in die biozoemotischen Interdependenzen unter den Lebensformen auf die Interaktionen und Abhängigkeiten zwischen und unter uns Menschen aus, weg von der Biologie und hin zur Kultur und zu sozialem, gesellschaftlichem und politischem Leben. Wie und wo ist mein Platz in meiner Familie, am Arbeitsplatz, in der Nachbarschaft, in der nationalen und globalen Kultur und Gesellschaft? Jahr führt das genauer aus in einem Beitrag, der auf essentielle bio-ethische Interdependenzen zwischen individuellem und gemeinsamem Leben aufmerksam macht: *Zwei ethische Probleme in ihrem Gegensatz und in ihrer Vereinigung im sozialen Leben.*[38] Es sind die beiden Prinzipien Egoismus und Altruismus. Egoismus galt und gilt vor allem im christlichen Abendland als ein verwerfliches Laster. Extremer Egoismus ist in allen zivilisierten Kulturen verpönt und dem schließt Jahr sich an. Aber Egoismus gehört zum Leben und Lebenwollen. Wir müssen atmen, essen und trinken; Pflanzen nehmen anderen Licht und Nahrung weg, einige sind giftig; Tiere haben Stacheln und scharfe Zähne. Wir Menschen müssen entweder von tierischem oder pflanzlichem Protein leben; wir brauchen Wasser, Licht und Luft und ein gesundes, nicht zu heißes und nicht zu kaltes Kleinklima und müssen zur Selbsterhaltung dafür arbeiten und darum kämpfen. Wir stehen in Konkurrenz mit Kollegen am Arbeitsplatz, mit unserem Betrieb innerhalb der Volks- oder auch der Weltwirtschaft. Jahr unterstreicht:

> Ist es doch das stete Bestreben eines Geschäftsmannes, die Konkurrenz zu überflügeln oder ihr wenigstens standzuhalten, und auch die Kundschaft versucht er, diesem Zwecke dienstbar zu machen. Ein schlechter Geschäftsmann übrigens, der sich anders einstellen wollte![39]

---

37 Jahr: Tierschutz (Anm. 16), S. 44f.
38 Fritz Jahr: Zwei ethische Grundprobleme in ihrem Gegensatz und in ihrer Vereinigung im sozialen Leben (1929). In: Arnd T. May, Hans-Martin Sass (Hg.): Aufsätze zur Bioethik 1924–1948. Werkausgabe. 2. Aufl. Münster 2013, S. 57–65.
39 Jahr: Zwei ethische Grundprobleme (Anm. 38), S. 58. Extremer Egoismus im Sinne von Max Stirner (1806–1856) oder das Herrenmenschentum von Nietzsches (1844–1900) *Zarathustra* ist einseitig und entsprechen nach Jahr nicht der menschlichen Natur und dem moralischen Imperativ; beide übersehen, „daß es auch einen Altruismus gibt, der ebenfalls eine natürliche Gegebenheit des normalen menschlichen Lebens ist. Darum sind Gefühle für Recht und Billigkeit, Mitgefühl, Mitleid, Liebe, oder wie man es sonst nennen mag, zunächst als psychologisch gegebene Tatsache zu erkennen und zu werten. Geschieht dieses nicht oder soll dieselbe gar unterdrückt werden, dann wird der menschlichen Natur Gewalt angetan." Jahr: Zwei ethische Grundprobleme (Anm. 38), S. 59f.

Beides zusammen, Egoismus und Altruismus, sind die gemeinsam tragenden Prinzipien und Tugenden einer guten Erziehung der Jugend und einer gelingenden und gelungenen Kultur.

Besonders zeigt sich ein solcher Zusammenhang von Altruismus und Egoismus bei dem Verhältnis des Einzelnen zu irgendeinem Teil der Gesamtheit, etwa zu einer beruflichen Organisation, zu einer Partei, zu einer Dorf- oder Stadtgemeinde, zu einer staatlichen Organisation usw. Ohne Zweifel gibt es so manchen Menschen, der sein Ich ganz und gar einer solchen Gesamtheit unterordnet oder gar aufopfert und auf diese Weise sich rein altruistisch einstellt.[40]

In diesem Fall vertritt die Gemeinschaft „einen kollektiven Egoismus. Ein solcher kollektiver Egoismus jedoch kommt den einzelnen Gliedern der fraglichen Gemeinschaft zugute und ist in Beziehung auf diese also Altruismus".[41]

Jahr hat diesen bioethischen Ansatz zur Analyse und Verbesserung sozialer und organisatorischer Lebensformen, wie vieles andere auch, nicht im Detail ausgeführt. Wir finden aber sein Interpretations- und Optimierungsmodell bestätigt, wenn wir etwa Institutionen wie einen akademischen Fachbereich oder eine Abteilung eines Krankenhauses in ihren inneren Bewegungsabläufen versuchen zu verstehen. Eine Firma geht bankrott, selbst wenn sie ein hervorragendes Produkt hat, aber Leitung oder Mitarbeiter inkompetent sind oder kein gutes Verkaufskonzept haben. Eine Firma, die gut geleitet wird, aber ein minderwertiges Produkt verkauft, wird sich selten lange am Markt halten. Totalitäre Regime halten sich nicht auf ewig, weil sie nicht mit der Bevölkerung und deren Zielen und Interessen gemeingehen. Wir alle leben von gemeinsamen oder vorgegebenen Zielen, dem Interesse der Gesamtheit zu leben und zu überleben, gut zu leben und davon, harmonisch und gemeinsam zu wachsen. Im inneren Metabolismus von Teams, Behörden, Geschäften oder Firmen gibt es Interaktionen von Egoismus und Altruismus, unterschiedliche individuelle oder gruppenspezifische Motivationen, auch Rivalitäten und Animositäten, Missverständnisse, auch einen kollektiven Egoismus, der dann hoffentlich zu einem Altruismus dem großen Ganzen gegenüber wird, dem Krankenhaus oder der Universität als einem guten, akzeptierten und wertvollen korporativen Nachbarn, wie die moderne Organisations- und Wirtschaftstheorie sagen würde.

Jahr sieht den ‚Beweis' dieser natürlichen Interaktionen von Egoismus und Altruismus sowie von Individuum und Gesamtheit nicht nur in einer natürlichen Anlage im Kampf um Leben und Überleben, sondern auch in den Visionen eines künftigen ‚Friedensreiches' in vielen Religionen von Jesaja bis hin zu Jesus, und

---

40   Jahr: Zwei ethische Grundprobleme (Anm. 38), S. 61f.
41   Jahr: Zwei ethische Grundprobleme (Anm. 38), S. 62.

in philosophischen Entwürfen von Kants ‚moralischem Gottesbeweis' bis hin zur Vision eines ‚Zukunftsstaates' im Sozialismus. Jahr schreibt 1948 im ersten Band der SED-Zeitschrift *Einheit* einen kurzen Artikel über „die ‚Communio Jesu' und des Jüngerkreises, die im Hinblick auf den sogenannten christlichen Sozialismus der Gegenwart heute wieder von besonderem Interesse ist"[42] und konfrontiert die Kritik an einem übermäßigen Reichtum mit dem Einfluss von Paulus – der weder ein direkter Jünger Jesu war noch ihn persönlich kannte – auf die christlichen Konfessionen und ihren eigenen Reichtum, der unter anderem Anlass zum Entstehen des utopischen und wissenschaftlichen Sozialismus im 19. Jahrhundert gegeben habe.[43] Es wäre interessant zu wissen, wie Jahr heute die 40 Jahre des real existierenden Sozialismus in der DDR unter dem Aspekt von Communio, Solidarität und Gleichheit beurteilt hätte. Ideale und Visionen dürfen nach Jahr „niemals ohne praktische Auswirkung sein. Zu nennen wären hier alle Arten der sozialen Fürsorge besonders die Förderung der wirtschaftlich Schwachen, ohne Rücksicht darauf, ob es sich gerade rentiert oder nicht (zum Beispiel die Sorge für Alte und Gebrechliche)".[44] Beispiele für diese Art der ‚praktischen Auswirkung' findet Jahr in den verschiedenen christlichen Kirchen bei der „Arbeit im Dienste der Liebe". Deshalb und aufgrund der Interaktion von Leben, Helfen, Fördern und Fordern kritisiert der Pastor Fritz Jahr 1935 auch die innerkirchlichen Glaubenskämpfe seiner Zeit[45] und akzeptiert in bioethischer Perspektive nur eine lebendige und interdependente Interaktion von *Glauben und Werken in ihrem Gegensatz und in ihrer Vereinigung.*[46]

---

42 Fritz Jahr: Urchristliche Communio (1948). In: Arnd T. May, Hans-Martin Sass (Hg.): Aufsätze zur Bioethik 1924–1948. Werkausgabe. 2. Aufl. Münster 2013, S. 135–139, hier: S. 135.

43 Vgl. Fritz Jahr: Urchristliche Communio. In: Einheit. Theoretische Zeitschrift des wissenschaftlichen Sozialismus 1/3 (1948), S. 187–189. Er schließt seinen Aufsatz: „Und die christlichen Kirchen heute? Wenn sie schon das nicht gebracht haben, was sie hätten bringen können und sollen, nämlich den Sozialismus, so sollten sie diesen doch wenigstens nachträglich anerkennen. Mit der Zeit werden sie das wohl auch tun. (…) Aber leicht wird der Kirche diese Entwicklung im Hinblick auf ihre bisherigen Traditionen nicht fallen." Er unterschreibt mit „Pfarrer Fritz Jahr". Jahr: Urchristliche Communio (Anm. 43), S. 139.

44 Jahr: Zwei ethische Grundprobleme (Anm. 38), S. 64.

45 Vgl. Fritz Jahr: Ethische Betrachtungen zu innerchristlichen Glaubenskämpfen (1935). In: Arnd T. May, Hans-Martin Sass (Hg.): Aufsätze zur Bioethik 1924–1948. Werkausgabe. 2. Aufl. Münster 2013, S. 109–112.

46 Vgl. Fritz Jahr: Glaube und Werke in ihrem Gegensatz und in ihrer Vereinigung (1935). In: Arnd T. May, Hans-Martin Sass (Hg.): Aufsätze zur Bioethik 1924–1948. Werkausgabe. 2. Aufl. Münster 2013, S. 113–120.

Eine detaillierte Interpretation und methodische Anwendung dieses neuen Ansatzes einer Interaktion zwischen Egoismus und Altruismus ist auch heute in den Sozial- und Gesellschaftswissenschaften noch nicht erfolgt und dürfte erfolgversprechend für die Weiterentwicklung wissenschaftlicher Methoden sein, aber auch für inhaltliche Analysen und Strategien von Weiterentwicklung und Risikoreduktion bei Institutionen, Verbänden, Firmen und Organisationen.[47] Karl Popper (1902–1994) hatte 1945 die romantisch orientierte Staatsphilosophie[48] im frühen 19. Jahrhundert, vor allem aber Georg Wilhelm Friedrich Hegel (1770–1831), für die Unmenschlichkeiten im Stalinismus und Faschismus verantwortlich gemacht und seine These ist bis heute noch relativ prominent. Dabei hatte Popper übersehen, dass sowohl Adolf Hitler (1889–1945) wie auch Josef Stalin (1878–1953) solche organologischen Modelle nur rhetorisch und propagandistisch benutzten und dass ihre politische Strategie eine des politischen Engineering und eine mechanische und nichtpartizipatorische oder interaktive war, dass also die Modelle von Gemeinschaft und Solidarität in allen Formen staatlichen Totalitarismus nur ingenieurmäßig als Instrumente genutzt wurden. Das lässt sich am real existierenden Faschismus wie am real

---

47 Jahr hat die sozial- und gesellschaftsethischen Folgerungen aus dem bio-ethischen Ansatz immer nur angedeutet, nicht im Einzelnen ausgeführt. Aber er hat die Bedeutung von ‚Liebe' und ‚Nächstenliebe' in einer Studie zu Richard Wagners (1813–1883) *Parzival* im Vergleich des leidenden Jesus und des leidenden Gralskönig unterstrichen: „Nach dem Bisherigen erscheint die religiöse Gedankenwelt des ‚Parsifal' zunächst als eine buddhistische Mitleidsreligion, durch die Anschauungen Schopenhauers vermittelt. Schopenhauer sieht in dieser Religiosität einen Gegensatz zum Christentum. Das trifft jedoch nicht zu. Ja, wir befinden uns bei dieser Hochschätzung des Mitleids sogar im Mittelpunkt der christlichen Gedankenkreise. Wird doch auch im Christentum die Liebe (das Mitleid ist ja nur eine Form derselben) höher geschätzt als alles, was sich sonst Erkenntnis, Wissen, Weisheit nennen mag (1. Kor. 13). Daß es sich hier im eigentlichen Grunde um christliche Anschauungen handelt, wird durch Nietzsche bestätigt, der infolge seiner gegensätzlichen Einstellung zum Christentum Wagner und den ‚Parsifal' auf das schärfste angreift. Es trifft eben auch für die christliche Religion zu: Die Liebe (die sich als Mitgefühl, als Mitleid zeigt) ist Grundlage und Voraussetzung für jede Erkenntnis der Wahrheit." Fritz Jahr: Zweifel an Jesus? Eine Betrachtung nach Richard Wagner's ‚Parsifal' (1934). In: Arnd T. May, Hans-Martin Sass (Hg.): Aufsätze zur Bioethik 1924–1948. Werkausgabe. 2. Aufl. Münster 2013, S. 105–108, hier: S. 107.

48 Siehe zum Beispiel das in 15 Bänden erschienene *Staats-Lexicon* von Rotteck und Welcker: Carl von Rotteck, Karl Theodor Welcker (Hg.): Staats-Lexicon oder Encyklopädie der Staatswissenschaften. Bd. 1: Aachen – Autonomie. Altona 1834.

existierenden Leninismus, Stalinismus und Maoismus des 20. Jahrhunderts ebenso nachweisen wie in den gleichzeitigen Theorien von Howard Scott (1890–1970) und anderen im Technocracy Movement in den USA.[49]

Bioethik – Du sollst nicht töten – Was heißt das?

Der bioethische Ansatz und der Bioethische Imperativ wird auf überraschende Weise von Jahr konkretisiert in einer ungewöhnlichen Interpretation des fünften Gebots ‚Du sollst nicht töten!'. Die moderne Medizin- und Bioethik hat über weite Strecken den Kontakt zur Tradition und das Wissen darum verloren; führende Zeitschriften auf diesen Gebieten weisen beispielsweise Rezensenten von eingeschickten Beiträgen darauf hin, dass Zitate aus Literatur, die älter als zwei bis vier Jahre sind, unerwünscht sind – ein Missverständnis angewandter wertwissenschaftlicher Forschung, die sich fälschlicherweise mit den Verfahrensweisen naturwissenschaftlicher Forschung verwechselt. Aber: Was ist dieser 2500 Jahre alte Imperativ des Moses heute im 20. oder gar im 21. Jahrhundert noch wert unter zivilisierten Menschen in Mitteleuropa? Keiner von uns hier hat wohl bisher jemanden umgebracht noch wird er oder sie es vermutlich künftig tun. Martin Luther (1483–1546) hatte in seinem kleinen Katechismus dieses Gebot schon neu ausgelegt und breiter gemacht, wenn er schrieb: „Wir sollen Gott fürchten und lieben, daß wir unserm Nächsten an seinem Leibe keinen Schaden noch Leid tun, sondern ihm helfen und beistehen in allen Leibesnöten."[50] Pastor Jahr geht in seiner Hermeneutik noch einen Schritt weiter und greift dabei die schon beschriebenen bioethischen Prinzipien von Egoismus und Altruismus in einer integrativen Interpretation des Bioethischen Imperativs auf:

> Mehr als zwei Jahrtausende vor Schopenhauer hat bereits das 5. Gebot solche Erkenntnis gebracht, und zwar unter einem größeren Gesichtspunkte, als Nutzen und Schaden, nämlich unter dem Gesichtspunkte der Heiligkeit des Lebens und der Lebensäußerungen. (…) Wir wissen durch Jesus, daß das 5. Gebot nicht nur das Morden verbietet, sondern alle bösen Taten gegen den Anderen, ja sogar das böse Wort, die böse Gesinnung. Das bedeutet: Es verbietet nicht nur die böswillige oder fahrläßige Vernichtung eines Lebens, sondern alles, was irgendwie störend oder hemmend auf ein Leben einzuwirken geeignet ist (…).

---

49 William E. Akin: Technocracy and the American Dream. The Technocrat Movement 1900–1941. Berkeley 1977.
50 Martin Luther: Der Kleine Katechismus für die gewöhnlichen Pfarrer und Prediger. Köln 2010, S. 17.

Aus allem ergibt sich, daß das 5. Gebot einen ganz besonders guten Ausdruck dessen, was sittlich gut praktisch bedeutet, darstellt.[51]

Das fünfte Gebot ist damit eine universale ‚Goldene Regel' und Ausdruck des allgemeinen Sittengesetzes. Der Theologe und Pädagoge Jahr nutzt 1934 in der Zeitschrift *Ethik, Sexual- und Gesellschaftsethik* die Interpretation des fünften Gebotes ‚Du sollst nicht töten' zur Verdeutlichung der universalen und normativen Funktion des Bioethischen Imperativs in drei unterschiedlichen Ansätzen: (a) das fünfte Gebot als Ausdruck des allgemeinen Sittengesetzes, (b) die ethische Pflicht der Selbsterhaltung und Selbstverantwortung und (c) der bio-ethische Imperativ.

Das fünfte Gebot enthält die bioethische Pflicht zur Selbsterhaltung. „Wie haben sich die im fünften Gebot gegebenen ethischen Verpflichtungen gegen das eigene Leben im Einzelnen praktisch auszuwirken?", fragt der Hallenser Pastor und antwortet:

> Dadurch, daß man nicht sich selbst sein Leben nimmt, daß man es nicht abkürzt, schädigt oder gefährdet, indem man seine Gesundheit durch Unkeuschheit, Unmäßigkeit im Essen und Trinken, heftigen Zorn, leichtsinnige Tollkühnheit und Waghalsigkeit u. dgl. schwächt. Besonders wichtig ist die Bewahrung der geschlechtlichen Reinheit sowie die Vermeidung des Mißbrauchs geistiger Getränke. (…) Wer seine sittlichen Pflichten gegen sich selbst recht erfüllt, der vermeidet eben dadurch viele Schädigungen anderer Menschen. (…) Hat er Nachkommenschaft, so schädigt er auch diese, indem er ihr eine schwächliche und kranke Natur vererbt, wodurch dann in der weiteren Folge der Allgemeinheit wiederum Belastung und Schaden erwächst. Wer jedoch in dieser Hinsicht sein eigenes Leben vor Schaden bewahrt, der tut damit zugleich auch seine Pflicht gegen die Allgemeinheit. Ähnlich verhält es sich mit dem Alkohol: Auch der dem Alkoholgenuss Ergebene setzt sich unter Umständen den schwersten körperlichen und geistigen Gefahren aus. Auch er schädigt dann nicht etwa nur sich selbst, sondern seine Familie, seine Nachkommenschaft, sein Volk, seine Rasse.[52]

Der in den 30er Jahren des vorigen Jahrhunderts in Deutschland und international weitverbreitete Begriff ‚Rassenhygiene' kommt bei Jahr nicht vor.

Das fünfte Gebot verbietet das Töten. „Nun bezieht sich der Begriff des Tötens immer auf etwas Lebendiges. Lebewesen sind aber nicht nur die Menschen, sondern auch die Tiere und die Pflanzen",[53] führt Jahr aus. Er zitiert zeitgenössische Physiologen und Psychologen, aber auch Michel de Montaigne (1533–1592),

---

51   Fritz Jahr: Drei Studien zum 5. Gebot (1934). In: Arnd T. May, Hans-Martin Sass (Hg.): Aufsätze zur Bioethik 1924–1948. Werkausgabe. 2. Aufl. Münster 2013, S. 85–93, hier: S. 85f.
52   Jahr: Drei Studien (Anm. 51), S. 87–89.
53   Jahr: Drei Studien (Anm. 51), S. 88.

Arthur Schopenhauer und Friedrich Schleiermacher (1768–1834), Richard Wagner (1813–1883) und Johann Gottfried von Herder. Auch auf Karl Christian Friedrich Krause weist er hin mit dem Hinweis, dass

> jedes Lebewesen als solches zu achten sei und zwecklos nicht zerstört werden dürfe. Denn sie alle, die Pflanzen und die Tiere ebenso wie der Mensch, seien gleichberechtigt; allerdings nicht zu gleichem, sondern ein jedes nur zu dem, was ein notwendiges Erfordernis zur Erreichung seiner Bestimmung ist.[54]

Jahr stellt das fünfte Gebot mit dem Bioethischen Imperativ gleich:

> In all dem zeigt sich der universale Geltungsbereich des fünften Gebots, das in Beziehung auf alles Leben angewendet zu werden verlangt. Als Umschreibung des fünften Gebotes ergibt sich also der bio-ethische Imperativ: „Achte jedes Lebewesen grundsätzlich als einen Selbstzweck und behandle es nach Möglichkeit als solchen!"[55]

Bio-Ethik – Integriert und Integrierend

Jahr wendet den Bioethischen Imperativ also nicht nur auf Tiere, Pflanzen und biologische Interaktionen und Mit- und Umwelten an, sondern auch auf soziale, kulturelle und zwischenmenschliche Beziehungen im persönlichen und beruflichen Leben. Der Bioethische Imperativ ist integrativ, insofern er die natürliche und die soziale Welt vermittelt und für beides den Respekt vor Leben- und Entfaltenwollen fordert. Eine Methode also und eine Aufmerksamkeits- und Respekthaltung, die zunächst in der ethischen und zivilisierten Antwort auf biopsychische Phänomene gesucht und gefunden wurde, kann universalisiert werden für den respektvollen Umgang mit allem Leben, mit der Welt des Bios insgesamt, sei es die natürliche Welt oder unsere Menschenwelt oder die dialektische Vermittlung von beidem.

Ante Čović (*1949) hatte in Zagreb 2004 für eine solche pluriperspektivistische Integration den Begriff ‚integrative Bioethik' geprägt und seitdem in mehreren Ansätzen weiter ausgebaut.[56] Das Adjektiv ‚integrativ' ist jedoch eigentlich überflüssig, weil Bioethik insgesamt dieses integrative Wesen schon hat, da alles Leben, natürliches und gesellschaftliches, miteinander verwoben sind, integriert und integrierend. Selbstverständlich war die Begriffsprägung

---

54 Jahr: Drei Studien (Anm. 51), S. 90.
55 Jahr: Drei Studien (Anm. 51), S. 93.
56 Vgl. Ante Čović (Hg.): Integrative Bioethik. Beiträge des 4. Südosteuropäischen Bioethik-Forums. St. Augustin 2010.

durch Čović dennoch hilfreich, weil seit den 70er Jahren des vorigen Jahrhunderts Bioethik und medizinische Ethik sehr häufig synonym gebraucht wurden, was zur Begriffsunklarheit und auch zur Unklarheit des Denkens beitrug und immer noch beiträgt.[57] Eve-Marie Engels hat die vielen Differenzierungen von Bioethik in *Metzlers Lexikon der Religion* schon 1999 mit Rückgriff auf Jahr überzeugend dargelegt.[58]

(1) Wissenschaft und Gesellschaft: ‚Orientiert' an Anwendungen waren in der Tat der methodische Ansatz und die gesellschaftliche und kulturelle Intention des Hallenser Pastors. Er macht in mehreren Artikeln deutlich, dass der Bioethische Imperativ nicht in den Elfenbeinturm der gesellschaftsfernen Wissenschaft gehöre. In einem weit in die Zukunft des heutigen Informations- und Medienzeitalters vorausblickenden Beitrag in der Zeitschrift *Ethik. Sexual- und Gesellschaftsethik. Organ des Ethikbundes* mit der damaligen Geschäftsstelle in Halle (Saale), Magdeburger Straße 21, ruft er zum Praktischwerden von Ethik auf.[59] Er rechnet hierzu vor allem das persönliche Vorbild, aber auch Vorträge vor Fachkollegen oder in der Öffentlichkeit. Wissenschaft und Gesellschaft müssen besser integriert und ethische Probleme besser ineinander übersetzt und vermittelt werden.

(2) Theorie und Praxis: Pastor Jahr kritisiert die innerkirchlichen Glaubenskämpfe seiner Zeit[60] und fordert die Interaktion und ‚Vereinigung' von Glauben und Werken:[61] „Bevorzugt vor dem Trennenden ist das Gemeinsame ins Auge zu fassen",[62] schlägt er für den innerkonfessionellen und ökumenischen Dialog vor.

---

57 Spinoza hat in seiner *Ethik* den Begriff der Wahrheit eng an klare und bestimmte Wahrnehmung gebunden: ‚illud omne verum quod valde clare et distincte percipio' – alles das ist wahr, was ich klar und bestimmt erkenne. Äpfel sind keine Apfelsinen, beides aber sind Früchte; Medizinethik und Bioethik sind verschiedene individuelle und kollektive Haltungen und unterschiedliche akademische Wissenschaften; Bioethik ist ein umfassenderer Begriff und umfasst neben Gesundheitsethik und Medizinethik auch Umweltethik und andere Teilethiken; beide sind anwendungsorientiert.
58 Vgl. Eve-Marie Engels: Bioethik. In: Christoph Auffarth, Hubert Mohr (Hg.): Metzler Lexikon Religion. Gegenwart – Alltag – Medien. Bd. 1: Abendmahl – Guru. Stuttgart, Weimar 1999, S. 159–164, hier: 163. Engels unterstreicht, dass Bioethik „keine rein akademische Disziplin [ist], sondern sie vollzieht sich in einem politischen Rahmen". Engels betont, dass Bioethik „anwendungsorientiert" sei, „aber sie ist keine ‚angewandte Ethik'".
59 Fritz Jahr: Soziale und sexuale Ethik in der Tageszeitung (1928). In: Arnd T. May, Hans-Martin Sass (Hg.): Aufsätze zur Bioethik 1924–1948. Werkausgabe. 2. Aufl. Münster 2013, S. 47–50.
60 Vgl. Jahr: Ethische Betrachtungen (Anm. 45), S. 109–112.
61 Vgl. Jahr: Glaube und Werke (Anm. 46), S. 113–120.
62 Jahr: Ethische Betrachtungen (Anm. 45), S. 110.

Und unter Bezug auf Luther und Schleiermacher fordert er einen „lebendigen Glauben" und „ein Christentum des Lebens und der Tat",[63] eine Forderung, die er sicher auf andere Disharmonien oder Gegensätze zwischen Theorie und Praxis bei anderen gesellschaftlichen Gruppen ausgeweitet haben dürfte.[64]

(3) Öffentlichkeitsarbeit, öffentlicher Dialog: Die Fachpresse darf an ethischen Fragen und Diskussionen nicht vorbeigehen, so zum Beispiel die physiologische oder tiermedizinische nicht an bioethischen Fragen. Aber Fachartikel werden von einem breiten Publikum nicht gelesen und Bücher sind oft zu lang und zu langweilig für viele Zeitgenossen, die lieber zur Tageszeitung greifen. Und deshalb stellt Jahr ausdrücklich fest, „daß der Zusammenhang der Tageszeitung mit der Ethik unter allen Umständen anzuerkennen ist",[65] vor allem wenn man „ethische Gedanken nicht nur äußern, sondern auch verbreiten"[66] will. Dabei ist es gleichgültig, wie man selbst zur Redaktionsfreiheit der Medien und zur vielverschmähten erst von der Presse produzierten ‚Meinungsspirale' steht.

> Die *Möglichkeit* einer solchen Einwirkung ist ohne weiteres gegeben, wenn man die Zeitung als Sprachrohr der öffentlichen Meinung betrachtet. Und glaubt man, in den Spalten der Presse allein das Motiv zu finden, eine öffentliche Meinung erst zu bilden oder wenigstens einen entscheidenden Einfluss auf sie auszuüben, dann wird es vom ethischen Standpunkte aus betrachtet sogar zur *Pflicht*, sich an dieser Gesinnungsbildung nach bestem Wissen und Gewissen zu beteiligen.[67]

Der Bioethiker hat geradezu die Pflicht, sich am öffentlichen Diskurs und an der Meinungsbildung aktiv zu beteiligen. Er darf auch heute nicht im Elfenbeinturm der akademischen Welt bleiben.

(4) Reformpädagogik: Als Lehrer an den Franckeschen Anstalten und woanders in Halle (Saale) hatte Jahr die theoretischen und politischen Diskussionen

---

63 Jahr: Glaube und Werke (Anm. 46), S. 120.
64 Alles Leben hängt miteinander zusammen und hängt voneinander ab. Was nützt es meiner Gesundheit, wenn ich in ungesunder Luft jogge, umweltbelastete Nahrung zu mir nehme, Stress am Arbeitsplatz oder in Familie und Freundeskreis habe? Was nützt es einem Krankenhaus, wenn es einen hervorragenden Chirurgen hat, dieser aber keine guten Mitarbeiter, das Krankenhaus keine gute Leitung, keine solide finanzielle Basis? Was nützt es, wenn ein ‚Bereich' sachlich und ethisch ‚in Ordnung' ist, aber wenn er nicht mit einer Vielzahl anderer ‚Bereiche' harmonisch vernetzt ist? Raoul Francé und Rudolf Eisler würden von biozoemotischen Vernetzungen sprechen; wir sprechen von Interdependenzen zwischen natürlichen, technischen und sozialen Umwelten, Biotopen, Familien, Gruppen, Institutionen, Kulturen und Gesellschaften.
65 Jahr: Soziale und sexuale Ethik (Anm. 59), S. 49.
66 Jahr: Soziale und sexuale Ethik (Anm. 59), S. 50.
67 Jahr: Soziale und sexuale Ethik (Anm. 59), S. 50.

der Reformpädagogik seiner Zeit sowie die beginnende nationalsozialistische Ideologisierung des Schulwesens verfolgt. In einer der letzten Nummern vor dem Verbot der Zeitschrift *Die neue Erziehung. Monatsschrift für eine entschiedene Schulreform und freiheitliche Schulpolitik* im Jahr 1930 ergreift er mutig Partei für ‚Gedankenfreiheit und eine liberale Gestaltung des Gesinnungsunterrichts' unter dem herausfordernden Titel *Gesinnungsdiktatur oder Gedankenfreiheit?*. Eine seiner zehn Thesen lautet: „An Stelle jeder tendenziösen Gesinnungsmacherei ist den Schülern Gelegenheit zu geben, sich eine eigene Gesinnung zu bilden bzw. ihnen das objektive Material für eine spätere eigene Gesinnungsbildung zu geben."[68] Aller Schulunterricht ist für Jahr ein Gesinnungsunterricht; Naturwissenschaften erziehen zu Genauigkeit und Wahrhaftigkeit, die Biologie zu Verständnis und Liebe zur Natur und zum Leben, zur Musik, zum Zeichnen, Nadelarbeit bildet die ästhetische Gesinnung und Turnen und Sport

> befriedigen den Trieb (...) zum Kampf ums Dasein. Außerdem erziehen sie zu einer gewissen Kameradschaftlichkeit auch dem Gegner gegenüber. Beide Momente bilden eine Hemmung für Rauf- und Kriegslust und unbegründeten Völkerhaß.[69]

(5) Sichtbare und unsichtbare Welten: Noch etwas integriert Jahr in sein universales Modell von Leben und Interaktion mit Respekt vor dem Leben, eine Dimension von Welt und Leben, die den meisten von uns durch die moderne Quantenphysik zwar bekannt sein mag, aber die in unserer Gesinnung und in unserem aktiven Leben keine Rolle spielt – Unsichtbare Welten, Welten jenseits der physisch erfahrbaren und fassbaren Welt des Diesseits. Für den evangelischen Pastor ist das ‚Jenseits' der Religionen keine Story für Kleinkinder oder senile Senioren. Er erinnert an Paulus' Bemerkung im Römerbrief: „[A]uch die Kreatur wird frei werden von dem Dienst des vergänglichen Wesens und der herrlichen Freiheit der Kinder Gottes"[70] und zitiert Jesaja: „Die Wölfe werden bei den Lämmern wohnen, und die Pardel bei den Böcken liegen. Kälber und junge Löwen werden miteinander weiden, und ein kleiner Knabe wird sie leiten."[71] Tiere und

---

68 Fritz Jahr: Gesinnungsdiktatur oder Gedankenfreiheit? (1930). In: Arnd T. May, Hans-Martin Sass (Hg.): Aufsätze zur Bioethik 1924–1948. Werkausgabe. 2. Aufl. Münster 2013, S. 70.
69 Jahr: Gesinnungsdiktatur (Anm. 68), S. 72.
70 Römer 8:21. In: Die Bibel. Einheitsübersetzung der Heiligen Schrift. Gesamtausgabe. Psalmen und Neues Testament. Ökumenischer Text. Stuttgart 2003.
71 Jesaja 1:6. In: Die Bibel. Einheitsübersetzung der Heiligen Schrift. Gesamtausgabe. Psalmen und Neues Testament. Ökumenischer Text. Stuttgart 2003. Vgl. Fritz Jahr: Der Tod

Pflanzen kommen auch im Paradies vor. Und in einer dem kantschen moralischen Gottesbeweis ähnlichen Argumentation zitiert er aus der *Didactica Magna* von Johann Amos Comenius (1592–1670):

> Dreifach ist für einen jeden von uns das Leben und die Wohnung des Lebens eingerichtet: der Mutterleib, die Erde, der Himmel... In der ersten erhalten wir bloß das Leben, mit der Bewegung und dem Bewußtsein im Entstehen, in der zweiten das Leben, die Bewegung, das Bewußtsein mit den Anfängen der Erkenntnis, in der dritten die schrankenlose Fülle von allem.[72]

Die Quantenphysik und aktuelle Multiwelttheorien über Parallelwelten, integrierte oder gedrehte Welten, megagroße oder megakleine Welten bestätigen solche religiösen Interpretationen von Leben nicht, widerlegen sie aber auch nicht, machen sie jedoch eher plausibel, weil die Annahme von Multiwelten mathematisch plausibler ist als ihre Verneinung.[73]

(6) Aktivität und Ruhe: Eine weitere ‚Anwendung' des Bioethischen Imperativs findet Jahr in dem für alles Leben notwendigen dialektischen Verhältnis zwischen Aktivität und Ruhe. Der Sonntag als Ruhetag ist für den Hallenser Pastor ein biologisch und deshalb bioethisch notwendiger Feiertag, den alles Leben braucht, keine ‚Erfindung' der Christen, sondern des Kaisers Konstantin (um 285–337) im Jahre 321:

---

und die Tiere (1928). In: Arnd T. May, Hans-Martin Sass (Hg.): Aufsätze zur Bioethik 1924–1948. Werkausgabe. 2. Aufl. Münster 2013, S. 33–38, hier: S. 34.

72 Fritz Jahr: Vom Leben nach dem Tode (1934). In: Arnd T. May, Hans-Martin Sass (Hg.): Aufsätze zur Bioethik 1924–1948. Werkausgabe. 2. Aufl. Münster 2013, S. 81–83, hier: S. 81f. Vgl. ausführlicher: Fritz Jahr: Drei Abschnitte des Lebens (1938). In: Arnd T. May, Hans-Martin Sass (Hg.): Aufsätze zur Bioethik 1924–1948. Werkausgabe. 2. Aufl. Münster 2013, S. 121–130.

73 Vgl. Bernard Carr: Universe or Multiverse. Cambridge 2007; Hans-Martin Sass: Earth, universe and multiverse are Living Beings. Let's treat them as such. In: Amir Muzur, Hans-Martin Sass (Hg.): Fritz Jahr and the Foundations of Global Bioethics. The Future of Integrative Bioethics. Münster 2012, S. 345–357. Wie sehr auch unsere Erde nicht einfach ein physikalischer Gegenstand ist, sondern eigenes Leben hat, ist uns selten bewusst. Tag und Nacht, die Jahreszeiten, Erdbeben und unerwartete Wetterereignisse, Eiszeiten und Global Warming zeigen uns die Erde als ein lebendes Wesen, von dessen ‚Launen' und Metabolismus wir abhängen, so wie die Erde wiederum von kosmischen Ereignissen abhängt. Alles kosmologische und biologische Leben ist nur möglich in einer Biozoemose mit anderem Leben, insbesondere mit dem des Weltalls und noch genauer mit unserer Sonne und den Verhältnisbeziehungen unserer Erde zum Kosmos. Wir können dies alles nicht ändern und haben uns in allen unseren menschlichen Kulturen immer schon so eingerichtet, ohne dass wir das weiter reflektieren.

Diese Einrichtung des Ruhetages für alle Arbeitenden ohne Ansehen des Standes, der wirtschaftlichen Verhältnisse und des Glaubens ist von kulturgeschichtlichem Standpunkte aus betrachtet eine sittliche-soziale Großtat allerersten Ranges.[74]

Und in der Tat finden sich Ruhe- und Feiertage in allen Religionen und Kulturen, nicht nur in den monotheistischen Religionen des Abendlandes, Judentum, Christentum, Islam, auch in säkularen und selbst in ausgesprochen atheistischen Staaten.[75]

Bioethik im 21. Jahrhundert

Wie steht es nun um den Beitrag von Fritz Jahr für das 21. Jahrhundert? Wir haben bisher nur vom 20. Jahrhundert gesprochen und von den neuen Positionen und Methoden, die der Hallenser Pastor gegen Kant und gegen mechanische Denkstrukturen in Natur- und Gesellschaftswissenschaften entworfen hat. Jahr hat keine Bücher geschrieben, die man quantitativ mit den drei Kritiken von Kant vergleichen könnte oder mit den großen Gesamtausgaben von Aristoteles, Hegel, Kant oder Schleiermacher. Die Werkausgabe von Jahr umfasst 22 kurze Artikel mit weniger als 150 Seiten.[76] Die *Bergpredigt* Jesu und seine Narrationen umfassen auch nur etwa ein Dutzend Seiten; das *Tao Te King* des Laotse hat gut 3000 Worte; die *zehn Gebote* des Mose gehen auf weniger als eine Seite; Qualität lässt sich nicht nach Seiten messen. Zu seinen Lebzeiten hatte Jahr keinen Erfolg, weder in der Kirche noch in der intellektuellen oder akademischen Öffentlichkeit. Die Zeit war wohl noch nicht reif für die Bioethik. Eigene und familiäre Gesundheitsprobleme und ein Mangel an motivierenden Möglichkeiten waren für Jahr sicher bedrückend. Aus der Perspektive des 21. Jahrhunderts hat Jahr jedoch einen wichtigen argumentativen Paradigmenwechsel vorgenommen und methodische und argumentative Maßstäbe für eine Bioethik der Zukunft gesetzt, die global ist

---

74 Fritz Jahr: Die sittlich-soziale Bedeutung des Sonntags (1934). In: Arnd T. May, Hans-Martin Sass (Hg.): Aufsätze zur Bioethik 1924–1948. Werkausgabe. 2. Aufl. Münster 2013, S. 99–103, hier: S. 102.

75 Vgl. Fritz Jahr: Der Sonntag – ein weltlicher Feiertag (1947). In: Arnd T. May, Hans-Martin Sass (Hg.): Aufsätze zur Bioethik 1924–1948. Werkausgabe. 2. Aufl. Münster 2013, S. 131–133.

76 Inzwischen liegt eine portugiesische Übersetzung der meisten Werke von Fritz Jahr vor, in: Revista Bioetikos 5/3 (2011), S. 242–268; Übersetzungen ins Englische: Fritz Jahr. Essays in Bioethics 1924–1948. Hrsg. von Irena M. Miller, Hans-Martin Sass. Münster 2013; Übersetzungen ins Kroatische: Iva Rinčić, Amir Muzur: Fritz Jahr i rađanje europske bioetike. Zagreb 2012; Übersetzungen ins Spanische in: Aesthethika 8/2 (2013).

und die integrierend Probleme des 21. Jahrhunderts akademisch diskutieren und gesellschaftlich aktiv anpacken kann.

Die wenigen kurzen methodischen und konzeptionellen Hinweise von Jahr erlauben, seinen bioethischen Ansatz auch im Blick neuer wissenschaftlicher und gesellschaftlicher Erkenntnisse und Gegebenheiten neu zu formulieren. Dabei können wir uns am heutigen Stand biologischen Wissens orientieren und die von Jahr entwickelten translationalen Übersetzungsmodelle biologischer Kenntnisse für aktuelle und künftige bioethische Analysen, Konzepte und Forderungen nutzen. Biologische Prozessmodelle sind komplexer als die uns von René Descartes (1596–1650) und Kant überkommenen mechanischen Modelle. Bioethische Abwägungen sind komplexer als formale Regelbeachtung. Man hat gesagt, dass im 21. Jahrhundert die biologischen Wissenschaften den physikalischen und chemischen den Rang ablaufen werden; gleiches könnte auch für die Bioethik im Verhältnis zu traditionellen Pflicht- und Strafkatalogen und unangebrachten Formen des Social Engineering gelten. Die Übertragung komplexer biologischer Modelle von Interaktion und Abwägung in Methodik und Strategie von Natur-, Wirtschafts- und Wertwissenschaften würde dann den von Jahr gewünschten Paradigmenwechsel im Denken und Handeln des 21. Jahrhunderts befördern.

(1) Bereich Naturwissenschaften: Die heutigen und künftigen Herausforderungen bestehen darin, die auseinanderstrebenden Teilbereiche der Forschung gegenseitig füreinander zu übersetzen und wissenschaftliche Ergebnisse auch gesellschaftlich, ethisch und kulturell zu reflektieren und für eine solche Diskussion aufzubereiten. Letzteres nennen wir heute ethische und kulturelle Risikofolgenabschätzung. Das Vorbild hierfür wäre Jahrs bioethische Interpretation und Translation biopsychischer und physiologischer Erkenntnisse aus der vergleichenden Tier- und Pflanzenphysiologie, eines unter vielen interdisziplinären Projekten auch für die Zukunft.

(2) Bereich Wirtschafts- und Organisationswissenschaften: Die Herausforderungen bestehen darin, Management, Service und Produktion als lebendige Prozesse zu begreifen, die sich in mechanischen Modellen und Netzplänen nur unzureichend darstellen lassen. Arbeitsabläufe in Kliniken und in Verwaltung und Produktion sind komplex und eher mit biologischen Systemen und interaktiven Lebenswelten als mit Maschinen zu vergleichen.

(3) Bereich Wertwissenschaften: Die Herausforderungen bestehen in einer erneuten Analyse und Interpretation von kommunikativen, gesellschaftlichen, kulturellen und politischen Interaktionen unter uns als Individuen und als Gemeinschaften und mit der natürlichen und von uns kultivierten Natur nach dem Vorbild der Übertragung von Verhältnisbeziehungen aus

der Natur-Welt und Um-Welt in die Arbeits-Welt und Lebens-Welt von uns Menschen.

(4) Bereich dezentraler Ethiken: Die Herausforderungen bestehen darin, zwischen ihnen lebende und tragfähige Brücken zu bauen und ihre Modelle in andere Bereiche zu übersetzen und von anderen Bereichen durch Rückübersetzung zu lernen. Es kann und darf keine voneinander abgeschotteten ‚Bereichsethiken' geben. Wenn wir in den Natur- und Umweltwissenschaften von einem mechanischen auf ein biologisches Paradigma wechseln, dann werden wir in Produktions-, Sozial- und Wertwissenschaften auch von der mechanischen Regelbefolgung auf biologische und ethische Paradigmen wechseln, bei denen die situative Abwägung zwischen Eigennutz, Fremdnutz und Gemeinnutz für Individuen und Gemeinschaften über Erfolg, Harmonie, Leben und gemeinsames gutes Leben entscheiden. Solche Paradigmenwechsel verlangen, mit den Worten Immanuel Kants, nach einer ‚Revolutionierung' von Denkungsarten und Handlungsarten.

Wie geht es weiter? Wir wissen durch Thomas S. Kuhn (1922–1996),[77] dass wissenschaftliche Revolutionen nicht geplant und selten gesteuert werden können und dass Paradigmenwechsel in Ethik, Kultur und Gesellschaft sich noch viel weniger regelhaft durchsetzen. Dem Paradigmenwechsel zu Empathie und Bioethik und weg von Rationalität und exklusivem moralischem Sittengesetz unter Menschen, den Fritz Jahr 1927 sowohl für die Wissenschaft und Forschung wie auch für die Gesinnungs- und Einstellungskultur vorgeschlagen hatte, war zu seiner Zeit kein Erfolg in Wissenschaft und Gesellschaft gegeben. Die damalige Zeit des frühen 20. Jahrhunderts und ihre Empörungsmoden hatten andere Prioritäten. Das kommt oft vor und der Historiker Jacob Burckhardt (1818–1897) hat in der Einleitung zu seinen postum veröffentlichten *Weltgeschichtlichen Betrachtungen* (1905) darauf hingewiesen, dass Humanität und Kultur nicht selten gegen die herrschenden Trends der Zeit sich durchsetzen und verteidigt werden müssen. Burckhardt wusste noch nichts von der faschistischen und leninistischen Praxis des Social Engineering des späteren 20. Jahrhunderts und auch nichts von dem unzeitgemäßen Paradigmenwechsel des Hallenser Pastors und Lehrers Fritz Jahr und von dessen Vision einer Bioethik als akademischer Disziplin und einer neuen globalen Gesinnungshaltung. Falls es dazu kommen würde, dann würde sich auch Van Rensselaer Potters (1911–2001) Hoffnung auf Bioethik

---

77 Thomas S. Kuhn: The Structure of Scientific Revolution. Chicago 1962.

als einer *Wissenschaft des Überlebens*[78] (1970) bestätigen können, die schon aus purem menschlichem Egoismus auf Natur achtet und Natur wiedergewinnt und kultiviert – und damit zugleich altruistisch sich gegen natürliche und kultivierte Natur und nachfolgende Generationen von Menschen und ihren bioethischen Kulturen verhält. Das wäre dann der Bioethische Imperativ, wie Jahr ihn 1928 in seiner Studie zum Tierschutz in gleichzeitig gesellschafts- und menschheitsethischer Begründung vorgelegt hat:

> Achte jedes Lebewesen, also auch die Tiere, als einen Selbstzweck, und behandle es nach Möglichkeit als solchen! Und wenn man die absolute Geltung dieses Grundsatzes, soweit er sich eben auf die Tiere und Pflanzen bezieht, nicht anerkennen will, so möge man ihn, um schon Gesagtes zu wiederholen, mit Rücksicht auf die sittlichen Verpflichtungen gegen die gesamte Gesellschaft dennoch befolgen.[79]

---

78 Potter: Bioethics (Anm. 1).
79 Jahr: Tierschutz (Anm. 16), S. 45.

Fritz Jahr als Pionier einer interdisziplinären anwendungsbezogenen Bioethik

Eve-Marie Engels

Zusammenfassung

Fritz Jahr (1895–1953) ist ein Pionier der interdisziplinären anwendungsbezogenen Bioethik. Dies nicht nur, weil er nach unserem bisherigen Wissen den Begriff der Bioethik prägte, sondern auch, weil seine Vorstellung von Bioethik in ihren Grundzügen wesentliche Elemente und konzeptionelle Überlegungen umfasst, die wir heute mit einer interdisziplinären anwendungsbezogenen Bioethik verbinden. Jahr stützt sich auf aktuelle Entwicklungen in den Naturwissenschaften seiner Zeit, auf eine reichhaltige philosophische Tradition und auf theologische Voraussetzungen und biblische Quellen. In diesem Beitrag wird zunächst die Bedeutung der modernen Biologie, insbesondere die Rolle von Darwins (1809–1882) Abstammungstheorie, für Jahrs Menschen- und Naturbild vorgestellt. Anschließend werden die empirischen, naturwissenschaftlichen und normativen Elemente von Jahrs Bioethik dargestellt. Da Jahr uns zwar zahlreiche Ansatzpunkte für die Begründung seines „bioethischen Imperativs" gibt, diese aber selbst nicht systematisch entwickelt hat, soll dieser Begründungszusammenhang durch eine detaillierte Arbeit an seinen Texten entfaltet werden.

Abstract

Fritz Jahr (1895–1953) is a pioneer of an interdisciplinary application oriented bioethics, not only because he has – according to our knowledge – coined the term "bioethics", but also because his idea of bioethics encompasses the main features and conceptual reflections which nowadays are part of an interdisciplinary application oriented bioethics. Jahr draws on actual developments in the natural sciences of his time, on a rich philosophical tradition as well as on theological assumptions and on biblical sources. This article begins with a presentation of modern biology, particularly the role of Darwin's (1809–1882) theory of descent for Jahr's image of the human being and of nature. Subsequently the empirical, scientific, and normative elements of Jahr's bioethics will be presented. Since Jahr provides us with many clues for the foundation of his "bioethical imperative", but does not himself unfould it systematically, the aim of this article is to work out this justification by a detailed reading of Jahr's texts.

1. Jahrs Blick auf die Stellung des Menschen in der modernen Biologie

Fritz Jahr (1895–1953) war ein aufmerksamer und interessierter Rezipient der naturwissenschaftlichen und medizinischen Entwicklungen seiner Zeit. Er griff die im 19. Jahrhundert von Charles Darwin (1809–1882) entwickelte Abstammungstheorie unvoreingenommen auf und wies auf ihre Konsequenzen für die

Beziehungen zwischen Mensch und Tier bzw. zwischen dem Menschen und der gesamten belebten Natur hin.

> Die scharfe Scheidung zwischen Tier und Mensch, die seit Beginn unserer europäischen Kultur bis zum Ende des 18. Jahrhunderts herrschend war, kann heute nicht mehr aufrecht erhalten werden. Die Seele des europäischen Menschen rang bis zur französischen Revolution um die Einheit von religiöser, philosophischer und wissenschaftlicher Welterkenntnis, aber diese Einheit haben wir seitdem unter dem Druck der Erkenntnisfülle aufgeben müssen.[1]

Jahr beklagt keineswegs, dass das Projekt des Ringens um eine mögliche Einheit von Religion, Philosophie und Wissenschaft mit der Wende zum 19. Jahrhundert aufgegeben wurde. Vielmehr würdigt er es als bleibendes Verdienst der modernen Naturwissenschaft, „eine vorurteilslose Betrachtung des Weltgeschehens erst möglich gemacht"[2] zu haben.

Jahr ist sich der Dialektik dieses naturwissenschaftlichen Erkenntnisfortschritts bewusst:

> Andererseits dürfen wir nicht verkennen, daß gerade diese wissenschaftlichen Triumphe des Menschengeistes dem Menschen selbst seine beherrschende Stellung im Weltganzen genommen haben.[3]

Durch die modernen Naturwissenschaften, zu denen der Intellekt den Menschen befähigt, wird die Sonderstellung des Menschen in der Natur relativiert und das Verhältnis der Disziplinen untereinander neu positioniert. Dies betrifft auch die Stellung der Philosophie im Verhältnis zu den Naturwissenschaften:

> Die Philosophie, die früher der Naturwissenschaft ihre Leitgedanken vorschrieb, mußte nun selbst ihre Systeme auf naturwissenschaftlichen Einzelerkenntnissen aufbauen, und es war nur eine dichterphilosophische Formulierung der Erkenntnis Darwins, wenn Nietzsche den Menschen als ein recht minderwertiges Übergangsstadium zu einer höheren Entwicklung, als ein „Seil, gespannt zwischen Tier und Übermensch" ansah.[4]

Jahr spricht im Zusammenhang mit Darwins Erkenntnis von einer „Umwälzung", also von einer Revolution. Bereits zu Darwins Lebzeiten wurde der revolutionäre

---

1   Fritz Jahr: Bio-Ethik. Eine Umschau über die ethischen Beziehungen des Menschen zu Tier und Pflanze. In: Kosmos. Handweiser für Naturfreunde und Zentralblatt für das naturwissenschaftliche Bildungs- und Sammelwesen 24/1 (1927), S. 2–4, hier: S. 2.
2   Jahr: Bio-Ethik (Anm. 1), S. 2.
3   Jahr: Bio-Ethik (Anm. 1), S. 2.
4   Jahr: Bio-Ethik (Anm. 1), S. 2.

Charakter seiner Theorie von zahlreichen Zeitgenossen anerkannt. Hier soll diese Theorie nur in kurzen Zügen umrissen werden, um Jahrs Position verständlich zu machen. Wie wir später sehen werden, ist das Verhältnis von Naturwissenschaften und Philosophie jedoch auch nach Jahr nicht so einseitig, wie der Eindruck entstehen mag. Naturwissenschaften, Naturschutz und Ethik greifen ineinander.

Wie Darwin in seinem erstmals 1859 erschienenen Werk *On the Origin of Species*[5] ausführt, sind Organismenarten weder durch spezielle Schöpfungsakte jeder einzelnen Art getrennt voneinander erschaffen worden, noch sind sie konstant. Sie entstehen durch eine langsame, sich in einem graduellen Prozess vollziehende Transformation aus anderen Arten. Darwin betrachtet seine Theorie als eine naturwissenschaftliche Untermauerung des naturphilosophischen Prinzips der Kontinuität. Bei seiner Erklärung der Entstehung von Arten geht er von individuellen Unterschieden, Varianten, zwischen den Mitgliedern einer Art aus. Diejenigen Individuen, die aufgrund ihrer körperlichen Ausstattung, ihrer Verhaltensmerkmale oder Wahrnehmungs- und geistigen Fähigkeiten besser an ihre jeweilige Umwelt angepasst sind, d.h. sich z.B. besser ernähren, verteidigen, verstecken können, haben im Durchschnitt einen größeren Fortpflanzungserfolg und können dadurch ihre günstigen Merkmale häufiger auf die nächste Generation vererben als ihre anders ausgestatteten Artgenossen. Im Laufe langer Zeiträume kommt es allmählich zu einer Veränderung von Merkmalen und damit auch von Arten. Darwin bezeichnet diesen Prozess als „natural selection" im „struggle for life". Die natürliche Selektion ist somit auch ein konstruktiver Prozess, der zu einer Entstehung neuer Arten führt, nicht nur zum Aussterben früherer Arten. Aus einer Art können sich auf der Grundlage von zunächst kaum merklichen Unterschieden zwischen ihren Individuen allmählich verschiedene Varietäten derselben Art und schließlich mehrere neue Arten entwickeln („divergence of character",[6] „Divergenz der Charaktere"). Dieser Prozess beinhaltet nicht notwendigerweise einen blutigen Kampf zwischen den Individuen oder Gruppen einer Art, wie der Begriff „struggle for life" häufig fälschlicherweise interpretiert wird. Der Kampf oder besser das Ringen um die Existenz kann auch die Form der Kooperation

---

5 Charles Darwin: On the origin of species by means of natural selection, or the preservation of favoured races in the struggle for life. Facsimile of the 1st ed. London 1859. Cambridge, London 1964. Zu Darwins Person und Werk siehe ausführlicher Eve-Marie Engels: Charles Darwin. München 2007. Zu Jahr und Darwin vgl. Eve-Marie Engels: The Importance of Charles Darwin's Theory for Fritz Jahr's Conception of Bioethics. In: Amir Muzur, Hans-Martin Sass (Hg.): Fritz Jahr and the Foundation of a Global Bioethics. The Future of Integrative Bioethics. Münster 2012, S. 97–120.
6 Darwin: Origin of Species (Anm. 5), S. 111–130.

annehmen, wenn sich Individuen zusammenschließen, um sich gemeinsam gegen die Übermacht von Naturkräften, feindliche Eindringlinge oder andere Bedrohungen zu verteidigen oder wenn sie sich im Alltag wechselseitig unterstützen. Auch zwischen den Organismen unterschiedlicher Arten gibt es nicht nur Kampf und Konkurrenz, sondern auch Kooperation und Hilfe. Im Deutschen hat sich jedoch der Ausdruck „Kampf ums Dasein" durchgesetzt.

In seinem Werk über die Abstammung des Menschen, *Descent of Man* (1871), das Darwin aus Angst vor Vorurteilen gegen seine Theorie erst zwölf Jahre nach *Origin of Species* veröffentlichte, wendet Darwin seine Theorie zur Erklärung der Entstehung der menschlichen Spezies aus nichtmenschlichen Vorfahren an.[7] Dabei stützt er sich auf zahlreiche Belege („evidence"), insbesondere auf homologe Strukturen zwischen dem Menschen und anderen Arten, die sich auch in der Ähnlichkeit ihrer Embryonen manifestieren, auf Rudimente und zahlreiche morphologische Merkmale.[8] Weiterhin beschreibt Darwin als Ähnlichkeiten von Tieren und Menschen die reiche Ausdrucksvielfalt kognitiver und emotionaler Fähigkeiten, das Erleben von Freude und Schmerz,[9] ihr Sozialverhalten und ihre Kooperationsbereitschaft. Tiere verfügen ebenso über vielfältige Ausdrucks- und Kommunikationsmittel, wenngleich die verbale Sprachfähigkeit dem Menschen vorbehalten ist. Auch Moralfähigkeit im engeren Sinne reserviert Darwin für den Menschen.[10] Darwins Ideal von Humanität ist im Laufe der Menschheitsgeschichte die fortschreitende Ausweitung des menschlichen Wohlwollens auf alle Menschen und schließlich auf die Tiere.

Darwins Revolution beinhaltet nicht nur eine *Umwälzung der Biologie* und ihrer Disziplinen, sondern zugleich auch eine *philosophische Revolution*, da sie unser Menschenbild und die Sichtweise unserer Stellung zu anderen Lebewesen radikal verändert hat. Nach Darwins Theorie gehen alle heute existierenden Arten von Lebewesen auf wenige oder nur eine ursprüngliche

---

7   Vgl. Charles Darwin: The descent of man, and selection in relation to sex. 2. Auflage, London 1874; Paul Howard Barrett, Richard Brooke Freeman (Hg.): The Works of Charles Darwin. Bd. 21, 22: The descent of man, and selection in relation to sex. London 1989.
8   Darwin: The descent of man (Anm. 7), Kap. 1. „The evidence of the descent of man from some lower form".
9   Vgl. Charles Darwin: The expression of the emotions in man and animals. Hrsg. von Paul Ekman. 3. Auflage, London 1998.
10 Vgl. Eve-Marie Engels: Der Mensch, das moralfähige Tier. Zur Anthropologie und Ethik von Charles Darwin. In: Eve-Marie Engels, Oliver Betz, Heinz-R. Köhler, Thomas Potthast (Hg.): Charles Darwin und seine Bedeutung für die Wissenschaften. Tübingen 2011, S. 145–179.

Lebensform zurück. Es besteht also eine reale Verwandtschaft zwischen ihnen. Dies gilt auch für den Menschen und sein Verhältnis zu anderen Lebewesen. Bereits vor Darwin wurden durch Entwicklungen in den Lebenswissenschaften, in der Vergleichenden Anatomie, in Embryologie, Morphologie und Zelltheorie bemerkenswerte Ähnlichkeiten in Struktur, Wachstum und Entwicklung der Organismen jeweils innerhalb des Pflanzenreichs und des Tierreichs als auch zwischen diesen Reichen nachgewiesen. Im 20. Jahrhundert wurde die Aufdeckung der Einheit des Lebendigen durch die Molekulargenetik und ihre Entdeckung der Universalität des genetischen Codes fortgesetzt. Die „Buchstaben" des genetischen Alphabets sind bei allen Organismen gleich. Die Diversität der Lebensformen entsteht durch die Vielfalt der Kombinationen dieser „Buchstaben" zu „Wörtern" und „Sätzen".

Darwins Abstammungstheorie wird damit durch zahlreiche Disziplinen und Theorien der Biologie unterstützt, umgekehrt bildet sie für diese auch den einheitlichen theoretischen Rahmen. Sie hat eine größere Erklärungskraft als ihre Vorläufer, sodass mit ihr auch die biologischen Disziplinen in einen systematischen Zusammenhang gebracht werden können. Darwins Zeitgenosse, der Physiker und Physiologe Hermann von Helmholtz (1821–1894), fasst dies in folgende Worte:

> Daneben wollen wir nicht vergessen, welch' klares Verständniss Darwin's grosser Gedanke in die bis dahin so mysteriösen Begriffe der natürlichen Verwandtschaft, des natürlichen Systems und der Homologie der Organe bei verschiedenen Thieren gebracht hat; (…) Die natürliche Verwandtschaft erschien sonst nur als eine räthselhafte aber vollkommen grundlose Aehnlichkeit der Formen; jetzt ist sie zur *wirklichen Blutsverwandtschaft* geworden. (…) [J]etzt erhält es [das natürliche System] die Bedeutung eines wirklichen Stammbaums der Organismen. (…) Darwin hat alle diese vereinzelten Gebiete aus dem Zustande einer Anhäufung räthselhafter Wunderlichkeiten in den Zusammenhang einer grossen Entwickelung erhoben (…).[11]

Bereits kurz nach der Veröffentlichung von Darwins *Origin of Species* wurden die Konsequenzen seiner Theorie für die biologischen Einzeldisziplinen sowie für die Philosophie und unser Menschenbild öffentlich diskutiert und die einheitsstiftende Kraft dieser Theorie hervorgehoben.[12] Fritz Jahr würdigt Darwins revolutionäre

---

11 Hermann von Helmholtz: Über das Ziel und die Fortschritte der Naturwissenschaft. Eröffnungsrede für die Naturforscherversammlung zu Innsbruck (1869). In: Hermann von Helmholtz: Das Denken in der Naturwissenschaft. Darmstadt 1968, S. 31–61, hier: S. 53f. Kursivsetzung von E.-M. E. Der Name Darwin ist im Original gesperrt.
12 Vgl. Eve-Marie Engels: Darwin, der „bedeutendste Pfadfinder" der Wissenschaft des 19. Jahrhunderts. In: Stefanie Samida (Hg.): Inszenierte Wissenschaft. Zur Popularisierung von Wissen im 19. Jahrhundert. Bielefeld 2011, S. 213–243.

Leistung, indem er auf ihre Konsequenzen für zahlreiche Wissenschaften hinweist. Er nennt die Biologie mit Botanik und Zoologie, die Physiologie, die Anthropologie, die Psychologie, die Medizin in Forschung und Praxis und nicht zuletzt Philosophie und Ethik.[13] Die „Biologie, die Wissenschaft vom Leben" habe „besonders seit Darwin, auch nicht wenige verwandte Züge" bei Tieren und Menschen festgestellt.[14] Aus der von Jahr genannten Umwälzung folgt

> die grundsätzliche Gleichstellung von Mensch und Tier als Versuchsobjekt der Psychologie. Diese beschränkt sich heute nicht mehr auf den Menschen, sondern arbeitet mit denselben Methoden auch auf dem Gebiet des Tierischen, und wie es eine vergleichende anatomisch-zoologische Forschung gibt, so werden auch höchst lehrreiche Vergleiche zwischen Menschen- und Tierseele angestellt. Ja, sogar die Anfänge einer Pflanzenpsychologie machen sich bemerkbar (…).[15]

Jahr ist mit der aktuellen Literatur in diesen Bereichen vertraut, er erwähnt Robert Sommer (1864–1937) für die Tierpsychologie und Friedrich Alverdes (1889–1952) für die Tiersoziologie sowie Gustav Theodor Fechner (1801–1887), Raoul Heinrich Francé (1874–1943), Adolf Wagner, Rudolf Eisler (1873–1926) und den „Inder Bose" als Vertreter der Pflanzenpsychologie. Ihm erscheint es daher nur folgerichtig, wenn Rudolf Eisler „zusammenfassend von einer *Bio-Psychik* (Seelenkunde alles Lebenden) spricht".[16] Von der Biopsychik ist es nach Jahr „nur ein Schritt bis zur *Bio-Ethik*, d.h. zur Annahme sittlicher Verpflichtungen nicht nur gegen den Menschen, sondern gegen alle Lebewesen".[17] Wie dieser Schritt bei Jahr im Einzelnen zu erfolgen hat, wird jedoch nicht näher ausgeführt. Auf eine mögliche Ausarbeitung von Jahrs bioethischem Programm werde ich im zweiten Teil meines Artikels zurückkommen.

Wenn Darwin auch nicht von einer Entwicklung des Menschen zum Übermenschen ausgeht, wie Jahrs Zitat[18] nahelegt, so wirft seine Abstammungstheorie doch ganz neue Fragen über die Stellung des Menschen in Beziehung zum Lebendigen

---

13 Vgl. Fritz Jahr: Wissenschaft vom Leben und Sittenlehre. In: Die Mittelschule. Zeitschrift für das gesamte mittlere Schulwesen 40/45 (1926), S. 604f., hier: S. 604; Jahr: Bio-Ethik (Anm. 1), S. 2.
14 Fritz Jahr: Der Tod und die Tiere. Eine Betrachtung über das 5. Gebot. In: Mut und Kraft 5/1 (1928), S. 5f., hier: S. 5.
15 Jahr: Bio-Ethik (Anm. 1), S. 2.
16 Jahr: Bio-Ethik (Anm. 1); vgl. auch Jahr: Wissenschaft vom Leben und Sittenlehre (Anm. 13), S. 604. Im Original durch Sperrung statt Kursivierung hervorgehoben.
17 Jahr: Bio-Ethik (Anm. 1), S. 2; vgl. auch Jahr: Wissenschaft vom Leben und Sittenlehre (Anm. 13), S. 604. Im Original durch Sperrung statt Kursivierung hervorgehoben.
18 Vgl. Anm. 4.

und im Naturganzen auf. Indem Darwins Theorie den Menschen in einen realen verwandtschaftlichen Zusammenhang mit den übrigen Lebewesen stellt, werden wir Glieder eines evolutionären Prozesses, der unsere körperlichen einschließlich zerebralen Strukturen mitbestimmt. Und obgleich unsere kognitiven Leistungen und natur- und geisteswissenschaftlichen Erkenntnisse entscheidend durch unsere jeweilige Kultur bestimmt sind, eröffnet sich durch die Einbeziehung von Darwins abstammungsgeschichtlicher Perspektive ein neuer Deutungsrahmen für die Stellung des Menschen in der Natur und für die Einschätzung unserer Beziehung zu anderen Lebewesen. Hans Jonas hat dies später in seinem Essay *Philosophische Aspekte des Darwinismus* eindrucksvoll gewürdigt:

> So untergrub der Evolutionismus den Bau Descartes' wirksamer, als jede metaphysische Kritik es fertiggebracht hatte. In der lauten Entrüstung über den Schimpf, den die Lehre von der tierischen Abstammung der metaphysischen Würde des Menschen angetan habe, wurde übersehen, daß nach dem gleichen Prinzip dem Gesamtreich des Lebens etwas von seiner Würde zurückgegeben wurde. Ist der Mensch mit den Tieren verwandt, dann sind auch die Tiere mit dem Menschen verwandt und in Graden Träger jener Innerlichkeit, deren sich der Mensch, der vorgeschrittenste ihrer Gattung, in sich selbst bewußt ist. (...) Und es stellt sich heraus, daß der Darwinismus, der mehr als jede andere Lehre für die nunmehr dominierende evolutionäre Schau aller Wirklichkeit verantwortlich ist, ein von Grund auf dialektisches Ereignis war.[19]

Nach Jahr sind die Gemeinsamkeiten von Tieren und Menschen nicht nur theoretisch relevant, sondern bewähren sich auch in der Medizin, wo sie „eine eminent praktische Verwertung"[20] finden. Theorie und Praxis von neuer Naturforschung und Medizin dienen nach Jahr der Wahrheitssuche: „Wir würden uns heute als Wahrheitssucher aufgeben, wenn wir die Erfolge der Tierexperimente, Blutversuche, Serumforschung u. v. a. ablehnen wollten."[21]

Als Beispiel für solch eine praktische Verwertung nennt Jahr die heute sogenannte Xenotransplantation, „die Ueberpflanzung von tierischem Gewebe auf den Menschen".[22] So erregt „vielleicht die Überpflanzung der Keimdrüsen von Affen auf den Menschen nach Steinach als ganz besonders aktuell unser

---

19 Hans Jonas: Das Prinzip Leben. 2. Aufl. Frankfurt a. M. 2011, S. 100f. (Erstveröffentlichung unter dem Titel: Organismus und Freiheit. Ansätze zu einer philosophischen Biologie. Göttingen 1973. Übersetzung des Originaltitels The Phenomenon of Life. Toward a Philosophical Biology. New York 1966. Als Paperback-Ausgabe herausgegeben unter gleichem Titel in Evanston, Illinois 2001).
20 Jahr: Tod und Tiere (Anm. 14), S. 5.
21 Jahr: Bio-Ethik (Anm. 1), S. 2; vgl. Jahr: Tod und Tiere (Anm. 14), S. 5.
22 Jahr: Tod und Tiere (Anm. 14), S. 5.

Hauptinteresse".²³ Aus Jahrs Zitat geht nicht hervor, ob der umstrittene österreichische Sexualforscher Eugen Steinach (1861–1944) davon berichtet, selbst Affenhoden auf Menschen übertragen zu haben oder ob er solche Entwicklungen in der Medizin beschreibt. Sergius Voronoff (1866–1951) führte derartige Xenotransplantationen nach eigener Aussage seit 1920 durch und weist auf die große Ähnlichkeit zwischen menschlichem Blut und menschlichen Säften mit denen „der höheren Affen" hin. Diese „beweisen, daß zwischen den höheren Affen und uns nicht bloß eine anatomische, *sondern eine wirkliche biologische Verwandtschaft* besteht."²⁴ Dabei stützte er sich auf Thomas Henry Huxleys (1825–1895) Werk *Die Stellung des Menschen in der Natur* (1863), das im selben Jahr wie das englische Original auf Deutsch erschien und in zahlreiche weitere Sprachen übersetzt wurde. Huxley war ein Anhänger und Freund Darwins und wandte damit dessen Abstammungstheorie in der Öffentlichkeit noch vor Darwin auf den Menschen an. Voronoffs Ausführungen bestätigen aus erster Hand die Richtigkeit von Jahrs Einschätzung, dass Darwins Theorie auch für die Praxis als relevant erachtet wird. Jahrs unkommentierte Erwähnung der Transplantation von Affenhoden auf den Menschen deutet möglicherweise darauf hin, dass er gegenüber manchen Entwicklungen in der Medizin eine arglose, unkritische Einstellung hatte. Allerdings ist ihm zugute zu halten, dass es damals noch keine ausdifferenzierte interdisziplinäre anwendungsbezogene Bioethik gab. Es ist insbesondere ein Verdienst jahrzehntelanger bioethischer Sensibilisierung im Umgang mit neuen Biotechniken, dass wir heute eine ausgedehnte Diskussion über die Risiken der sich in der Forschung befindlichen Xenotransplantation und ihre ethischen Implikationen für Menschen und Tiere führen.²⁵

2. Jahrs Bioethik und ihre empirischen, naturwissenschaftlichen und normativen Grundlagen

Fritz Jahrs Interesse an den Naturwissenschaften liegt nicht nur in intellektueller Neugier begründet, sondern auch in dem Wunsch nach wirksamem Tierschutz.

---

23 Jahr: Wissenschaft vom Leben und Sittenlehre (Anm. 13), S. 604.
24 Sergius Voronoff: Verhütung des Alterns durch künstliche Verjüngung. Transplantation der Geschlechtsdrüsen vom Affen auf den Menschen. Aus dem Franz. übersetzt von Dr. Zoltan von Nemes Nagy. Berlin 1926, S. 84. Im Original durch Sperrung statt Kursivierung hervorgehoben.
25 Vgl. Eve-Marie Engels: Xenotransplantation aus ethischer Perspektive. In: Anja Haniel (Hg.): Tierorgane für den Menschen? München 2002, S. 43–88; Silke Schicktanz: Organlieferant Tier? Medizin- und tierethische Probleme der Xenotransplantation. Frankfurt a. M., New York 2002.

Denn ein „zweckmäßiger, leistungsfähiger Tierschutz" sei „nur dann gut möglich, wenn genügende Naturerkenntnis und wenigstens einiges Naturverständnis vorhanden ist."[26] Obgleich Jahr das Mitleid mit Tieren als ein „empirisch gegebenes Phänomen der Menschenseele" betrachtet und für „das eigentliche Motiv des Tierschutzgedankens" hält und er zahlreiche bedeutende Denker anführen kann, die die Bedeutung des Mitleids hervorgehoben haben,[27] reicht Mitleid allein für einen angemessenen Tierschutz nicht aus.

> Denn tatsächlich kann man die Tiere nur dann wirklich schützen, wenn man ihre physiologischen und psychologischen Eigenschaften und Lebensbedingungen einigermaßen kennt. Daher ist es mit ein Hauptziel der Tierschutzbewegung, solche Kenntnis und solches Verständnis der Natur nach Möglichkeit zu wecken, zu verbreiten und zu vertiefen.[28]

Jahr geht davon aus, dass sich ein solches Naturinteresse ganz von selbst nicht auf Tiere beschränken werde, sondern sich über diese hinaus einerseits auch auf Pflanzen, andererseits auf den Menschen erstrecken müsse. Er erhofft sich davon einen günstigen Einfluss auf unsere Lebensführung „im Sinne einer normalen, gesunden Natürlichkeit", welche jedoch nicht mit „Zügellosigkeit" gleichzusetzen sei, und belässt es hier bei dem Hinweis, dass „die Förderung der Naturerkenntnis, des Naturverständnisses und der echten Naturliebe z.B. auch auf die Sexualethik günstig einwirken muß", was „eines Beweises wohl nicht weiter bedürftig" sei.[29] Die Tatsache des engen Zusammenhangs zwischen Tierschutz und Ethik beruht für Jahr „letztlich darauf, daß wir nicht nur gegen die Mitmenschen, sondern auch gegen die Tiere, ja, sogar gegen die Pflanzen – kurz gesagt gegen alle Lebewesen – ethische Verpflichtungen haben, so daß wir geradezu von einer ‚Bio-Ethik' sprechen können".[30] Jahr verwendet bereits ganz selbstverständlich die Begriffe „Tierethik" und „Pflanzenethik" und ihre adjektivischen Formen.

2.1 Jahrs bioethischer Imperativ

Jahr erweitert Kants (1724–1804) Kategorischen Imperativ, die Selbstzweck-Formel des Imperativs, über den Menschen hinaus auf alle Lebewesen. Steht bei Kant „Handle so, daß du die Menschheit, sowohl in deiner Person als in der Person eines jeden anderen, jederzeit zugleich als Zweck, niemals bloß als Mittel

---

26 Fritz Jahr: Tierschutz und Ethik in ihren Beziehungen zueinander. In: Ethik. Sexual- und Gesellschafts-Ethik. 4 (1928) 6/7, S. 100–102, hier: S. 101.
27 Vgl. Jahr: Tierschutz und Ethik (Anm. 26), S. 100.
28 Jahr: Tierschutz und Ethik (Anm. 26), S. 101.
29 Jahr: Tierschutz und Ethik (Anm. 26), S. 101.
30 Jahr: Tierschutz und Ethik (Anm. 26), S. 101.

brauchest"³¹, so formuliert Jahr einen „bio-ethischen Imperativ", der lautet „Achte jedes Lebewesen grundsätzlich als einen Selbstzweck und behandle es nach Möglichkeit als solchen!"³² Diesen Imperativ bezeichnet er in seinem programmatischen Artikel „Bio-Ethik", den er im Untertitel näher als *Eine Umschau über die ethischen Beziehungen des Menschen zu Tier und Pflanze* charakterisiert, auch als „bio-ethische Forderung".³³

Ein Wesen als „Selbstzweck" zu achten beinhaltet, dass wir diesem Wesen eine direkte moralische Berücksichtigung zukommen lassen müssen, ihm gegenüber direkte Pflichten haben oder eine direkte Verantwortung. Jahr postuliert damit also, dass wir nicht nur gegenüber dem Menschen, sondern gegenüber allen Lebewesen, also auch gegenüber Pflanzen und Tieren, direkte Pflichten haben. Pflanzen und Tiere sind nicht nur Mittel für uns Menschen und unsere vielfältigen Zwecke, sondern sie sind als Wesen mit einem Selbstwert, einem inhärenten Wert, wie wir heute sagen, zu respektieren. Das bedeutet, dass wir auch in jenen Situationen, in denen wir Pflanzen und Tiere für unsere Zwecke nutzen, ihren Selbstwert nie aus den Augen verlieren dürfen. Auch wir Menschen betrachten einander als Mittel, was in Kants oben zitierter Formulierung des Kategorischen Imperativs zum Ausdruck kommt. Aber wir dürfen einander nie auf diesen instrumentellen Wert reduzieren, sondern müssen stets den Selbstzweckcharakter des Menschen im Auge behalten, also auch dann, wenn wir einander als Mittel brauchen. Dasselbe gilt nach Jahr für unseren Umgang mit Pflanzen und Tieren. Mit seinem bioethischen Imperativ vertritt Jahr also eine *inklusive Bioethik*, die in Bezug auf ihre Schutzgüter im Bereich des Lebendigen universell ist und alle Lebewesen als einen Selbstzweck umfasst. In der Terminologie heutiger Naturethik vertritt Jahr eine *Biozentrik*.

Welche Argumente führt Jahr zur Begründung bzw. Unterstützung seines bioethischen Imperativs an? Folgende fünf Elemente sind zentral: *Erstens* die bereits erwähnte, durch die moderne Biologie herausgearbeitete reale Beziehung zwischen dem Menschen und anderen Lebewesen, *zweitens* Grundannahmen normativer Ethik, die von einer Vielzahl unterschiedlicher Philosophen und Theologen unterstützt werden, *drittens* bestimmte theologische Voraussetzungen, von denen er als protestantischer Theologe und Pfarrer ausgeht, *viertens* eine historisch bereits erreichte allgemeine Sensibilität gegenüber Tieren, die sich auch in der Tierschutzgesetzgebung niederschlägt und *fünftens* einen gewissen Realismus in Bezug auf die *Natur des Menschen*, der selbst ein Lebewesen ist und nicht unter

---

31 Immanuel Kant: Grundlegung zur Metaphysik der Sitten. Hrsg. von Bernd Kraft, Dieter Schönecker. Hamburg 1999, S. 54f.
32 Jahr: Wissenschaft vom Leben und Sittenlehre (Anm. 13), S. 605, im Original Fettdruck.
33 Jahr: Bio-Ethik (Anm. 1), S. 4.

idealen Bedingungen handelt, sondern mit den Grenzbedingungen und Widerständen seiner Natur- und Lebensbedingungen im Hier und Jetzt konfrontiert ist.

Die Bedeutung des ersten Aspekts wurde bereits ausführlich dargestellt. Obwohl es nicht möglich ist, direkt und ausschließlich aus der realen Verwandtschaft zwischen dem Menschen und anderen Lebewesen und ihrer wissenschaftlichen Erklärung ohne Zusatzprämissen moralische Verpflichtungen gegenüber Pflanzen und Tieren abzuleiten – dies wäre ein naturalistischer Fehlschluss[34] – ist das Faktum dieser Verwandtschaft jedoch ethisch relevant, wenn es mit bestimmten normativethischen Prämissen verbunden wird. Welche normative Ethik vertritt Fritz Jahr für die Begründung seines bioethischen Imperativs, mit dem er postuliert, dass wir nicht nur den Menschen, sondern alle Lebewesen, also auch Pflanzen und Tiere, als Selbstzweck zu respektieren haben?

Obwohl Jahr den Begriff der Bioethik einführt, ist die Bioethik „sachlich (...) durchaus nicht erst eine Entdeckung der Gegenwart."[35] Als Vorläufer der Bioethik bzw. als bioethisch relevante Vorreiter führt Jahr zahlreiche Philosophen, Theologen und Denker an: den Heiligen Franz von Assisi (1181/82–1226), Michel de Montaigne (1533–1592), Immanuel Kant, Johann Gottfried Herder (1744–1803), Friedrich Schleiermacher (1768–1834), Arthur Schopenhauer (1788–1860), Johann Wolfgang von Goethe (1749–1832), Karl Christian Friedrich Krause (1781–1832), Gustav Theodor Fechner, Eduard von Hartmann (1842–1906), Rudolf Eisler, Raoul Heinrich Francé, Adolf Wagner und Rudolf Wagner (1805–1864), Ignaz Bregenzer. Außerdem nennt er Traditionen der indischen Philosophie, wie die Sankhyaschule, sowie den Buddhismus. Die Vielzahl der unterschiedlichen Wurzeln zeigt, dass Jahr eher ein synthetischer als ein analytischer Denker ist, der keine Berührungsängste hat und das Gemeinsame, die Konvergenz verschiedener Standpunkte sucht. Da er sich mehrfach zu Kant äußert, teilweise kritisch, teilweise zustimmend, und er sich insbesondere Schopenhauer anschließt, werde ich zur Herausarbeitung von Jahrs Ethik im Folgenden kurz auf Kant und Schopenhauer eingehen.

---

34 Vgl. Eve-Marie Engels: Was und wo ist ein „naturalistischer Fehlschluss"? Zur Definition und Identifikation eines Schreckgespenstes der Ethik. In: Cordula Brand, Eve-Marie Engels, Arianna Ferrari, László Kovács (Hg.): Wie funktioniert Bioethik? Paderborn 2008, S. 125–141.

35 Jahr: Wissenschaft vom Leben und Sittenlehre (Anm. 13), S. 604; vgl. Jahr: Bio-Ethik (Anm. 1), S. 2. In „Wissenschaft vom Leben und Sittenlehre" (Anm. 13), S. 604, Fußnote 8, führt Jahr als das „beste Werk" auf dem Gebiet der Tierethik das Buch von Ignaz Bregenzer an. Der genaue Titel lautet: Thier-Ethik: Darstellung der sittlichen und rechtlichen Beziehungen zwischen Mensch und Thier. Bamberg: C. C. Buchner 1894. Nabu Public Domain Reprints 2012.

Kant ist der prominenteste Vertreter einer deontologischen, an der Pflicht orientierten Ethik. Er differenziert zwischen direkten und indirekten Pflichten. Nach Kant hat nur der Mensch bzw. jedes mit Vernunft ausgestattete Wesen, d.h. die Person, einen absoluten Wert und existiert als „Zweck an sich selbst", während Wesen ohne Vernunft einen „relativen Wert" haben und von ihm als „Sachen" bezeichnet werden. Direkte Pflichten haben wir nach Kant nur gegenüber Personen, da nur sie als vernünftige Wesen ein Bewusstsein ihrer selbst haben, über die Autonomie des Willens verfügen und damit nach der *Vorstellung* von Gesetzen, nach Prinzipien wie dem Kategorischen Imperativ, handeln können. Sie können sich damit wechselseitig als Wesen mit Rechten und Pflichten anerkennen. Da Tiere und Pflanzen keine Personen sind, haben wir nach Kant ihnen gegenüber keine direkten Pflichten. Tiere sind jedoch „ein Analogon der Menschheit".[36] Unsere Milde und unser Mitleid wie auch unsere Gewalt und Grausamkeit gegenüber Tieren übertragen sich nach Kant auf unsere Einstellung und unser Verhalten gegenüber Menschen. Denn durch Grausamkeit gegenüber Tieren wird „das Mitgefühl an ihrem Leiden im Menschen abgestumpft und dadurch eine der Moralität, im Verhältnisse zu anderen Menschen, sehr diensame natürliche Anlage geschwächt und nach und nach ausgetilgt".[37] Kant spricht sich sowohl für negative Pflichten (Verbot der Grausamkeit und Verletzung) als auch für positive Pflichten (Fürsorgepflichten) „in Ansehung" von Tieren aus. Haustiere, die dem Menschen lange treu gedient haben und dies nicht mehr können, dürfen nach Kant daher nicht getötet werden, sondern sie sollen belohnt und bis zu ihrem Tod erhalten werden. Dadurch befördern wir unsere Pflicht gegen die Menschheit, nicht gegen die Tiere, denen gegenüber wir keine direkten Pflichten haben, da sie nach Kant vernunftlose Wesen sind.

> Selbst Dankbarkeit für lang geleistete Dienste eines alten Pferdes oder Hundes (gleich als ob sie Hausgenossen wären) gehört *indirekt* zur Pflicht des Menschen, nämlich *in Ansehung* dieser Tiere, direkt aber betrachtet ist sie immer nur Pflicht des Menschen *gegen* sich selbst.[38]

Daher sind nach Kant auch „martervolle physische Versuche, zum bloßen Behuf der Spekulation, wenn auch ohne sie der Zweck erreicht werden könnte, zu

---

36 Immanuel Kant: Eine Vorlesung über Ethik. Hrsg. von Gerd Gerhardt, Frankfurt a. M. 1990, S. 256.
37 Immanuel Kant: Werkausgabe. Band 8: Die Metaphysik der Sitten. Metaphysische Anfangsgründe der Tugendlehre. Hrsg. von Wilhelm Weischedel, Frankfurt a. M. 1993, S. 579.
38 Kant: Metaphysik der Sitten (Anm. 37), S. 579. Im Original durch Sperrung statt Kursivierung hervorgehoben.

verabscheuen".[39] In heutiger Sprache ausgedrückt, lehnt er Tierversuche ab, bei denen Tieren Schmerzen und Leiden zugefügt werden und zu denen es Alternativen gibt. Kants Ansatz hat somit eine starke mitleidsethische Komponente, die aber nicht dessen Grundlage bildet. Dennoch ist mit Kants Ansatz ein strenger Tierschutz möglich, obgleich bzw. gerade weil Tierschutz von Kant als direkte Pflicht des Menschen gegen sich selbst betrachtet wird. Kant spricht sich auch für den Schutz des „*Schönen* obgleich Leblosen in der Natur" aus und erwähnt dabei „die schöne [sic] Kristallisationen, das unbeschreiblich Schöne des Gewächsreichs".[40] Deren Zerstörung schwächt oder vertilgt das Gefühl im Menschen, „etwas auch ohne Absicht auf Nutzen zu lieben", und dieses Gefühl ist nach Kant zwar nicht selbst moralisch, jedoch für die Förderung der Moralität wichtig.

Schopenhauer, der eine Mitleidsethik vertritt, formuliert eine scharfe Kritik an Kant, da wir nach Kant das Mitleid mit den Tieren nicht um der Tiere willen, sondern um des Menschen willen kultivieren sollen: „Also bloß zur Uebung soll man mit Thieren Mitleid haben, und sie sind gleichsam das pathologische Phantom zur Uebung des Mitleids mit Menschen."[41] Er konfrontiert Kants Ethik mit seiner eigenen moralischen Maxime: „*Neminem laede, imo omnes, quantum potes, juva*".[42]

Jahr schließt sich Schopenhauers Kritik an. Nach Jahr beschreiben die Goldene Regel und Kants Kategorischer Imperativ

> eben nur ein formales Kennzeichen einer „guten" Handlungsweise. Das Motiv könnte trotz dieses Kennzeichens sogar krasser Eigennutz sein, nämlich eine Art Vertrag auf Gegenseitigkeit: Tue mir nichts, dann tue ich dir auch nichts. (Das zeigt Schopenhauer in seiner „Grundlage der Moral".)[43]

---

39 Kant: Metaphysik der Sitten (Anm. 37), S. 579. Zu Kants Tierethik siehe auch Heike Baranzke: Tierethik, Tiernatur und Moralanthropologie im Kontext von § 17 Tugendlehre. Kant-Studien 96 (2005), S. 336–363; Ursula Wolf: Ethik der Mensch-Tier-Beziehung. Frankfurt a. M. 2012.
40 Kant: Metaphysik der Sitten (Anm. 37), S. 578. Im Original durch Sperrung statt Kursivierung hervorgehoben.
41 Arthur Schopenhauer: Über die Grundlage der Moral (1840). In: Über die Freiheit des menschlichen Willens (1839). Über die Grundlage der Moral (1840). Kleinere Schriften II. Zürcher Ausgabe Werke in zehn Bänden. Bd. 4. Zürich 1977, S. 202. Der Text folgt der historisch-kritischen Ausgabe von Arthur Hübscher (3. Auflage, Wiesbaden 1972).
42 Schopenhauer: Grundlage der Moral (Anm. 41), S. 203.
43 Fritz Jahr: Drei Studien zum 5. Gebot. In: Ethik. Sexual- und Gesellschafts-Ethik 11 (1934), S. 183–187, hier: S. 183f.

In seinem Beitrag *Tierschutz und Ethik in ihren Beziehungen zueinander* hebt Jahr die Bedeutung des Mitleids für den Tierschutz hervor. Dennoch greift er Kants Gedanken, dass „die schonende und barmherzige Behandlung der Tiere geradezu als eine Pflicht des Menschen gegen sich selbst"[44] darstelle, positiv auf. Jahr findet diesen Gedanken auch bei anderen Autoren, wie bei dem Dichter Leo Tolstoi (1828–1910) sowie in den Tierschutzparagraphen der Strafgesetzbücher, die in ähnlicher Weise wie bei Kant begründet würden. Hier verweist Jahr auf den Juristen Robert von Hippel (1866–1951), der das Material in seinem Werk *Die Tierquälerei in der Strafgesetzgebung des In- und Auslandes* (1891) zum ersten Mal ausführlich zusammengestellt und besprochen hat.[45] Es steht durchaus im Einklang mit Jahrs Ansatz, sich für den Tierschutz auch zum Schutz des Menschen einzusetzen und die „schonende und barmherzige Behandlung der Tiere geradezu als eine Pflicht des Menschen gegen sich selbst" zu würdigen. Dennoch bleibt ein wesentlicher Unterschied zwischen Kant und Jahr in den Begründungsansätzen bestehen. Da Jahr Tiere als Selbstzweck betrachtet, haben wir nicht nur gegenüber Menschen, sondern auch Tieren gegenüber direkte Pflichten. Tiere besitzen eine direkte Schutzwürdigkeit.

2.2 Jahrs Begründung des bioethischen Imperativs

Aber wie kommt Jahr überhaupt dazu, einen „bioethischen" Imperativ aufzustellen und zu fordern, dass grundsätzlich jedes Lebewesen, Menschen, Tiere und Pflanzen, als Selbstzweck geachtet werden solle? Warum begnügt er sich nicht mit einer Argumentation im Sinne von Kants Verrohungsargument? Ich werde im Folgenden zwei wichtige Motivations- und Argumentationsstränge aus Jahrs Hinweisen in seinen kurzen Publikationen herausarbeiten.

1. Fritz Jahr ist protestantischer Theologe und Pfarrer. Eine zentrale Stütze für seine Begründung des bioethischen Imperativs sind daher seine *theologischen* und *biblischen Wurzeln*. Dies wird auch in seinem Aufsatz *Drei Studien zum 5. Gebot* deutlich, wo Jahr die Frage stellt:

> Da nun das fünfte Gebot nicht ausdrücklich nur das Töten von Menschen verbietet, sollte es dann nicht vielleicht sinngemäß auch auf Tiere und Pflanzen anzuwenden sein?

---

44 Jahr: Tierschutz und Ethik (Anm. 26), S. 101; vgl. Jahr: Tod und Tiere (Anm. 14), S. 6.
45 Vgl. Robert von Hippel: Die Tierquälerei in der Strafgesetzgebung des In- und Auslandes, historisch, dogmatisch und kritisch dargestellt, nebst Vorschlägen zur Abänderung des Reichsrechts. Berlin 1891; Jahr: Drei Studien zum 5. Gebot (Anm. 43), S. 187; Jahr: Tierschutz und Ethik (Anm. 26), S. 101.

Aber stehen uns Tiere und Pflanzen so nahe, daß wir sie gleichsam als unsere Nächsten einschätzen und behandeln müßten?[46]

Jahr erwähnt die Liebe als Erfüllung des Sittengesetzes und Motiv unseres Handelns. Der Inhalt des Sittengesetzes, was im Einzelnen zu tun und zu unterlassen ist, wissen wir nach Jahr damit jedoch noch nicht. Und hier hilft ihm Schopenhauer mit seiner oben zitierten Maxime weiter: „Verletze niemanden, sondern hilf allen, soweit du es irgend vermagst!"[47] Für Schopenhauer ist dieser Satz „der einfachste und reinste Ausdruck der von allen Moralsystemen einstimmig geforderten Handlungsweise".[48] Jahr verweist darauf, dass diese Forderung bereits zwei Jahrtausende vor Schopenhauer im 5. Gebot ausgedrückt wurde, „und zwar unter einem größeren Gesichtspunkte, als Nutzen und Schaden, nämlich unter dem Gesichtspunkte der *Heiligkeit des Lebens* und der *Lebensäußerungen*".[49] Das 5. Gebot geht nach Jahr jedoch über das Verbot der „böswilligen oder fahrlässigen Vernichtung eines Lebens" hinaus, indem es „alles, was irgendwie störend oder hemmend auf ein Leben einzuwirken geeignet ist", verbietet. Unter Berufung auf Luthers Katechismus weist Jahr zudem darauf hin, dass „das 5. Gebot nicht nur negativ, sondern auch positiv zu verstehen ist", es stelle „einen ganz besonders guten Ausdruck dessen [dar], was sittlich gut sein praktisch bedeutet".[50]

Die von den Naturwissenschaften herausgestellte reale Verwandtschaft braucht uns nach Jahr daher auch nicht zu beunruhigen, ganz im Gegenteil ist sie „doch vielmehr geeignet, uns mit Stolz zu erfüllen; denn was der menschliche Forschergeist erst in neuerer Zeit von sich aus fand, das ist in seinem Kerne schon in der heiligen Schrift zu finden."[51] Jahr führt in seinen Texten zahlreiche Stellen aus dem Alten und Neuen Testament als Quellen zur Begründung seiner Annahme der Nähe von Tier und Mensch an. Die Naturwissenschaften werden für Jahr damit auch nicht zur Bedrohung für den Glauben und die Religion. Er geht vielmehr von einer Konvergenz von moderner Biologie und Religion bzw. Theologie aus und ist ein Brückenbauer, der nicht das Trennende, die Konfrontation, sondern das Verbindende sucht. Allerdings gibt es einen bedeutenden Unterschied zwischen der Bibel und den modernen Naturwissenschaften. Die Bibel als solche ist für Jahr eine *normative Quelle* für die Bestimmung der

---

46 Jahr: Drei Studien zum 5. Gebot (Anm. 43), S. 185.
47 Vgl. Jahr: Drei Studien zum 5. Gebot (Anm. 43), S. 184.
48 Schopenhauer: Über die Grundlage der Moral (Anm. 41), S. 198.
49 Jahr: Drei Studien zum 5. Gebot (Anm. 43), S. 184. Hervorhebung von E.-M. E.
50 Vgl. Jahr: Drei Studien zum 5. Gebot (Anm. 43), S. 184.
51 Jahr: Tod und Tiere (Anm. 14), S. 5.

Beziehung zwischen dem Menschen und anderen Lebewesen. Für den protestantischen Theologen und Pfarrer spricht aus ihr Gott selbst. Daher kann Jahr auch sagen:

> Vor allem aber ist die Schonung des tierischen Lebens, soweit sie möglich ist, eine Pflicht gegen Gott; denn wenn wir den Schöpfer ehren wollen, dann müssen wir zugleich sein Werk, also auch die Tiere, mit Ehrfurcht ansehen und behandeln, um so mehr, als wir wissen, daß er diese ebenfalls liebt (Jona 4, 11) und ihrer mit gedachte, als er gebot: „Du sollst nicht töten!"[52]

Jahr kann seinen bioethischen Imperativ daher als „Umschreibung des fünften Gebotes" betrachten.[53]

2. Als deskriptive und explanative Naturwissenschaft hat die moderne Biologie jedoch einen anderen Status als die Bibel. Aus der Biologie und den Naturwissenschaften allein lassen sich keine Handlungsanweisungen für unseren Umgang mit den Lebewesen ableiten. Naturkundliches Wissen, Tierphysiologie und -psychologie sind notwendige Bedingungen für einen angemessenen Tierschutz, aber keine hinreichenden Bedingungen für dessen ethische Begründung. Erst letztere gibt dem Naturschutz sein festes ethisches Fundament. Wenn wir die Biologie und ihre Erkenntnis einer verwandtschaftlichen Beziehung zwischen dem Menschen und anderen Lebewesen als einen Baustein für die Begründung des Naturschutzes nutzen wollen, bedarf es zusätzlicher normativer Prämissen. Aus Jahrs Argumentation oben ist deutlich geworden, dass die Bibel nur den allgemeinen normativen Rahmen bereitstellt, nicht aber die Konkretisierung im Einzelfall. Der Bioethiker und Philosoph Fritz Jahr greift dafür auf die bereits genannte reichhaltige philosophische Tradition zurück. Da er uns zwar Ansatzpunkte für eine bioethische normative Begründung gibt, diese aber nicht selbst ausgearbeitet hat, soll im Folgenden unter Zuhilfenahme der von ihm bereitgestellten Hinweise ein Argumentationsgerüst im Sinne Jahrs aufgebaut werden.

Jahr betont in seinen Artikeln wiederholt die Gleichheit von Mensch und Tier bzw. die Nähe zwischen dem Menschen und anderen Lebewesen, Tieren und Pflanzen. Damit verweist er auf

1. die grundsätzliche Gleichstellung von Mensch und Tier als Versuchsobjekte verschiedener Wissenschaften,[54]

---

52 Jahr: Tod und Tiere (Anm. 14), S. 6.
53 Jahr: Drei Studien zum 5. Gebot (Anm. 43), S. 187.
54 Vgl. Jahr: Bio-Ethik (Anm. 1), S. 2; Jahr: Drei Studien zum 5. Gebot (Anm. 43), S. 185.

2. die Ähnlichkeiten zwischen Mensch und Tier aufgrund ihrer Verwandtschaft, die besonders seit Darwin nachgewiesen wurden. Mensch und Tier stehen sich nicht nur anatomisch und physiologisch, sondern auch psychologisch nahe,[55]
3. die Gleichberechtigung von Mensch und Tier.[56]

Und dies gilt *cum grano salis* auch für Pflanzen, also für alle Lebewesen. Mit Gleichheit ist in den ersten beiden Fällen eine *faktisch bestehende Gleichheit* bzw. *Ähnlichkeit* gemeint. Aufgrund der von der Biologie herausgestellten Gleichheit bzw. Ähnlichkeit zwischen dem Menschen und anderen Lebewesen, insbesondere anderen Tieren, ist die zu Beginn erwähnte experimentelle Forschung möglich geworden. Folglich greift Jahr Rudolf Eislers Idee einer „Biopsychik", einer „Seelenkunde alles Lebendigen", positiv auf. Die dritte Bestimmung hat jedoch einen anderen Status, sie ist ein *normativ-ethisches Urteil*. Dieses kommt bei Jahr in der bereits am Anfang zitierten kurzen Aussage zum Ausdruck: „Von der Bio-Psychik ist nur ein Schritt bis zur *Bio-Ethik*, d.h. zur Annahme sittlicher Verpflichtungen nicht nur gegen den Menschen, sondern gegen alle Lebewesen."[57]

Wie lässt sich dieser Schritt von der Biopsychik zur Bioethik als konsistente Schlussform denken, welche argumentativen Zwischenschritte sind erforderlich, um einen naturalistischen Fehlschluss zu vermeiden? Im Folgenden soll ein möglicher Argumentationsgang zur Unterstützung von Jahrs Anliegen aufgezeigt werden.

Da wir den Menschen als Selbstzweck betrachten, sind wir aufgrund der realen Verwandtschaft von Menschen und Tieren, der Gleichheit bzw. Ähnlichkeit zwischen ihnen sowie aus Gründen logischer Konsistenz und der ethischen Prinzipien der Wahrhaftigkeit und Gerechtigkeit dazu verpflichtet, nichtmenschliche Tiere ebenfalls als Selbstzweck zu respektieren, ihnen gegenüber die Prinzipien der Nichtschädigung und des Wohltuns zu befolgen und sie ihren eigenen artspezifischen Bedürfnissen entsprechend zu behandeln. Auch wenn Tiere kein Selbstbewusstsein wie der Mensch haben, verfügen sie doch über die Fähigkeit einer *impliziten Selbstbezüglichkeit*.[58] Sie haben eine unmittelbare Wahrnehmung ihrer eigenen Freuden und Ängste, ihrer Schmerzen und Leiden. Implizit nenne ich diese, weil sie präsent ist, obwohl das Tier nicht explizit darauf reflektiert, was

---

55 Vgl. Jahr: Bio-Ethik (Anm. 1), S. 2.
56 Vgl. Jahr: Bio-Ethik (Anm. 1), S. 3; Jahr: Tierschutz und Ethik (Anm. 26), S. 101.
57 Jahr: Bio-Ethik (Anm. 1), S. 2. Im Original durch Sperrung statt Kursivierung hervorgehoben.
58 Vgl. Eve-Marie Engels: Orientierung an der Natur? Zur Ethik der Mensch-Tier-Beziehung. In: Manuel Schneider (Hg.): Den Tieren gerecht werden. Zur Ethik und Kultur der Mensch-Tier-Beziehung. Kassel 2001, S. 68–87, hier: S. 72f.

bei vielen Emotionen auch für den Menschen zutrifft. Wenn Tieren verschiedene Verhaltens- und Ernährungsmöglichkeiten als Optionen angeboten werden, wählen sie die für sie angenehmen Möglichkeiten und vermeiden suboptimale und schädigende Situationen. Tiere haben daher einen Selbstwert und sind damit Selbstzweck, den wir zu respektieren haben.

Der Philosoph Karl Christian Friedrich Krause, den Jahr mehrfach erwähnt, spricht sich in seinem *System der Rechtsphilosophie* für die Anerkennung von Tierrechten aus: Tiere, insbesondere Haustiere, seien Wesen, die

> alles Eigenthümliche zeigen, was die unterste Stufe der geistigen Persönlichkeit ausdrückt; sie haben Selbstgefühl, sie empfinden Lust und Schmerz, sie haben Vorstellungen in Phantasie, ja sie bestimmen sich nach Gemeinbegriffen, indem sie überall in verschiedenen Individuen derselben Gattung doch dieselbe Gattung wiedererkennen, z.B. jeden Menschen als Menschen unterscheiden, jedes Thier ihrer eigenen Gattung als solches erkennen, und jedes Thier einer andern Gattung auch demgemäss unterscheiden und anwirken. Es sind Dies also geistige Wesen, aber festgehalten auf dieser niedrigsten Stufe, so dass sie den Kreis dieser Beschränktheit nicht zu überschreiten vermögen, noch ihn zu überschreiten bestimmt sind. Wird nun diese Ansicht als richtig befunden, so ergibt sich, dass die Thiere allerdings ein bestimmtes Gebiet ihres Rechts haben, dass ihnen nämlich die zeitlich-freien Bedingnisse der Vollführung ihres rein thierischen Lebens geleistet werden, dass sie also z.B. ein Recht haben auf leibliches Wohlbefinden, auf Schmerzlosigkeit, auf die erforderlichen Nahrungsmittel; aber dagegen ergibt sich zugleich, dass, da die Thierheit ein untergeordnetes Glied ist in dem Organismus aller persönlichen Wesen, auch die Thiere von ihrer Seite bestimmt sind Wesentliches mitzuwirken für die Erreichung der Vernunftzwecke der höhern Vernunftwesen z.B. der Menschen, dass also die Menschheit Befugniss hat sie zu vernunftgemässer Arbeit zu benutzen, und das Gebiet ihrer äussern Freiheit so zu beschränken wie es dem Vernunftzwecke der Menschheit gemäss ist.[59]

In der Anwendung auf Pflanzen wäre diese Argumentation entsprechend ihrer organischen Konstitution zu modifizieren. Auch auf pflanzliche Lebewesen sind Begriffe wie Wohltun und Schädigung anwendbar, Pflanzen können gedeihen und welken, aufblühen und eingehen. Nach Krause müssen wir auch Pflanzen ihr Recht zuschreiben, wenn sie eine Seele haben, was von verschiedenen Völkern und Wissenschaftssystemen angenommen werde. Sofern diese Annahme jedoch nicht gemacht werde, wenden wir auf Pflanzen den Begriff des Rechts gar nicht an.[60] In abgewandelter Form können wir Jahrs Ermahnung für den Tierschutz auch bei Pflanzen anwenden: Ein „zweckmäßiger, leistungsfähiger" Pflanzenschutz ist

---

59 Karl Christian Friedrich Krause: Das System der Rechtsphilosophie. Vorlesungen für Gebildete aus allen Ständen. Leipzig 1874, S. 246.
60 Vgl. Krause: System der Rechtsphilosophie (Anm. 59), S. 28.

„nur dann gut möglich, wenn genügende Naturerkenntnis und wenigstens einiges Naturverständnis vorhanden ist."[61]

Über solche Argumentationsgänge lässt sich die Brücke zwischen der Biopsychik und der Bioethik schlagen und im Sinne Jahrs der bioethische Imperativ formulieren: „Achte jedes Lebewesen grundsätzlich als einen Selbstzweck und behandle es nach Möglichkeit als solchen!"[62] Doch sind wir durch die ethischen Verpflichtungen gegenüber Tieren und erst recht gegenüber Pflanzen nicht überfordert? Ist der bioethische Imperativ überhaupt praxistauglich, oder ist seine Realisation eine *Utopie* – eine Frage, die Jahr selbst stellt. Er weist diesen möglichen Einwand mit mehreren Argumenten zurück und beruft sich dabei teilweise auf Schleiermacher und Krause. Pflanze, Tier und Mensch seien danach „gleichberechtigt, allerdings nicht zu gleichem, sondern ein jedes nur zu dem, was ein notwendiges Erfordernis zur Erreichung seiner Bestimmung" ist.[63] Bei der Behandlung anderer Lebewesen sind also ihre artspezifischen Bedürfnisse zu berücksichtigen. Jahr geht davon aus, dass Tiere weitaus weniger Bedürfnisse als der Mensch haben und ihre Bedürfnisse zudem inhaltlich „weniger kompliziert" seien als die des Menschen. Dies gelte umso mehr für Pflanzen, „so daß die ethischen Verpflichtungen, die schon gegen das Tier (wenn auch nicht grundsätzlich, so doch praktisch) geringer sind, gegen sie noch viel weniger Schwierigkeiten bereiten."[64]

Das bedeutet, dass wir grundsätzlich die gleichen ethischen Verpflichtungen gegenüber Menschen, Tieren und Pflanzen haben, indem wir sie alle als Selbstzweck achten müssen, unsere Verpflichtungen aber in Abhängigkeit von den Besonderheiten der betreffenden Lebewesen unterschiedlich zu buchstabieren und dementsprechend in die Praxis umzusetzen sind. Die Forderung nach Gleichberechtigung von Pflanzen, Tieren und Menschen beinhaltet eine gleiche Berücksichtigung ihrer Bedürfnisse und Interessen. Wir dürfen sie nicht weniger beachten, nicht weniger ernst nehmen als menschliche Bedürfnisse und Interessen, nur weil es nichtmenschliche Lebewesen sind. Aber diese gleiche Berücksichtigung beinhaltet keine Gleichbehandlung in jeder Hinsicht. Gotthard M. Teutsch bezieht sich auf das Prinzip der Gleichbehandlung als „essentielles Prinzip der Gerechtigkeit". Der Gleichheitsgrundsatz besteht aus „dem Gebot zur Gleichbehandlung im Gleichheitsfall und dem Gebot zur Andersbehandlung im Falle eines Verschiedenseins".[65] Gleiche Wesen sind also gleich und ungleiche Wesen unterschiedlich zu behandeln,

---

61 Vgl. Jahr: Tierschutz und Ethik (Anm. 26), S. 101.
62 Jahr: Wissenschaft vom Leben und Sittenlehre (Anm. 13), S. 605, im Original Fettdruck.
63 Vgl. Jahr: Bio-Ethik (Anm. 1), S. 3; Jahr: Tierschutz und Ethik (Anm. 26), S. 101.
64 Jahr: Drei Studien zum 5. Gebot (Anm. 43), S. 187.
65 Gotthard M. Teutsch: Lexikon der Tierschutzethik. Göttingen 1987, S. 77.

wobei wir uns an ihren jeweiligen Besonderheiten zu orientieren haben. Gerechtigkeit kann also eine unterschiedliche Behandlung von Lebewesen zum Zweck der gleichen Berücksichtigung ihrer Bedürfnisse und Interessen bedeuten. Auch Peter Singer weist darauf hin, dass die Gleichheit aller Tiere im Sinne des Prinzips einer gleichen Berücksichtigung ihrer Interessen zu verstehen ist, nicht im Sinne einer Gleichbehandlung aller.[66]

In Bezug auf Jahrs Einschätzung tierischer und pflanzlicher Bedürfnisse ist jedoch eine gewisse Vorsicht geboten, denn diese Bedürfnisse sollten nicht unterschätzt werden. Vor allem in der Nachfolge von Darwin haben Tierpsychologie, kognitive Ethologie und die Erforschung des Sozialverhaltens von Tieren große Erkenntnisfortschritte erzielt, sodass wir immer neue Einblicke in deren Komplexität gewinnen. Dies sollte uns nicht davon abhalten, auch einen anspruchsvolleren und aufwändigeren Tier- und Pflanzenschutz zu praktizieren, wenn sich die Bedürfnisse von Tieren und Pflanzen als komplexer erweisen als bisher angenommen wurde, was sicherlich auch im Sinne Jahrs wäre.

Jahr äußert sich auch kritisch zu übertriebenen Formen des Naturschutzes wie den „fanatischen Selbstschädigungen der Yogaschule",[67] für deren Mitglieder nicht nur das Töten von Tieren zur Ernährung verboten ist, sondern die auch weitgehend auf Pflanzenkost verzichten sollen. „Die Sucht, keinem Lebewesen bei der Selbsterhaltung zu schaden, führt auch noch heute gewisse indische Büßer dazu, sich von Pferdemist zu nähren."[68]

Ein anderes Beispiel ist ein Inder, Angehöriger einer verachteten Kaste, der sich weigert, eine giftige Schlange zu töten, „weil ‚auch die Schlangen unsere Brüder und Schwestern sind'".[69] Unsere Anschauungen vom Pflanzen- und Tierschutz beruhen nach Jahr auf wesentlich anderen Auffassungen als denen in den genannten Beispielen.

> [W]ir halten es sogar für unsere Pflicht, schädliche Tiere zu töten, wenn wir können. Wir lassen auch Haustiere vom Schlächter töten oder harmloses Wild vom Jäger erlegen, weil wir Fleisch essen wollen, das manche Leute in unseren Gegenden nicht entbehren zu

---

66 Vgl. Peter Singer: Practical Ethics. 3. Auflage, Cambridge 2011, Kap. 2 und 3. Singer spricht von „equal consideration of interests". Die deutsche Übersetzung der 2. Auflage „gleiche Interessenabwägung" trifft dies nicht genau. Es geht bei Singer um eine gleiche *Berücksichtigung* von Interessen. Der Begriff „Interessen*er*wägung" wäre daher angemessener.
67 Jahr: Bio-Ethik (Anm. 1), S. 3.
68 Jahr: Bio-Ethik (Anm. 1), S. 2.
69 Jahr: Bio-Ethik (Anm. 1), S. 3. Jahr bezieht sich bei diesem Beispiel auf den Roman *Der heilige Haß* von Richard Voß.

können glauben, während in tropischen Ländern pflanzliche Nahrungsmittel in überreicher Fülle zur Verfügung stehen. Unser Tierschutz findet also eine Grenze an einem Nützlichkeitsgesichtspunkt, über den sich der Inder kühn hinwegsetzt, und wir begnügen uns damit, wenigstens unnütze Tierquälerei zu vermeiden.[70]

Da Jahr seinen bioethischen Imperativ als Umschreibung des 5. Gebotes versteht, scheint sich die Frage nach seinem utopischen Charakter umso mehr zu stellen, da es in unserer Kultur üblich ist, Tiere zu schlachten und zu töten.

[D]enn das Schlachten und Töten der Tiere, möge dieses letztere auch nur mittelbar geschehen durch Entziehung der notwendigen Lebensbedingungen infolge der Ausbreitung des Menschengeschlechtes, ist schlechterdings unvermeidlich. Der Kampf ums Dasein ist es, der uns diese Notwendigkeit auferlegt.[71]

Diese Äußerungen sind auch vor dem Hintergrund von Jahrs differenzierten individual- und sozialethischen Überlegungen zu Egoismus und Altruismus zu verstehen. Jahr ist realistisch genug zu sehen, dass wir Menschen als Lebewesen und Gesellschaftswesen nicht unter idealen Bedingungen handeln und durch die Widerständigkeiten der eigenen Natur und der äußeren Existenzbedingungen im Hier und Jetzt eingeschränkt sind. Egoismus und Altruismus sind für ihn „eine natürliche Gegebenheit des normalen menschlichen Seelenlebens", weshalb er mit diesen Begriffen zunächst einmal kein Werturteil beabsichtigt.[72] Egoismus als „Interesse am eigenen Ich" entspringt dem Selbsterhaltungstrieb und ist bei Pflanzen, Tieren und Menschen gegeben. Der Mensch verwendet „Nutzpflanzen" und „Nutztiere" für seine eigenen Zwecke. „Das letzte Motiv ist und bleibt eben der Selbsterhaltungstrieb und der Kampf ums Dasein des individuellen und kollektiven Ich."[73]

Beim Menschen zeigt sich der Egoismus besonders augenfällig in der Konkurrenz im Wirtschaftsleben sowohl im individuellen Geschäftsbereich als auch auf der Ebene der Volks- und Weltwirtschaft. Jahr versteht dies nicht ohne Weiteres als „abfällige Kritik", da der Egoismus oder die „egozentrische Einstellung und der Kampf ums Dasein ein äußerst bedeutungsvolles Agens für das Entstehen und die Fortentwicklung der Zivilisation, bezw. der Kultur" und für den Einzelnen und die Allgemeinheit „von den segensreichsten Folgen" sei, „obgleich

---

70 Jahr: Bio-Ethik (Anm. 1), S. 4.
71 Jahr: Tod und Tiere (Anm. 14), S. 5.
72 Fritz Jahr: Zwei ethische Grundprobleme in ihrem Gegensatz und in ihrer Vereinigung im sozialen Leben. In: Ethik. Sexual- und Gesellschaftsethik 5/5 (1929), S. 341–346, hier: S. 341, S. 343.
73 Jahr: Zwei ethische Grundprobleme (Anm. 72), S. 342.

solche ursprünglich nicht geplant waren."⁷⁴ Auch der Altruismus gehöre zur Natur des Menschen und äußere sich als „Gefühl für Recht und Billigkeit, Mitgefühl, Mitleid, Liebe". Als einleuchtendes Beispiel nennt Jahr den „Tierschutz aus reinem Mitgefühl, wie ihn Schopenhauer und Richard Wagner verstehen und wie ihn die modernen Tierschutzvereine und die Tierschutzgesetzgebung auffassen."⁷⁵ Egoismus und Altruismus treten als solche meist jedoch nicht in reiner Form ohne Einschlag des anderen auf, sie bilden keine unvereinbaren ethischen Gegensätze, wie Jahr auch anhand zahlreicher Bibelzitate nachweist, von denen eines der bekanntesten lautet: „Du sollst deinen Nächsten lieben wie dich selbst!"⁷⁶ Wir haben eine „Pflicht der Selbsterhaltung".⁷⁷ Die egozentrische Einstellung ist nach Jahr „als natürliches Phänomen zugleich ein allgemeines Menschenrecht" und kann bei verständiger Inanspruchnahme in den „Auswirkungen geradezu altruistisch" sein. Hierzu gehören eine gesunde Lebensweise, eine geregelte, auskömmliche Entlohnung und durchaus auch ein „Kampf ums Dasein, der in weitgehender Weise sich durch Recht und Billigkeit regulieren läßt".⁷⁸ Da der Egoismus aber häufig übertrieben werde, brauchen wir den Glauben an das „Ideal der Liebe" und damit den Altruismus als Erlösung vom übertriebenen Egoismus. Die Pflege dieses Ideals soll sich praktisch auswirken. Jahr denkt dabei an

> alle Arten der sozialen Fürsorge, besonders die Förderung der wirtschaftlich Schwachen, ohne Rücksicht darauf, ob es sich gerade rentiert oder nicht (zum Beispiel die Sorge für Alte und Gebrechliche. Genannt werden möge an dieser Stelle auch noch einmal der Tierschutz). Im übrigen geben die verschiedenen christlichen Kirchen genügende Anweisungen für die Arbeit im Dienste der Liebe.⁷⁹

Vor diesem Hintergrund ist Jahrs Zurückweisung des Einwandes zu verstehen, dass Tierschutz eine Utopie sei. Der Grundsatz des Kampfes ums Dasein

> beeinflußt ja auch, so sehr wir das vielleicht bedauern mögen, unser sittliches Verhalten gegen unsere Mitmenschen. Denn unser ganzes Leben und Treiben in der Politik, im Wirtschaftsleben, im Kontor, in der Werkstatt, auf dem Acker, es ist in seinen Ursachen und Zielen keineswegs in erster Linie auf die Liebe eingestellt, vielmehr aber auf Kampf mit irgendwelchen Mitbewerbern. Wir werden uns dessen meist nur nicht bewußt, solange dieser Kampf in gesetzlich erlaubter Weise geführt wird. In diesem Kampfe der Menschen

---

74   Jahr: Zwei ethische Grundprobleme (Anm. 72), S. 342f.
75   Jahr: Zwei ethische Grundprobleme (Anm. 72), S. 343.
76   Jahr: Zwei ethische Grundprobleme (Anm. 72), S. 343–346.
77   Jahr: Drei Studien zum 5. Gebot (Anm. 43), S. 184f.
78   Jahr: Zwei ethische Grundprobleme (Anm. 72), S. 345.
79   Jahr: Zwei ethische Grundprobleme (Anm. 72), S. 346.

ums Dasein wird auch mit vollem Bewußtsein Menschenkraft, Menschengesundheit und Menschenleben verbraucht, und das gilt nicht etwa nur für Kriegszeiten, sondern auch für das „friedliche" Leben der fortschreitenden Kulturentwicklung, besonders in manchen Industriezweigen. Trotz alledem wird niemand das 5. Gebot als eine utopische Forderung ansehen. Und da das Verhalten gegen die Tiere, wenn es durch den Kampf ums Dasein bestimmt wird, grundsätzlich nicht aus dem Rahmen unseres Verhaltens gegen die Menschen herausfällt, so kann und muß das Gebot als Ideal, als Richtungspunkt unseres sittlichen Vorwärtsstrebens, auch hier seine Geltung behalten.[80]

Auch wenn – oder gar weil – Tierschutz wie unser gesamtes Handeln, auch das gegenüber unseren Mitmenschen, immer nur unter Grenzbedingungen möglich ist, haben wir uns am Ideal zu orientieren.

Die Diskrepanz zwischen den Idealnormen und den Spielregeln der gesellschaftlichen Praxis, die uns nicht daran hindert, an den Idealnormen zur Regelung des menschlichen Zusammenseins festzuhalten, sollte nach Jahr auch kein Grund sein, Idealnormen zur Regulierung unserer Beziehung zu Tieren preiszugeben. „Innerhalb dieser Grenzen bleiben immer noch zahlreiche Möglichkeiten zur bioethischen Betätigung."[81]

Jahr nennt die Tierschutzparagrafen in den Strafgesetzbüchern der verschiedenen Kulturländer als Anleitung dazu, wie die bioethische Betätigung innerhalb dieser Grenzen erfolgen kann.

Die Forderung, auch das tierische Leben zu schonen, hat *absolute Geltung*, ohne jede Rücksicht darauf, ob uns ein äußerer Vorteil daraus erwächst, wie denn überhaupt die Ethik nach solchen Dingen nicht fragt und nicht fragen darf.[82]

Dies sollte eine Verpflichtung zum Vegetarismus einschließen, da der Verzehr von Fleisch für unser Leben und unsere Gesundheit nicht notwendig ist. Eine derartige Forderung hat Jahr nach den mir bekannten Quellen jedoch nicht gestellt. Er mag sie aber zumindest angedeutet haben mit seiner Formulierung, dass „manche Leute in unseren Gegenden" Fleisch „nicht entbehren zu können *glauben*".[83] Jahr verweist an anderer Stelle auf Schleiermacher und Krause, nach denen Tiere und Pflanzen nicht ohne vernünftigen Zweck getötet bzw. zerstört werden dürfen.[84] Auf dem Gebiet der Pflanzenethik – dem Tierschutz analoge Pflanzenschutzgesetze gibt es nicht – weise „uns unser *Gefühl* den Weg", wenn

---

80 Jahr: Tod und Tiere (Anm. 14), S. 5f.; vgl. auch Jahr: Tierschutz und Ethik (Anm. 26), S. 101.
81 Jahr: Drei Studien zum 5. Gebot (Anm. 43), S. 187.
82 Jahr: Tod und Tiere (Anm. 14), S. 6. Hervorhebung von E.-M. E.
83 Jahr: Bio-Ethik (Anm. 1), S. 4; Kursivsetzung von E.-M. E.
84 Vgl. Jahr: Tierschutz und Ethik (Anm. 26), S. 101.

es uns von sinnloser Zerstörung von Pflanzen abhält.[85] Als Beispiele für eine solch sinnlose Zerstörung nennt Jahr in Bezug auf Pflanzen das „Köpfen" von Pflanzen während eines Spaziergangs „rechts und links von unserem Wege mit dem Spazierstock", das Pflücken und achtlose Wegwerfen von Blumen und den „blinden Zerstörungstrieb roher Burschen, welche die Kronen junger Bäume an der Landstraße oder im Walde abknicken."[86]

Diese Stellen erinnern an die Überlegungen des Theologen, Philosophen und Mediziners Albert Schweitzer (1875–1965) in seinem bekannten Artikel *Die Ethik der Ehrfurcht vor dem Leben* von 1923.[87]

> Wo ich irgendwelches Leben schädige, muß ich mir darüber klar sein, ob es notwendig ist. Über das Unvermeidliche darf ich in nichts hinausgehen, auch nicht in scheinbar Unbedeutendem. Der Landmann, der auf seiner Wiese tausend Blumen zur Nahrung für seine Kühe hingemäht hat, soll sich hüten, auf dem Heimweg in geistlosem Zeitvertreib eine Blume am Rande der Landstraße zu köpfen, denn damit vergeht er sich an Leben, ohne unter der Gewalt der Notwendigkeit zu stehen.[88]

Notwendig ist in diesem Fall das Mähen, die Schädigung der Pflanzen, weil die Tiere für ihre Lebenserhaltung Futter benötigen. In jedem einzelnen Fall muss reflektiert entschieden werden, ob eine solche Notwendigkeit der Opferung von Leben gegeben ist.

> Diejenigen, die an Tieren Operationen oder Medikamente versuchen oder ihnen Krankheiten einimpfen, um mit den gewonnenen Resultaten Menschen Hilfe bringen zu können, dürfen sich nie allgemein dabei beruhigen, daß ihr grausames Tun einen wertvollen Zweck verfolge. In jedem einzelnen Falle müssen sie erwogen haben, ob wirklich Notwendigkeit vorliegt, einem Tiere dieses Opfer für die Menschheit aufzuerlegen. (…) Ein Zwang, aller Kreatur alles irgend mögliche Gute anzutun, ergibt sich daraus für jeden von uns. Indem ich einem Insekt aus seiner Not helfe, tue ich nichts anderes, als daß ich versuche, etwas von der immer neuen Schuld der Menschen an die Kreatur abzutragen.[89]

Auch Jahr lehnt Tierversuche nicht rundweg ab, sondern ist der Auffassung, dass wir „uns heute als Wahrheitssucher aufgeben [würden], wenn wir die

---

85 Vgl. Jahr: Tierschutz und Ethik (Anm. 26), S. 102. Kursivsetzung von E.-M. E.
86 Jahr: Tierschutz und Ethik (Anm. 26), S. 102.
87 Vgl. Albert Schweitzer: Die Ethik der Ehrfurcht vor dem Leben. Verfall und Wiederaufbau der Kultur. Kultur und Ethik. In: Claus Günzler (Hg.): Kulturphilosophie. München 2007, S. 306–328. Die 1. Auflage erschien 1923.
88 Schweitzer: Ethik der Ehrfurcht (Anm. 87), S. 317.
89 Schweitzer: Ethik der Ehrfurcht (Anm. 87), S. 317.

Erfolge der Tierexperimente, Blutversuche, Serumforschung u.v.a. ablehnen wollten."[90]

Allerdings schränkt er den ethisch vertretbaren Umgang mit Tieren und Pflanzen ein, indem er als Höhepunkte die Tierethiken von Schleiermacher und Krause anführt, welche die Zerstörung von Pflanzen und Tieren ohne „vernünftigen Zweck" als unsittlich zurückweisen.

> Denn sie alle, die Pflanzen und die Tiere ebenso wie der Mensch, seien gleichberechtigt; allerdings nicht zu gleichem, sondern ein jedes nur zu dem, was ein notwendiges Erfordernis zur Erreichung seiner Bestimmung ist.[91]

Die bei Schweitzer angesprochene Notwendigkeit der Tötung von Tieren, die bei Jahr mit dem Begriff des „vernünftigen Zwecks" angesprochen wird, ist jedoch keine fixe Größe. Sie hängt von den Erkenntnisinteressen der Menschen, vom Stand der Wissenschaft und der experimentellen Forschung ab. Im Laufe einer zunehmenden Sensibilisierung für den Tierschutz gibt es heute auf wissenschaftlicher und politischer Ebene länderübergreifende Bemühungen, die „3 R"-Prinzipien (Replacement, Reduction, Refinement) anzuwenden. Diese von William Russell und Rex Burch 1959 eingeführten Prinzipien dienen der Abschaffung der Unmenschlichkeit („removal of inhumanity") gegenüber Versuchstieren. Die Autoren fordern, Tierversuche langfristig ganz zu ersetzen (Replacement), bereits jetzt die Anzahl der verwendeten Versuchstiere soweit wie möglich zu reduzieren (Reduction) und besonders belastende, „inhumane" Tierversuche, solange diese noch durchgeführt werden, in Anzahl und Schweregrad zu vermindern (Refinement).[92] Die revidierte Versuchstierrichtlinie der EU vom 22.9.2010, die derzeit in die Tierschutzgesetze aller europäischen Staaten eingearbeitet wird, sei hier als Beispiel für die Bemühungen um eine Realisierung dieser Prinzipien genannt.[93]

Jahr stellt schließlich die Frage nach den Wirkungen, welche

> die Ausdehnung unserer sittlichen Verpflichtungen über den Menschen hinaus auf die Tiere auf unser Verhältnis zu unseren Mitmenschen [hat]. Ist nicht zu befürchten, daß unsere

---

90 Jahr: Bio-Ethik (Anm. 1), S. 2.
91 Jahr: Tierschutz und Ethik (Anm. 26), S. 101.
92 Vgl. William M. S. Russell, Rex L. Burch: The principles of humane experimental technique. Potters Bar 1992, S. 64.
93 Vgl. Richtlinie 2010/63/EU des Europäischen Parlaments und des Rates vom 22. September 2010 zum Schutz der für wissenschaftliche Zwecke verwendeten Tiere. Zugriff unter: http://eurlex.europa.eu/LexUriServ/LexUriServ.do?uri=OJ:L:2010:276:0033:0079:de:PDF (Stand: 13.4.2014).

Aufmerksamkeit von der Not der letzteren abgelenkt wird, wenn wir unser Augenmerk auf die ersteren richten?[94]

Das Gegenteil ist nach Jahr der Fall, denn Tierschutz kann von größter Relevanz für die *Gesellschaftsethik* sein. Dabei stützt er sich auf Kant, wonach die schonende Behandlung von Tieren eine „Pflicht des Menschen gegen sich selbst" sei.[95]

Jahr bietet für seine Bioethik eine zweifache normative Begründung an: Zum einen den bioethischen Imperativ mit der Forderung, alle Lebewesen als einen Selbstzweck zu achten.

> Und wenn man die absolute Geltung dieses Grundsatzes, soweit er sich eben auf die Tiere und Pflanzen bezieht, nicht anerkennen will, so möge man ihn, um schon Gesagtes zu wiederholen, mit Rücksicht auf die sittlichen Verpflichtungen gegen die gesamte menschliche Gesellschaft dennoch befolgen.[96]

Somit öffnet sich Jahr unbeschadet seiner eigenen Biozentrik im Dienste der Realisation seiner bioethischen Ziele aus pragmatischen Gründen für anders begründete bioethische Positionen und hofft auf die positive Konvergenz ihrer Ergebnisse für alles Lebendige und für die menschliche Gesellschaft.

3. Resümee

Fritz Jahr kann zu Recht als Vater einer interdisziplinären anwendungsbezogenen Bioethik gewürdigt werden. Dies nicht nur, weil er nach unserem bisherigen Wissen den Begriff der Bioethik prägte, sondern auch, weil das von ihm vorgestellte Konzept der Bioethik in seinen Grundzügen Elemente und konzeptionelle Überlegungen umfasst, die wir heute mit einer interdisziplinären anwendungsbezogenen Bioethik verbinden. Damit soll nicht gesagt werden, dass Jahr „der" Vater der Bioethik ist, wohl aber, dass er ihr Pionier ist. In gewisser Weise kann er als Vorläufer von Van Rensselaer Potter (1911–2001) betrachtet werden, der 1970/71 den Begriff „bioethics" vorschlug und unter dem Eindruck weltweiter ökologischer Probleme für die Etablierung einer neuen Disziplin plädierte. Potter verstand die Bioethik in zweifachem Sinn als „Brückendisziplin", als Brücke in die Zukunft („bridge to the future") und als Brücke zur Überwindung der unfruchtbaren Kluft zwischen den „two cultures", den Natur- und Humanwissenschaften.

---

94 Jahr: Tod und Tiere (Anm. 14), S. 6.
95 Vgl. Jahr: Tod und Tiere (Anm. 14), S. 6; Jahr: Tierschutz und Ethik (Anm. 26), S. 101.
96 Jahr: Tierschutz und Ethik (Anm. 26), S. 102.

Die Bioethik sollte Wertbetrachtungen und Wissenschaft zusammenführen.[97] Jahr vertritt eine *inklusive Bioethik* und schließt Pflanzen, Tiere und den Menschen als Schutzgüter bioethischer Reflexion ein. Begründungstheoretisch vertritt er eine *Biozentrik*, ist jedoch offen für die Anerkennung anderer Positionen in ihrer Bedeutung für das moralische Handeln. Damit weist er sich als Brückenbauer zwischen den unterschiedlichen bioethischen Positionen aus. Kants Ansatz ist für ihn wegen seiner natur-, tier- und sozialethischen Konsequenzen in praktischer Hinsicht attraktiv, obwohl Jahr mit seinem bioethischen Imperativ über Kants kategorischen Imperativ hinausgeht.

Jahr macht auf den Zusammenhang zwischen Biologie, Tierschutz und Ethik aufmerksam. Wir können Tiere nur angemessen schützen, wenn wir ihre jeweilige physiologische Ausstattung und ihre Bedürfnisse kennen. Die Begründung für den Tierschutz könne wiederum nur die Ethik leisten. Insofern weist Jahr auf die Bedeutung des naturkundlichen Unterrichts für die Gesinnungsbildung hin. Dies gelte nicht nur für den Tierschutz, sondern auch für den Schutz von Pflanzen und den Naturschutz insgesamt.

> Für den Unterricht ergibt sich daraus die Möglichkeit, auch in den naturkundlichen Fächern auf die Gesinnung bildend einzuwirken. Dadurch erhalten diese Fächer in gewisser Weise den Rang von Gesinnungsfächern. Im Hinblick auf die sehr zeitgemäße Forderung des Naturschutzes ist diese Tatsache von der größten Bedeutung: Derselbe braucht nicht mehr rein ästhetisch begründet zu werden, etwa durch den Hinweis darauf, daß es häßlich sei, Tiere zu quälen, Pflanzen sinnlos zu zerstören und Gottes freie Natur durch hingeworfenes Papier, Eierschalen oder Glasscherben zu verunstalten, sondern er wird zu einer ernsthaften Forderung der Sittenlehre erhoben.[98]

Jahr plädiert damit bereits 1926 für eine Ethik in den Biowissenschaften bzw. Naturwissenschaften.

---

97 Vgl. Van Rensselaer Potter: Bioethics, the science of survival. In: Perspectives in Biology and Medicine 14/1 (1970), S. 127–153; Van Rensselaer Potter: Bioethics. Bridge to the future. Englewood Cliffs 1971; Van Rensselaer Potter. Global Bioethics. Building on the Leopold legacy. East Lansing 1988; Eve-Marie Engels: Bioethik. In: Christoph Auffarth, Hubert Mohr (Hg.): Metzler Lexikon Religion. Gegenwart – Alltag – Medien. Bd. 1. Stuttgart, Weimar 1999, S. 159–164.
98 Jahr: Wissenschaft vom Leben und Sittenlehre (Anm. 13), S. 605.

Vom Gesinnungsunterricht zur Gentechnik. Zur Relevanz der Gedanken Fritz Jahrs für heutige bioethische Debatten

Nikolaus Knoepffler und Johannes Achatz

Zusammenfassung

Der Begriff der Gesinnung, wie ihn Fritz Jahr verwendet, hat im Laufe der letzten 150 Jahre an Bedeutung verloren. Können die Gedanken des Vaters der Bioethik dennoch auf aktuelle Herausforderungen wie den Umgang mit Gentechnik fruchtbar angewandt werden? An zwei Beispielen aus dem Bereich der Grünen Gentechnik und der Diskussion um die Präimplantationsdiagnostik wird diese Frage untersucht und Fritz Jahrs Thesen zum Gesinnungsunterricht werden erfolgreich auf aktuelle bioethische Debatten übertragen.

Abstract

The German term "Gesinnung" has lost much of its importance since the 1850s and it is hard to translate into other languages. Nonetheless it is one of the basic terms used by Fritz Jahr, father of bioethics. Are the basic terms of his argumentation yet fruitfully contributing to modern day discussions in the field of bioethics? Using two examples from debates on genetic engineering, "Gesinnung" will be cleared of its dust and successfully reapplied to pressing bioethical matters.

Fritz Jahr forderte 1930 eine „‚Demokratisierung' der Gesinnung" bzw. des „Gesinnungsunterrichts"[1] und machte sich dafür stark, „daß als Richtschnur für unser Handeln die bio-ethische Forderung gilt: Achte jedes Lebewesen grundsätzlich als einen Selbstzweck, und behandle es nach Möglichkeit als solchen!"[2] Nun ist zwar der Begriff der „Bioethik" heute recht geläufig, doch der Begriff der „Gesinnung" ist etwas aus der Mode gekommen. Eine kurze Suche nach der Verbreitung der Begriffe „Gesinnung", „Gesinnungsethik" und „Bioethik" im Bestand der deutschsprachigen Google-Books lässt eine seit 1850 bis heute abnehmende Verwendung von „Gesinnung" erkennen:[3]

---

1 Fritz Jahr: Gesinnungsdiktatur oder Gedankenfreiheit? Gedanken über eine liberale Gestaltung des Gesinnungsunterrichts (1930). In: Arnd T. May, Hans-Martin Sass (Hg.): Fritz Jahr. Aufsätze zur Bioethik 1927–1947. Münster 2012, S. 49–54, hier: S. 50.
2 Fritz Jahr: Bio-Ethik. Eine Umschau über die ethischen Beziehungen des Menschen zu Tier und Pflanze (1927). In: Arnd T. May, Hans-Martin Sass (Hg.): Fritz Jahr. Aufsätze zur Bioethik 1927–1947. Münster 2012, S. 7–14, hier: S. 12f.
3 Beide Tabellen wurden mit Googles NGram Viewer erzeugt. Suchbegriffe: „Gesinnung", „Gesinnungsethik" und „Bioethik". Zeitraum: 1800–2008. Corpus: German. Smoothing: 0. Unter: http://books.google.com/ngrams (Stand: 26.3.2013).

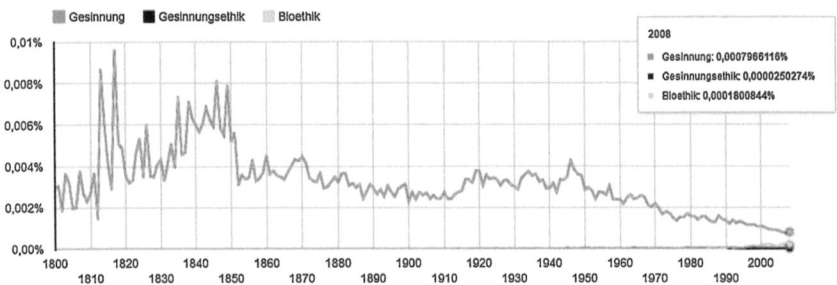

Abb. 1: Verwendung des Begriffs ‚Gesinnung' zwischen 1800 bis 2008 in deutschsprachigen Büchern auf Grundlage des Bestands von Google-Books

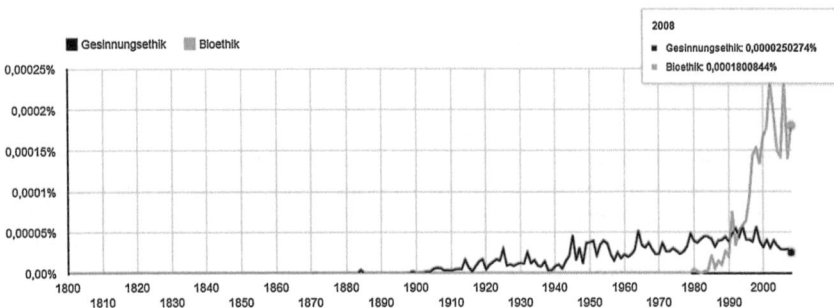

Abb. 2: Verwendung der Begriffe ‚Gesinnungsethik' und ‚Bioethik' zwischen 1800 bis 2008 in deutschsprachigen Büchern auf Grundlage des Bestands von Google-Books

Der Begriff der „Gesinnungsethik" wird erst ab 1900 zunehmend verwendet, doch wird er von dem um 1980 zu weiterer Verbreitung kommenden Begriff der „Bioethik" ab 1990 eingeholt und verliert seither an Bedeutung – sofern sich derartige Schlussfolgerungen aus dem unsystematischen Bestand der Google-Books überhaupt ziehen lassen.

Diese grob skizzierte Entwicklung von „Gesinnung" zu „Gesinnungsethik" und „Bioethik" lässt die Vermutung zu, dass Fritz Jahr den begriffsgeschichtlichen Weg von der Gesinnungs- zur Bioethik, den wir in den letzten 30 Jahren zurückgelegt haben, mehr als 50 Jahre zuvor schon vorbereitet und beschritten hat. Kann Fritz Jahrs Denken also über seine begriffsgeschichtlich bemerkenswerte Pioniertat hinaus auch heute noch von praktischer Relevanz sein? Um diese Frage zu beantworten, wird im Folgenden der Versuch unternommen, Fritz Jahrs Gedanken zu Gesinnungsunterricht und Bioethik von 1930 für aktuelle und ausdifferenzierte Diskussionen, wie den gesellschaftlichen Umgang mit den ab 1970 entstandenen Möglichkeiten moderner Gentechnik, fruchtbar zu machen.

Zunächst werden Fritz Jahrs Überlegungen in seinem Aufsatz von 1930 *Gesinnungsdiktatur oder Gedankenfreiheit. Gedanken über eine liberale Gestaltung des Gesinnungsunterrichts* dargestellt und analysiert. In einem zweiten Schritt wird dann auf die Frage der systematischen Relevanz von Fritz Jahrs Überlegungen für heutige Formen der Bioethik eingegangen.

Verfehlter Gesinnungsunterricht

Fritz Jahr beginnt seinen Aufsatz mit den Worten: „Die Gesinnung geht stets in irgendeiner Weise auf ein als sittlich empfundenes Werturteil zurück. Im Gegensatz zu jeder Gesinnung steht die Wissenschaft, indem sie solche Werturteile nicht als Grundlage ihrer Arbeit anerkennt."[4] Hier klingt ein hehres Bild der Wissenschaft an. Sie sei eine vorbehaltlose und auf „objektive[m] Denken"[5] beruhende Tätigkeit des Menschen, die sich nicht von Werturteilen (ver-)leiten lasse. Da Gesinnung ihrerseits auf Werturteilen fußt, steht sie nach Fritz Jahr im Gegensatz zu einer wissenschaftlichen Haltung. Doch wie lassen sich dann Forschungsziele, wie neue Krebsheilmethoden oder eine Linderung des Welthungerproblems mit Methoden der Gentechnik erklären, die in der Antragslyrik für neue Forschungsprojekte selbstverständlich sind? Die Erweiterung menschlichen Wissens, medizin- und biotechnischer Fortschritt zur Förderung menschlichen Lebens und von Lebensqualität sind gleichfalls positive Werte, die sich im weitesten Sinne auch als humanistische Gesinnung beschreiben ließe. Darf Wissenschaft nach Fritz Jahr sich von einer solchen Gesinnung leiten lassen?

Diese Frage lässt sich erhellen, wenn nachvollzogen wird, wie Fritz Jahr Wissenschaft mit dem Religionsunterricht kontrastiert:

> Bei dem Religionsunterricht im alten Stil steht von vornherein fest, daß die Religion, mehr noch das Christentum und vor allem eine bestimmte Konfession, die Gesinnung zu bestimmen habe, zunächst innerhalb des Unterrichts, aber auch für die spätere Zeit. Vergessen wird, daß der Glaube gerade nach christlicher Anschauung nicht anzudemonstrieren ist; vergessen wird, die Mängel der eigenen und die Vorzüge der fremden Konfession einzugestehen. Die Bibel und sonstige Werke religiöser Tendenz werden gern in der Weise benutzt, daß man sich Passendes heraussucht, Widersprechendes mit Stillschweigen übergeht oder den Sinn tendenziös verändert nach dem Grundsatz des Mephistopheles in Goethes „Faust": *„Im Auslegen seid frisch und munter. Legt ihr nichts aus, so legt was unter."*[6]

---

4 Jahr: Gesinnungsdiktatur oder Gedankenfreiheit (Anm. 1), S. 49.
5 Jahr: Gesinnungsdiktatur oder Gedankenfreiheit (Anm. 1), S. 49.
6 Jahr: Gesinnungsdiktatur oder Gedankenfreiheit (Anm. 1), S. 50.

Diese Entgegensetzung von Religion und Wissenschaft wendet sich gegen eine bestimmte Form des Religionsunterrichts als Gesinnungsdiktatur und ist damit keine diametrale, sondern eine abgestufte und differenzierte Entgegensetzung. Ihm ist nicht an einem generellen Gesinnungsverbot im Bereich der Wissenschaft gelegen, er kämpft vielmehr gegen eine unwissenschaftliche *Methode* im Unterricht und Umgang mit Gesinnungen.

Man könnte trotz der Betonung objektiven Denkens und dem Glauben an die Wertfreiheit der Wissenschaft bei Fritz Jahr durchaus postmoderne Züge erkennen, denn er stellt einerseits Wissenschaft mit Religion auf eine Stufe:

> Die christliche Religion ist auch nur ein Glaube. Aber sie besitzt durchaus nicht weniger Glaubwürdigkeit als der Glaube, der sich vernünftige oder wissenschaftliche Erkenntnis nennt. Vor allen Dingen aber: Dieser Glaube macht mich glücklich; denn er gibt mir geistige Güter, er ist die Religion der Liebe[,][7]

und wehrt sich andererseits gegen eine Reduktion aller Phänomene des sozialen Lebens auf eine Ethik reiner Vernunft: „Wer, wie Kant es will, nur die ‚Vernunft' allein walten lassen will, (…) tut außerdem den Phänomenen des menschlichen Seelenlebens Gewalt an."[8] Sowohl Gesinnungsdiktatur als ethischen Monismus lehnt Fritz Jahr damit ab, als auch einen in Ingenieur- und Naturwissenschaften verbreiteten physikalischen Reduktionismus, der keine Werturteile zulasse.[9] Doch auch diese Deutung hat ihre Grenzen.

Was Fritz Jahr am Beispiel des ‚alten' Religionsunterrichts als „Gesinnung" beschreibt, meint hier nicht, dass wir alles unter einem Vorverständnis bewerten, sondern die Einstellung, dass eine bestimmte Weltanschauung und ihre Überzeugungen bereits die Wahrheit sind. Dies wäre eine bloß negative Einschätzung. „Gesinnung" besagt hier auch nicht, was Fritz Jahr mit Blick auf Immanuel Kants

---

7 Fritz Jahr: Unsere Zweifel an Gott. Subjektive Gedanken beim Thema eines Anderen (1933). In: Arnd T. May, Hans-Martin Sass (Hg.): Fritz Jahr. Aufsätze zur Bioethik 1927–1947. Münster 2012, S. 55–57, hier: S. 56.

8 Fritz Jahr: Zwei ethische Grundprobleme in ihrem Gegensatz und ihrer Vereinigung im sozialen Leben (1928). In: Arnd T. May, Hans-Martin Sass (Hg.): Fritz Jahr. Aufsätze zur Bioethik 1927–1947. Münster 2012, S. 39–47, hier: S. 42.

9 Reduktionismuskritik an der Vorherrschaft von Technik und im naturwissenschaftlichen Weltbild wie sie von Martin Heidegger, Günther Anders, Hans Jonas und Hannah Arendt, aber auch von Theodor Adorno und Max Horkheimer vorgetragen wird, könnte hier eine Entsprechung in Fritz Jahrs Denken haben.

guten Willen in seinem Beitrag *Glaube und Werke in ihrem Gegensatz und ihrer Vereinigung*[10] verteidigt, nämlich eine Einstellung, die sich auch in entsprechenden aufbauenden Taten zeigt. Dies wäre eine rein positive Einschätzung.

Vielmehr hat die Gesinnung sowohl negativen als auch positiven Charakter, der nach Fritz Jahr erst durch einen wissenschaftlich-neutralen, objektiven methodischen Zugriff seine positiven Tendenzen entfalten kann. Es gilt zu verhindern, dass Gesinnung als (selbst) anerzogene Haltung teils reflektiert, teils als unbewusste Vorprägung die eigene Position zuungunsten anderer Sichtweisen verhärtet und sowohl das Austarieren der eigenen Wertungsschwerpunkte als auch die Abwägung gegenüberstehender Interessen in Konfliktsituationen und offenen Diskussionen blockiert. Eine Gesinnung ist also eine wertgeleitete Haltung, die kritischer Reflexion nicht nur offensteht, sondern ihrer in steter Bemühung bedarf, um ihr positives Potenzial zu erhalten. Mit diesem Zwischenergebnis zum Begriff der „Gesinnung" kann nun der Sprung in die Gegenwart zu aktuellen bioethischen Konfliktfällen gewagt werden.

Beispiele aus Diskussionen in der Bioethik

So veröffentlichte beispielsweise der Münchner Merkur am 20. Juni 2009 auf der ersten Seite des Bayernteils, der allen regionalen Blättern dieser Zeitung beiliegt, einen Beitrag von Thomas Schmidt mit dem Titel *Agro-Gentechnik macht Bauern abhängig*. Der Beitrag selbst ist auch im Internet frei zugänglich. Dort findet man ihn am selben Tag, aber im Titel der Internetadresse wird aus *Agro-Gentechnik macht Bauern abhängig* bezeichnenderweise „monsanto-genozid-an-bauern". Der Artikel selbst beginnt mit:

> Der US-Konzern Monsanto steht wegen seinem gentechnisch veränderten Saatgut immer wieder in der Kritik, doch niemand wählt so deutliche Worte, wie die indische Umweltschützerin Vandana Shiva. Sie wirft dem Unternehmen Genozid an 200 000 indischen Bauern vor.[11]

---

10 Fritz Jahr: Glauben und Werke in ihrem Gegensatz und in ihrer Vereinigung (1935). In: Arnd T. May, Hans-Martin Sass (Hg.): Fritz Jahr. Aufsätze zur Bioethik 1927–1947. Münster 2012, S. 91–98.
11 Thomas Schmidt: Umweltschützerin Vandana Shiva klagt Monsanto an: „Agro-Gentechnik macht Bauern abhängig". In: merkur-online.de (2009), unter: http://www.merkur-online.de/nachrichten/bayern/monsanto-genozid-an-bauern-mm-364408.html (Stand: 26.3.2013). Siehe auch: Nikolaus Knoepffler: Angewandte Ethik. Ein systematischer Leitfaden. Köln 2010, S. 257–260.

Wie lassen sich Fritz Jahrs Thesen zum Gesinnungsunterricht in dieser Darstellung eines Konfliktfalls der Gentechnik fruchtbar machen? Es wird weder der Begriff der „Gesinnung" gebraucht, noch wird von Religion oder Wissenschaft gesprochen. Doch es ist möglich, die wertgeleiteten Haltungen zu analysieren, die den Aussagen Schmidts zugrunde liegen.

Das gewählte Beispiel zeigt einen besonderen argumentativen Trick: Jeder Versuch, Aussagen wie „monsanto-genozid-an-bauern" direkt widersprechen zu wollen, würde wie eine Verharmlosung klingen, denn der rhetorische Rahmen des Beitrags lässt jede Gegenposition als eine Form der Völkermordsleugnung erscheinen. Ein solches sprachlich-argumentatives Manöver kann als ‚Framing' bezeichnet werden.[12] Anstatt den Sachverhalt selbst mit guten Argumenten und Evidenzen zu stützen, wird er in ein Umfeld gerückt, das automatisch eine bestimmte Gesinnung suggeriert (z.B. rücksichtslose Ausbeutung) und alle möglichen alternativen Positionen in einem schlechten Licht erscheinen lässt. Da Gentechnik nach dieser Gesinnung auf einer Ebene mit Völkermord steht, der wiederum eng mit nationalsozialistischen Verbrechen in Verbindung steht, damit von Grund auf schlecht ist und keine alternativen Sichtweisen zugelassen oder überhaupt berücksichtigt werden, kann in diesem Fall von „Gesinnungsdiktatur" im Sinne Fritz Jahrs gesprochen werden.

Leo Strauss hat diesen Vorgang auch als *reductio ad Hitlerum* bezeichnet: Wenn zur Sache selbst keine weiteren Fakten und Argumente gefunden werden können, wird einfach der Versuch unternommen, die Gegenseite zu diffamieren, indem man ihre Aussagen mit denen von Hitler vergleicht. Ob die Aussagen der Wahrheit entsprechen, ob sie gut oder schlecht begründet sind, spielt keine Rolle mehr, da sie mit denen Hitlers auf eine Ebene gestellt werden.[13] Fritz Jahrs Forderung, auch die eigenen Gesinnungen und deren Wertgrundlagen für Reflexionen offenzuhalten, entspricht ein solches Vorgehen keineswegs.

Ein weiteres Beispiel findet sich etwa bei Diskussionen um die Möglichkeiten der Präimplantationsdiagnostik:

---

12 Dieses ‚framing' ist gerade bei Diskussionen um den Einsatz und gesellschaftlichen Umgang mit Biotechnologien häufig zu bemerken. Siehe: Johannes Achatz, Martin O'Malley, Peter Kunzmann: Der Stand der ethischen Diskussionen um Synthetische Biologie. In: Kristian Köchy, Anja Hümpel (Hg.): Synthetische Biologie. Entwicklung einer neuen Ingenieurbiologie? Dornburg 2012, S. 165–190.

13 „Unfortunately, it does not go without saying that in our examination we must avoid the fallacy that in the last decades has frequently been used as a substitute for the *reductio ad absurdum*: the *reductio ad Hitlerum*. A view is not refuted by the fact that it happens to have been shared by Hitler." Siehe: Leo Strauss: Natural right and history. Chicago 1953, S. 42f.

Unterstellt, es gäbe eine der Präimplantationsdiagnostik parallele Entscheidung für geborene Menschen, ist die Parallele zu den schlimmsten Verbrechen des nationalsozialistischen Regimes offensichtlich. Denn es geht in der Sache nach um die Entscheidung, einer Person das Lebensrecht aufgrund bestimmter Eigenschaften abzusprechen. Das Bild der Selektions-Rampe in Auschwitz drängt sich ebenso auf wie die an behinderten Menschen durchgeführten „Euthanasie-Programme". Die Grundentscheidung, ob das Leben eines bestimmten Menschen „lebenswert" oder „lebensunwert" ist, wird anderen Menschen überlassen, die zudem ihr Urteil in Handlung, d.h. die Tötung des „unwerten" Lebens, umsetzen. Ein noch stärkeres „prinzipielles In-Frage-Stellen der Subjektqualität" eines Menschen ist nicht vorstellbar.[14]

Ute Sacksofsky stellt mit diesen Aussagen die Diagnosemöglichkeiten der Präimplantationsdiagnostik mit der „Tötung (…) ‚unwerten' Lebens" auf eine Stufe. Die Grundannahme, von der ausgehend Sacksofsky zu dieser drastischen Darstellung der Präimplantationsdiagnostik gelangt, lautet: „Der Embryo in vitro ist Träger des Grundrechts auf Menschenwürde."[15] Doch allein die Stichhaltigkeit dieser Überzeugung ist es nicht, die ihre Haltung zur Präimplantationsdiagnostik formt, denn zu Fragen der Abtreibung klingt die Position von Frau Sacksofsky völlig anders: „Im Ergebnis ist daher festzustellen, dass die Intensität des Lebensschutzes für den Embryo mit fortschreitender Entwicklung zunimmt, bis sie das dem geborenen Menschen zustehende Schutzniveau erreicht."[16] Im Fall der Abtreibung eines Embryos ist eine „Stufenlösung" für Sacksofsky denkbar, im Fall der Präimplantationsdiagnostik nicht:

Im Ergebnis verstößt die Präimplantationsdiagnostik gegen das Recht auf Menschenwürde und das Grundrecht auf körperliche Unversehrtheit des Embryos in vitro sowie gegen die objektive Dimension der Menschenwürde. Der Gesetzgeber hat insoweit keinen Spielraum. Präimplantationsdiagnostik muss verboten werden bzw. bleiben.[17]

Das Ergebnis der verhärteten Gesinnung ist auch hier eine Nulltoleranz gegen andere Überzeugungen, die sich nicht aus rein inhaltlichen Faktoren und Argumenten ergibt, sondern auch aus einem Framing des Sachverhalts im Sinne der *reductio ad Hitlerum*.

---

14 Ute Sacksofsky: Der verfassungsrechtliche Status des Embryos in vitro. unter: http://webarchiv.bundestag.de/archive/2007/0206/parlament/gremien/kommissionen/archiv14/medi/medi_gut_sac.pdf (Stand: 26.3.2013), S. 47. Vgl. zur Kritik ihrer Äußerungen ausführlicher: Nikolaus Knoepffler: Toleranz und Respekt in bioethischen Konfliktfällen. In: Nikolaus Knoepffler, Dagmar Schipanski, Stefan Lorenz Sorgner (Hg.): Humanbiotechnologie als gesellschaftliche Herausforderung. Freiburg i. Br. 2005, S. 161–177.
15 Sacksofsky: Status des Embryos in vitro (Anm. 14), S. 65.
16 Sacksofsky: Status des Embryos in vitro (Anm. 14), S. 28.
17 Sacksofsky: Status des Embryos in vitro (Anm. 14), S. 72f.

Fritz Jahr würde in Bezug auf beide Beispiele wohl kommentieren, dass „vergessen wird, die Mängel der eigenen und die Vorzüge der fremden"[18] Position überhaupt zur Kenntnis zu nehmen, da die „fremde" Position bereits unter dem Auschwitzverdikt, d.h. als das Böse schlechthin abgeurteilt ist.

Konkretion in Regeln und deren systematische Relevanz für bioethische Debatten

Mit Blick auf die eben angeführten Beispiele darf behauptet werden, dass Fritz Jahrs Gedanken nach wie vor von wesentlicher Bedeutung für aktuelle Debatten der Bioethik sein können. Es ist also durchaus möglich, Fritz Jahrs Begriff der „Gesinnung" aus den Klassenzimmern heraus und in die öffentlichen wie wissenschaftlichen Diskussionen bioethischer Fragen einzubringen.

Zum Teil wurden seine Forderungen auch schon umgesetzt: In den heutigen Debatten um Grüne Gentechnik und Präimplantationsdiagnostik kann die von Fritz Jahr angemahnte „‚Demokratisierung' der Gesinnung", bzw. des „Gesinnungsunterrichts"[19] der Form nach wiedergefunden werden, denn prinzipiell kann und soll sich jeder an der Diskussion um den gesellschaftlichen Umgang mit den neuen bioethischen Herausforderungen beteiligen. Doch wie gesehen, sind mit einer bloßen Demokratisierung der Diskurse noch nicht alle Probleme gelöst. Zwar werden keine Personen systematisch vom demokratischen Meinungs- und Entscheidungsfindungsprozess ausgeschlossen, doch fanden sich in der Formulierung der Positionen, beispielhaft von Schmidt zur Gentechnik und Sacksofsky zur Präimplantationsdiagnostik, rhetorische „Tricks", die einem Ausschluss bestimmter alternativen *Positionen* (nicht *Personen*) gleichkommen. Bieten Fritz Jahrs Überlegungen auch für diese innerdiskursive demokratische Herausforderung eine Lösung an?

Um diese Frage zu beantworten muss ein eingehender Blick in den von ihm erstellten Regelkatalog geworfen werden:

1. Keine feststehende, subjektive Gesinnung ist zu lehren.
2. Streng zu vermeiden ist es, eine vorgefaßte Gesinnung mit einer angeblichen Objektivität (...) zu verschleiern.
3. Es ist methodisch unzulässig, nur Passendes zu berücksichtigen und unbequeme Tatsachen zu verschweigen, abzuleugnen oder nach Bedarf zu verdrehen.
4. Stets sind verschiedene Gesinnungseinstellungen zu berücksichtigen.[20]

---

18 Jahr: Gesinnungsdiktatur oder Gedankenfreiheit (Anm. 1), S. 50.
19 Jahr: Gesinnungsdiktatur oder Gedankenfreiheit (Anm. 1), S. 50.
20 Jahr: Gesinnungsdiktatur oder Gedankenfreiheit (Anm. 1), S. 51f.

Diese ersten vier Regeln sind bereits von einiger systematischer Relevanz für aktuelle bioethische Debatten. Es wird der Verzicht gefordert, subjektive Überzeugungen als objektive Wahrheiten auszugeben. Das Framing von Monsantos Saatgutangebot als „Genozid an indischen Bauern" verbietet sich damit. Gefordert wird auch logische Stringenz der eigenen Forderung statt Auswahl nach Gutdünken und Verdrehen der Argumente bei anderen Positionen. Bei gleichbleibender Grundvoraussetzung, „[d]er Embryo in vitro ist Träger des Grundrechts auf Menschenwürde",[21] verbietet es sich damit, für den Bereich der Abtreibung eine andere „Logik" anzuwenden als bei der Präimplantationsdiagnostik. Nach Fritz Jahrs Regeln sind immer verschiedene Gesinnungseinstellungen zu berücksichtigen (Priniciple of Charity) und die Diffamierung anderer Positionen durch eine *reductio ad Hitlerum* verbietet sich.

5. Auch einander widersprechende Gesinnungen sind in ihren Vorzügen und Fehlern gleichmäßig-tendenzlos zu behandeln. (Nicht die eine durch eine rosige, die andere durch eine schwarze Brille betrachten.)
6. Wenn man eine persönliche Anschauung mitteilt, so sollte das stets unverbindlich geschehen. Auch darf man nicht vergessen, die Problematik dieser eigenen Gesinnung aufzuzeigen.
7. An Stelle jeder tendenziösen Gesinnungsmacherei ist den Schülern Gelegenheit zu geben, sich eine eigene Gesinnung zu bilden bzw. ihnen das objektive Material für eine spätere eigene Gesinnungsbildung zu geben.[22]

Demnach gilt es, ein Mindestmaß an Fairness in der Darstellung verschiedener Positionen einzuhalten. Negatives Framing verbietet sich also auch hier. Noch feinfühliger wird das Instrumentarium durch die Forderung, einer „tendenziösen Gesinnungsmacherei" vorzubeugen, indem sowohl die eigene, als auch andere Gesinnungen möglichst nüchtern vorgestellt werden, um Schülern bzw. Diskussionsteilnehmern die Chance auf eine möglichst objektive Einschätzung zu ermöglichen.

8. „Vernunft und Wissenschaft, des Menschen allerhöchste Kraft", darf nie bei der Bildung einer neuen bzw. bei der Kontrolle einer bereits bestehenden Gesinnung fehlen. Falsch ist daher der in einer in München erscheinenden Zeitung gebrachte Grundsatz: „Erst die Gesinnung, dann den Verstand". (...)
9. Man soll sich nicht darauf berufen, die Jugend sei nur reif für die Methode der Autorität, nicht für die Methode der Freiheit, eine Behauptung, die nicht ganz ohne Widerspruch bleiben dürfte. Aber wenn auch! Die Saat ist immer früher als die Ernte. Die praktischen Folgerungen für den Religionsunterricht ziehen die „Richtlinien für die Lehrpläne der höheren Schulen Preußens" in den methodischen Bemerkungen für die einzelnen

---

21 Sacksofsky: Status des Embryos in vitro (Anm. 14), S. 65.
22 Jahr: Gesinnungsdiktatur oder Gedankenfreiheit (Anm. 1), S. 52.

Unterrichtsfächer, wo ausdrücklich gesagt wird, daß sich der Religionsunterricht als Klassenunterricht damit begnügen muß, für die *spätere* Selbstentscheidung der Schüler geeignetes Material zu schaffen.

10. Und wenn auch einmal eine nicht wünschenswerte Gesinnung sich entwickelt, so ist nicht zu vergessen, daß solche Fälle nach der alten Erziehungs- und Unterrichtsmethode erst recht vorkommen können. Außerdem: Eine selbst erarbeitete Gesinnung ist besser als eine bloß übernommene, besser als eine kindliche und unreife Einstellung zur Gesinnungsfrage.[23]

In diesen letzten Regeln spricht sich Fritz Jahr noch einmal für Toleranz im Umgang mit Gesinnungen aus, die auch der grundgesetzlichen Garantie der Meinungsfreiheit (GG § 5, Abs. 1) entspricht. Damit spannen seine Regeln einen Bogen vom Schulunterricht zur Wissenschaft und übergreifen somit auch die Grundzüge demokratischer Meinungs- und Entscheidungsfindung.

Wenn Gesinnungen Gegenstand von Vernunft und Wissenschaft sein sollen, dann dürfen sie nicht auf Ignoranz der Empirie gegründet sein, keine Verletzung logischer Regeln beinhalten und nicht nur unüberprüfbare subjektive Überzeugungen sein – Gesinnungen sind zwar freie Überzeugungen, aber *frei* heißt nicht *beliebig*. Eine „‚Demokratisierung' der Gesinnung"[24] schließt ein immer neu zu überprüfendes Vorverständnis und immer neu zu überprüfende Voraussetzungen von Wissenschaftstheorie und jeweiligen Grundannahmen mit ein, wodurch Gesinnungen Gegenstand stetiger Weiterentwicklung, Verfeinerung und Diskussion sein können.

Überträgt man die Kernpunkte der Überlegungen Fritz Jahrs vom Schulunterricht auf aktuelle bioethische Debatten, so lassen sich drei wesentliche Regeln formulieren:

1. Naturwissenschaftlichen bzw. medizinischen Sachstand berücksichtigen.
2. Anwendung der grundlegenden Regeln guter wissenschaftlicher Praxis.
3. Hintanstellung eigener Überzeugungen, um möglichst objektiv bioethische Konfliktfälle zu analysieren und zu bewerten.

Ergebnis

Würden diese knappen drei Regeln auch beherzigt, so könnte es der demokratischen Diskussionskultur nur dienlich sein. Auch die Lagerbildung von biokonservativen

---

23 Jahr: Gesinnungsdiktatur oder Gedankenfreiheit (Anm. 1), S. 52f.
24 Jahr: Gesinnungsdiktatur oder Gedankenfreiheit (Anm. 1), S. 51.

und bioliberalen Positionen, die sich als verhärtete Fronten in den Debatten der Bioethik herausgebildet haben, könnte gemildert werden durch konsequente Anwendung von Fritz Jahrs Regeln 1 bis 4, die dem Toleranzprinzip (bzw. Principle of Charity) entsprechen. So bieten seine Überlegungen durchaus auch Antworten für innerdiskursive demokratische Herausforderungen aus dem Bereich der Bioethik.

Ist der Staub erst einmal von den Begriffen der „Gesinnung" und des „Gesinnungsunterrichts" gewischt, dann zeigt sich, dass Fritz Jahrs kleiner Aufsatz aus dem Jahr 1930 bis heute nichts an Aktualität verloren hat. Im Gegenteil zeigen heutige Debatten in der Bioethik, wie wesentlich seine so einfach klingenden Regeln für gelingende Debatten sein können.

Respect for Living Creatures and the Conflictual Nature of Fritz Jahr's Bioethics

Paweł Łuków

Zusammenfassung

Im Aufsatz wird vor dem Hintergrund der Konzeptionen von Potter und Hellegers, die das heutige Verständnis von Bioethik maßgeblich bestimmen, Jahrs Konzept einer Bioethik erörtert. Es wird argumentiert, dass Jahrs Idee der Tradition westlicher Philosophie folgt, die jedoch im Gegensatz zum gegenwärtigen Konzept von Bioethik steht. Dieses Konzept stammt aus der empirischen, praktischen Forschung und wird durch traditionelle ethische Perspektiven lediglich ergänzt. Für Jahr stellte sich der Bioethikansatz nicht als eine Antwort auf neue, durch Fragmentierung und Diversifizierung moralischer Gewissheiten entstehende Probleme dar, sondern als eine Neuinterpretation existierender moralischer Prinzipien, basierend auf neuen wissenschaftlichen Erkenntnissen. In diesem Sinn ist die Bioethik Jahrs kein neues Forschungsfeld mit dem Ziel, eine neue ethische Harmonie angesichts neuer Probleme zu präsentieren, sondern sie bleibt einer traditionellen Ethik verhaftet, welche die konstitutive Uneinigkeit des westlichen Denkens enthüllt.

Abstract

The paper discusses Fritz Jahr's concept of Bio-Ethik against the background of V. R. Potter's and A. Hellegers' concepts of bioethics which shaped its now dominant understanding. It is argued that in contrast to the current concept of bioethics, according to which it is an area of research and practice supplementing the traditional view of ethics, Jahr's idea extends the scope of application of existing principles as they have been understood by Western tradition. For Jahr bioethics was not a response to new problems created by moral fragmentation and disharmony but a reinterpretation of existing moral principles in view of new scientific data. In this way his *Bio-Ethik* is not a new field whose objective would be to build new ethical harmony in response to new problems but remains tied to older principles that reveal the ineradicable disunity constitutive of Western ethical thought.

It is a matter of course today to think of bioethics as a discipline that studies conflicts: between moral norms, between claims of individuals or groups, between people. Bioethicists analyze social and political conflicts associated with all kinds of collisions of values or claims. Teachers of medical ethics instruct their students how to identify moral conflicts encountered in medicine. The history of post-war bioethical thought shows that the discipline itself has emerged from studying moral conflict.

Bioethics is obviously founded on the awareness that conflict is ubiquitous. But it has also grown from the hope for systematic and reasonable conflict resolution – if not a permanent one, then at least a *modus vivendi* which will help individuals and groups arrive at some kind of reconciliation between diverse moral outlooks, values and individual attitudes. The hope is nourished by the belief in a possibility of universal adherence to a short list of core or fundamental moral values or principles, as can be seen in the current ethical orthodoxy in biomedicine which relies on respect for autonomy, avoidance of harm, benevolence, and justice.[1] These four principles seem to have been put forward as shared by all reflective human beings, or at least with the intention to make them shared by all. Even if not everyone is persuaded that the four principles should govern moral relationships in medical therapy and research, orthodoxy seems to hold the promise that the principles *can* be shared.

It is not my intention to question the bioethical orthodoxy of the four principles or the cogency of arguments intended to support them, nor to question the idea of their shareability. I did so elsewhere.[2] I am mentioning the orthodox viewpoint in order to use its conception of bioethics as a convenient background for my discussion of Fritz Jahr's idea of bioethics. I should like to focus on contrasts between Jahr's idea of bioethics and the one we owe to Van Rensselaer Potter and André Hellegers. The contrasts concern conflicting parts of the two views on the new field of practice and research. Against the background of the current concept of bioethics which sees moral conflict mostly as a practical challenge for human thought and action, I am going to argue that for Jahr conflict was not only a practical matter but also a defining characteristic of what he understood as ethics and, consequently, as bioethics. Given the conceptual framework of the Western moral and philosophical tradition the thinker from Halle subscribed to, Jahr offered not only an account of his own moral view of the world but also a diagnosis of a large portion of Western moral thought and tradition.

According to its current understanding which derives from Potter's and Hellegers' proposals, bioethics is a field of multidisciplinary study of the ethical aspects of developments in science and the consequences of this progress and of technological changes for humans, non-human animals and nature as a whole.[3] On the now

---

1   Tom L. Beauchamp, James F. Childress: Principles of Biomedical Ethics. 7th ed. New York 2013.
2   Paweł Łuków: Granice zgody. Autonomia zasad i dobro pacjenta. [Limits of Consent. The Autonomy of Principles and the Patient's Good]. Warszawa 2005.
3   The understandings of "bioethics" by the two authors differ significantly. For Potter bioethics addresses broad environmental issues whereas for Hellegers it was focused on ethical

dominant view on the field, bioethics comprises, among other things, the well-established subject of medical ethics, discussions of problems of the relationship between humans and other animals, environmental ethics, regulatory ethics and much more. Bioethics, so understood, supplements the study of ethics we know from philosophical literature by addressing specific problems which traditional moral philosophers treated as marginal, not infrequently leaving them to moralists, or could not address because the problems did not arise in their times.

Today's bioethics is also fairly independent of the established subject of philosophical ethics, despite the often misleading claim that bioethics is "applied ethics". A survey of the first four editions of the classic bioethics textbook by Beauchamp and Childress[4] suffices to see that, after presenting philosophical ethical theories, the authors go straight on to moral problems in medicine and hardly ever mention the theories introduced earlier. It seems that either these theories have no relevance for the problems in medical ethics or, if they are relevant for those problems, it is not by way of their application to these difficulties. Even more striking examples of the difficulties of applying a moral theory are provided by efforts to apply Kant's ethics to actual moral problems. In some medical ethics texts (like the reader edited by R. Munson[5]) one can find sections which present solutions to a problem suggested by different moral theories. There is, however, a contrast between the ease with which consequentialism is applied and the difficulty to write anything of significance about the moral ramifications of the Kantian outlook when "applied" to a moral problem.[6]

Jahr's concept of bioethics was not intended to delimit a new field of study, as was Potter's, or to supplement an established philosophical discipline, as is suggested by the current idea of the discipline. It was a proposal to modify the traditional field of ethics in response to the progress of science, in particular that of psychology. Instead of studying the moral problems of human beings only, Jahr proposes, we should study the moral questions which are relevant for all living beings, including

---

issues in medicine and medical research. A comparison of the two concepts of bioethics can be found in Warren T. Reich: The Word 'Bioethics'. The struggle over its earliest meanings. In: Kennedy Institute of Ethics Journal 5/1 (1995), pp. 19–34.

4 The overall structure of the later three editions had been changed in a way that makes the ethical normative theories even more irrelevant for the discussions of the moral principles and problems of medicine. Cf. Tom L. Beauchamp, James F. Childress: Principles of Biomedical Ethics, 4th ed. Oxford 1994.

5 Ronald Munson: Intervention and reflection. Basic Issues in Medical Ethics. 6th ed. Belmont 2000.

6 Cf. Munson: Intervention (cf. ref. 5.), p. 82.

animals and plants.[7] In this way his notion of bioethics was an indirect criticism of traditional ethics for its limited subject matter and thus for its inadequate identification of the sphere of the ethical. Jahr's bioethics was a predominantly normative field whose job was to identify the standards of relationships between all living creatures. He did appeal to traditional moral philosophy, in particular to that of Immanuel Kant, but he saw it as being limited by its lack of appreciation of the unity and continuities which had just been found in the living world.

Despite their differences in determining the field of bioethics, both Potter's and Hellegers' proposals and that of Jahr's begin by appreciating the significance of scientific developments for individual and collective moral views on the world. All three see that what was made known about both the animate and inanimate world questions many of the traditional moral ideas. In particular, the new data demand rethinking and reinterpretation of many of the most fundamental moral concepts we have inherited from the Western moral and philosophical tradition. For example, the concepts of the acting subject and that of the moral community had to be changed, although in different manners, depending on the concept of bioethics one relied on. Hellegers and Potter saw that the boundaries of the concept of acting subjects were not as clear as was customary to think; for Jahr the concept had to be expanded and enhanced to cover all living creatures.

In contrast with Potter's and Hellegers' concepts of bioethics, however, Jahr's thought was not motivated by social and political changes of his time, or at least not directly. Jahr, it seems, lived in a social world he saw as characterized by moral unity. He was aware of the existence of diverse moral outlooks and various religious denominations but did not see them translate into a moral diversity of society at the level of daily encounters between individuals. For instance, he did not have to deal with the consequences of the ideology of the capitalist society, according to which the customer is always right he or she is the source of the criteria of performance that the provider of goods or services should strive to satisfy. Obviously empowering individuals, the ideology gradually transformed patients into customers. Since customers' expectations are partly shaped by their religions and worldviews, the transformation of patients into customers made moral diversity visible. In Jahr's time, however, the road from diversity of religion or worldview to disagreement and conflict in encounters between individuals was yet ahead. The central motivation for Jahr's reflection on the new moral challenges was his own

---

7   Cf. Fritz Jahr: Bio-Ethik. Eine Umschau über die ethischen Beziehungen des Menschen zu Tier und Pflanze (1927). In: Arnd T. May, Hans-Martin Sass (eds.): Fritz Jahr. Aufsätze zur Bioethik 1927–1947. Münster 2012, pp. 7–13.

moral sensitivity and awareness of the consequences of scientific development seen against the background of differences motivated by religions or worldviews.

It is easy to see that for Jahr the need to replace ethics with bioethics stemmed from a restructuring of his moral view of the world for which the developments of science called. New knowledge, in particular the developments in psychology, did not lead Jahr to a view of the world as fragmented, as some fifty years later Potter and Hellegers were to observe. Quite the opposite. The new findings of psychology required him to see more normative unity in the world than he could find before. By focusing on the parallels and continuities between human and non-human psychology, Jahr was able to see the world of living creatures as unified, the foundation of this unity being the traditional Christian moral principles, among which the fifth commandment "Thou shalt not kill" played a central role.[8] Jahr believed that under traditional moral principles the place of the human soul was to be taken by the psyche with its universal qualities which comprise the animal soul, too; the place of the human being was to be occupied by the living being. In this way, the new psychological data suggested to Jahr that the traditional morality needed not improvement but enhancement. It was in this way that ethics was to be replaced by bioethics, not just supplemented by it.

Jahr's main worry was that the traditional moral view of the world was fragmentary and seriously incomplete – not fragmented or divided – because our ancestors had only patchy knowledge of the living world. He thought that this moral view of the world was incomplete and needed supplementation whose first elements were provided by new psychological data but whose unifying principle was already known to Western culture. To him, traditional morality was partial and somewhat parochial because it focused on life phenomena as characteristic for just one kind of living being, namely, the human being. These phenomena, however, are not – as the new findings of animal psychology made clear to Jahr – found in humans only. They are shared by all living beings, although to different degrees. Jahr's concept of bioethics was intended to express exactly this: Ethics is what is needed for living beings, human or non-human. "Bio" in Jahr's *Bio-Ethik* recognizes all living beings as those to whom ethics applies.

For Hellegers and Potter science was one of the many factors that contributed to the disappearance of the unitary moral view of the world shared by all or most members of society and to the fragmentation or divergence of individual moral

---

8   Cf. Fritz Jahr: Der Tod und die Tiere. Eine Betrachtung zum 5. Gebot (1928). In: Arnd T. May, Hans-Martin Sass (eds.): Fritz Jahr. Aufsätze zur Bioethik 1927–1947. Münster 2012, pp. 15–20.

views.[9] These processes suggested not simply that there was no one moral view of the world for all and that individual moral views were made of many pieces which did not fit together easily. Potter and Hellegers diagnosed dangers associated with internal fragmentation of moral views on the world and on society. The social change that provided the background for Potter's and Hellegers' concept of bioethics suggested that there was no one moral principle offered by modern society which would unite the many moral views on the world. Potter and Hellegers started with moral fragmentation of society and with internal disunity of moral worldviews, whereas Jahr begun with a normative unity, i.e. with the belief that we are bound by the unifying moral principle of respect for all living creatures. His bioethics was not an effort to rebuild lost social or moral unity but to give new expression to such normative unity, which he thought was inadequately represented in, and practiced by, Western tradition. The two bioethics of Potter and Hellegers were intended to facilitate unification of the diverse and internally divided moral outlooks by providing tools necessary to identify principles that could unify moral views of the world and members of modern societies as well.

With these differences in understanding the moral threats of modernity came differences in the respective tasks of bioethics as a field of moral practice and a discipline of academic research. Potter's concept of bioethics in particular was intended as a remedy for the ills of modern societies. In his description of the needed project of bioethics, Potter says that it should "combine biology with humanistic knowledge from diverse sources and forge a science of survival that will be able to set a system of priorities."[10] It is clear that for Potter there was a threat to human survival that called for a new field of study. The key task for bioethicists was to design standards that would help humans and other inhabitants of the world survive against the pressures of the growing separation of science and new technologies from ethics and new technologies, and against their its consequences for humans and the environment. Jahr thought that the challenge for bioethics was not survival of humans or of a part of nature but coexistence of different species which shared certain fundamental traits with humans and so all fell under the fifth commandment. More, Jahr seems to have thought that the problem of coexistence did not concern just humans and other animals but plants, too. The thing that bioethics was to study and provide guidance about was harmonious existence of all living beings in general.

---

9   Cf. Van Rensselaer Potter: Bioethics. Bridge to the future. Englewood Cliffs 1971, pp. 1–26.
10   Potter: Bioethics. (cf. ref. 9), p. 4; further elaborated in Van Rensselaer Potter: Global Bioethics. Building on the Leopold legacy. East Lansing 1988.

The result of this approach was Jahr's Bioethical Imperative which demanded that we "respect every living being, as a matter of principle [*grundsätzlich*], as an end in itself and treat it, if possible, as such".[11] From today's perspective the imperative seems both incoherent and naive. One is tempted to think that Jahr did not really understand the idea of respect, not to mention Kant's moral theory on which he claims to draw. First, respect understood in a Kantian way, i.e. as based on recognition of a being's capacity for agency, is a distinctive way in which one can relate to others.[12] It is not aimed at any benefits, nor does it depend on merits or shortcomings of those who are to be respected. To respect someone is to take an attitude of valuing that individual, not as a function of actual or expected benefits or harms resulting from actual or possible interaction with that individual. To respect a being is to recognize a moral standing of that being. Since such "recognition respect", to use Stephen Darwall's label,[13] does not depend on moral or other achievements or the "quality" of the individual to be respected, equal treatment is central to respect. Respect is owed equally to all beings who command it. Recognition respect cannot be gradual and so actions that issue form such respect for one being must be equally respectful of other beings of the same kind.

Secondly, in view of the requirement of equal treatment which is built into the concept of respect, Jahr's proposal to respect every living being as a matter of principle and to treat it as an end in itself, *if possible*, sounds like misunderstanding. Jahr's respect – or perhaps its strength – for a being and treating it as an end in itself is conditional on the possibility of doing so. However, respecting someone and treating them as an end in itself cannot be conditional, unless one is prepared to give up the Kantian idea of respect as recognition of a being's agency. Conditional respect for a being is only slightly different, if at all, from valuing it in an instrumental way, preferring it, or thinking of it as having merely a price, not dignity, which is the special worth of agents. The moral demand *to respect if possible* is analogous to Darwall's "appraisal respect" which is conditional on what is achieved. In a similar manner, respect for a living being *if possible* would be conditional appreciation of that being, depending on its comparative merits, and thus be different from recognition respect which is unconditional and equal. If one

---

11 This and the following translations of Jahr are by Paweł Łuków; they are based on: Arnd T. May, Hans-Martin Sass (eds.): Fritz Jahr: Aufsätze zur Bioethik 1927–1947. Münster 2012. Here cf. Jahr: Bio-Ethik (cf. ref. 7), p. 13.
12 Cf. Immanuel Kant: Grundlegung zur Metaphysik der Sitten (1785). Akad.-Ausg. Bd. 4. Berlin, New York 1968, p. 405, p. 434; Immanuel Kant: Kritik der praktischen Vernunft. Akad.-Ausg. Bd. 5. Berlin, New York 1968, p. 74.
13 Cf. Stephen L. Darwall: Two Kinds of Respect. In: Ethics 88/1 (1977), pp. 36–49.

being commands respect, every other being that is relevantly similar commands it, too. Since human and non-human animals and plants share the quality of being alive, and it is life that commands respect, they all require equal respect.

It does not seem that in his Bioethical Imperative Jahr had appraisal respect in mind. If he did, an ethics based on it would not be different from traditional morality which required that treatment of non-human living beings depend on comparisons and conditions. In consequence, Jahr's proposal for inclusion of all non-human beings in the ethical circle would make no difference. If Jahr was thinking about extending the scope of the traditional Christian moral worldview, he must have thought of recognition respect. That is why he wrote that "we must regard with awe [God's] work, and so the animals, and act accordingly."[14] Without recognition respect Jahr's Bioethical Imperative must be regarded as incoherent; with recognition respect the enterprise of bioethics must be seen as inherently and unavoidably conflict-ridden. If one assumes that Jahr's Bioethical Imperative is plausible and his view of bioethics acceptable or that the conflict in his thought is unavoidable, the question arises: How should one reconcile principled recognition respect and the demand to treat all living creatures as ends in themselves with the condition of possibility of such treatment?

Jahr provides clues that seem to help us answer this question, but they clearly are not unambiguous. For this reason it seems plausible to assume that – whether Jahr was aware of it or not – given the conceptual apparatus he employed, the conflict which is present in his concept of bioethics was unavoidable as much as the conflict he had encountered in the ethics from which he derived his bioethics. In his discussion of treatment of non-human animals he says that "the admonition to spare animal life is absolutely valid, without any regard to being to our advantage",[15] which suggests that the command to respect every life, human or otherwise, is unconditional. However, he also allows for harming other animals for a right purpose when he stresses that one should not harm them *needlessly*.[16] In his criticism of some versions of Buddhist ethics, or of those "Indian fanatics, who do not want to hurt any living entity", and do not "want to kill a snake, because 'snakes are our brothers and sisters, too'",[17] Jahr makes it clear that for him strict adherence to the principle of respect for all living creatures would have unreasonable and unacceptable consequences. Although, logically speaking, respect implies equal treatment of every single living creature, Jahr does not endorse this conclusion.

---

14 Jahr: Der Tod und die Tiere (cf. ref. 8), p. 20.
15 Jahr: Der Tod und die Tiere (cf. ref. 8), p. 18.
16 Cf. Jahr: Bio-Ethik (cf. ref. 7), p. 10.
17 Jahr: Bio-Ethik (cf. ref. 7), p. 12.

The contrast between the absolute requirement of respect for all life and the less than absolutely equal treatment of all living creatures is *both* apparent *and* required by the divergent demands of logic and ethics of Jahr's thought.

The clues mentioned above do not allow for any kind of reconciliation of the conflict between respect and unequal treatment. Either one differentiates between beings as more or less valuable and so claims that they do not command equal respect or one has to assume that respect leads to irresolvable difficulties. It seems clear that Jahr would not accept the first option. By using phrases like "respect" and "as a matter of principle"[18] he unambiguously claims that respect demands equal treatment. But by saying that non-human animals should be respected "so far as possible",[19] Jahr suggests that reliance on the idea of respect must lead to irresolvable moral conflicts and dilemmas. Once one accepts that respect is the appropriate attitude towards all members of a certain class, one must also acknowledge that when justified claims of those individuals clash, no systematic resolution is possible. That is, if respect is the right kind of attitude towards all living beings, conflicts of justified claims are irresolvable and one must look for *ad hoc* resolutions. Equal respect is an ideal that cannot find adequate exemplification in reality. One cannot satisfy both the demand to respect all living beings and the option of unequal treatment of some of those beings because ethics is inherently conflictual, that is, it makes conflicting demands. And so Jahr's bioethics must make such conflicting demands.

There are good reasons to suspect that Jahr was aware of the conflicting demands his ethics made when he wrote:

> However, the fulfillment of the 5th commandment extended to animals seems utopian. Slaughter and killing of animals is hardly avoidable, even if done only for needed supply of a growing population. The struggle for life makes this a necessity.[20]

That means that living beings are both objects of respect and parties to a primordial conflict. Ethics is an attempt to provide guidance in coping with this conflict but as long as one does not reject the idea of respect or the findings of animal psychology that show essential continuity between animal and human souls, resolution of that conflict is simply impossible. Rejection of the idea of respect in order to allow for unequal treatment of human and non-human animals would also permit differentiation between human beings, not just between human and

---

18 The two expressions come from Jahr: Bio-Ethik (cf. ref. 7), p. 13.
19 Jahr: Bio-Ethik (cf. ref. 7), p. 13.
20 Jahr: Der Tod und die Tiere (cf. ref. 8), p. 17.

non-human beings. If one were to reject equal treatment of all living beings, one would also reject equal treatment of all human beings, which is unacceptable in view of the fifth commandment on which Jahr founds his thought. Ethics, and so bioethics, are therefore inherently conflictual and moral life, just like the life of every living being, is a strife between beings who all command respect and equal treatment. As Jahr himself writes, the fifth commandment provides "an ideal and a point of reference for our moral strife"[21] but it cannot be practiced with respect to every being it is, according to Jahr, designed to protect.

Whether Jahr wanted it or not, his bioethics is defined by a conflict generated by the fundamental moral principle of respect for life and the continuities between human and non-human psychology. Since respect does not allow for differentiations between beings to be respected, Jahr's moral view of the world is inherently and ineradicably conflictual. Moral life cannot promise the pursuit of one's goals and interests without dilemmas and controversies but must confront both individuals and societies with problems which are not amenable to solutions that would be free from a moral residue of disappointment, frustration, regret, sorrow, or even guilt and self-reproach. Jahr gives expression to this conflictual nature of moral life in his Bioethical Imperative, when he writes that respect for living beings should be principled and yet should be practiced *as far as possible*.

The conflictual nature of the normative basis of Jahr's bioethics, whether he was aware of it or not, can be seen in his discussion of the relationship between humans and other animals. There, he displays his optimism about the possibility to reconcile respect for humans with respect for other animals and even plants, but his arguments are hardly convincing. For example, he condemns the old lady who overfeeds her dog and lets her employees be hungry, but when he attempts to justify his opinion, he invokes false love of animals, which gives too much consideration to non-human animals.[22] True love, Jahr says, demands equal treatment, and true love of animals would inspire equal love for fellow humans. He also adds references to Kant and Tolstoy who believed that cruelty to animals lead to cruelty towards humans. One need not analyze these arguments to see that they do not help us understand what, on the ground of Jahr's ethics, is wrong in giving preference to non-human animals rather than to humans because these arguments show the wrongness of giving preference to humans equally well. And, I suppose,

---

21 Jahr: Der Tod und die Tiere (cf. ref. 8), p. 18.
22 Cf. Fritz Jahr: Tierschutz und Ethik in ihren Beziehungen zueinander (1928). In: Arnd T. May, Hans-Martin Sass (eds.): Fritz Jahr. Aufsätze zur Bioethik 1927–1947. Münster 2012, pp. 21–27, here: p. 22.

one should not expect convincing arguments to that effect from an author who demands respect for all living creatures.

Similarly conflictual is Jahr's thought about those ethical matters in which respect for living beings is not the central issue. In his discussion of sexual ethics he stresses that human nature is not only rational but also instinctual and sensuous. He therefore points to the strength of the sexual drive and to the need to provide responsible sexual education which appeals to reason and avoids overexcitement. Despite these dangers, however, sexual education must not be neglected. In these claims Jahr's thought is shaped by his belief in the principles of providing comprehensive moral education and of avoiding harm which must conflict in some practical situations.[23]

By offering his idea of bioethics as conflict-ridden, Jahr brings to our awareness the thought that new scientific discoveries may reveal to us those characteristics of moral life which have escaped our attention when we thought of the domain of the ethical as limited to humans. The concept of bioethics – understood as traditional ethics which additionally embraces all living beings – gets rid of the expectation that moral life can be fundamentally conflict-free. If we think of ethical matters as limited to the human world, we may be lulled by the false belief that all moral problems are solvable. We may hope that lack of solution is temporary due to limitations of knowledge or to lack of perfect procedures for conflict resolution. We may believe that sooner or later resolutions can be negotiated to redefine relationships. With Jahr's Bioethical Imperative we cannot hold on to such hopes. The growth of scientific knowledge seems to intensify rather than to weaken the awareness of the potential for conflicts, and to erode the grounds for the expectation that all conflicts are solvable simply because in many instances other living beings lack the capacities indispensable for negotiating the terms of our relationships with them.

Jahr's bioethical enterprise is therefore less context-dependent than the bioethics that Potter and Hellegers had proposed. In Jahr's bioethics moral conflicts and dilemmas are not brought about by contingent, historically determined technological and social circumstances. The conflicts and dilemmas are to be expected because an ethics which is grounded on respect for all living beings is open to conflicts in virtue of the very notion of respect. From the viewpoint of Jahr's concept of bioethics, the social and technological transformations which inspired the emergence of the field of bioethics did not constitute a new ethical or existential situation, allegedly characteristic for late modernity. These changes made visible

---

23 Cf. Fritz Jahr: Wege zum sexuellen Ethos (1928). In: Arnd T. May, Hans-Martin Sass (eds.): Fritz Jahr. Aufsätze zur Bioethik 1927–1947. Münster 2012, pp. 33–38.

the universal ethical condition of those living creatures who are prepared to respect all living beings. To the extent to which Jahr noticed the universality of this condition, his idea of bioethics does not after all look that different from the one we use today. It is conflict oriented and aimed at survival. This survival, however, is not so much biological or cultural but moral. When Jahr writes that moral life is a "moral strife" he actually claims that moral life presents us with a constant challenge of faithfulness to the fundamental principle of respect for all living beings. Rejection of this principle would constitute a moral analog of death.

It is this problem of our ethics that Jahr exposed when he read about animal psychology and coined the word *Bio-Ethik*. The developments of science made it visible in Jahr's thought that Western moral, philosophical, and religious tradition must face its own questioning and either undergo fundamental reform, if not outright rejection, or make all of us aware of the unavoidably conflictual nature of our moral lives. Fritz Jahr seems to have identified this conflictual predicament of Western ethics well before actual social and technological changes made it evident.

Zum Schutz natürlicher Freiheit durch Recht und Ethik[*]

Jan C. Joerden

Zusammenfassung

Der Beitrag untersucht die Bedingungen, unter denen eine von Fritz Jahr 1926 vorgeschlagene Umformulierung von Immanuel Kants Kategorischem Imperativ zu einem „Bioethischen Imperativ" plausibel gemacht werden kann. Dabei wird – ausgehend von der These, dass es die Aufgabe der Ethik ist, „Freiheit" zu schützen – eine Systematik entwickelt, unter der auch Tieren „Freiheit" zugeschrieben werden kann, die schutzwürdig ist. Unter Verwendung aus dem Strafrecht bekannter Rechtsfiguren werden aus jener Systematik Konsequenzen für die Lösung konkreter Konfliktsituationen gezogen. Dabei stellt sich u.a. heraus, dass der Mensch jedenfalls dann moralisch verpflichtet ist, Tiere nicht zu töten, wenn er Möglichkeiten hat, auch ohne Fleischkonsum zu überleben.

Abstract

This article examines the conditions that must be met in order to plausibly restate Immanuel Kant's categorical imperative into a "bioethical imperative" as suggested by Fritz Jahr in 1926. Based on the thesis that the purpose of ethics is to protect "freedom", a system is developed that allows to ascribe "freedom" worthy of protection even to animals. Using legal concepts known from criminal law, the consequences for solving concrete conflicts are drawn. This includes, among others, the result, that man is morally obliged not to kill animals, at least if there is a possibility to survive otherwise than by consumption of meat.

1.

Fritz Jahr schlägt bekanntlich vor, den Kategorischen Imperativ Immanuel Kants auch auf die uns umgebende Natur, insbesondere die lebende Natur in Anwendung zu bringen. Dies geschieht unter Umwandlung der sogenannten *Zweckformel* von Kants Kategorischem Imperativ, die in ihrer Originalfassung lautet: „Handle so, daß du die Menschheit sowohl in deiner Person, als in der Person eines jeden andern jederzeit zugleich als Zweck, niemals bloß als Mittel brauchst."[1] Fritz Jahr hat daraus folgende Formel gemacht, die er als „Bioethischen Imperativ" bezeichnet:

---

[*] Um einige Anmerkungen ergänzter Text eines Vortrags, der am 29.11.2012 in Halle (Saale) bei einer Tagung des *Interdisziplinären Arbeitskreises für Ethik in der Medizin in Polen und Deutschland* gehalten wurde. Die Vortragsform wurde weitgehend beibehalten.

[1] Immanuel Kant: Grundlegung zur Metaphysik der Sitten (1785). Akad.-Ausg. Bd. 4. Berlin, New York 1968, S. 429.

„Achte jedes Lebewesen grundsätzlich als einen Selbstzweck und behandle es nach Möglichkeit als solchen!"[2]

Nun kann man – abgesehen von dem ethischen Anspruch, der hiermit offenkundig verbunden wird – diesen Gedanken auch als ein Plädoyer für *Tierrechte*, ja für *Rechte* der lebenden Natur im Allgemeinen uns gegenüber interpretieren, wobei eingeräumt sei, dass dies in mancher Hinsicht über die von Fritz Jahr verfolgte Intention hinausgehen dürfte. Aber schon im Hinblick auf die Ausgangsformel von Kant ist ja bekanntlich umstritten, ob sie, die zugleich eine Basis für die Formulierung der Menschenwürde darstellt, nur eine Formel für die Ethik bzw. die Tugendlehre sein soll, oder ob die Zweckformel auch für das Recht etwas beiträgt.

Wenn der Staatsrechtslehrer Günter Dürig fordert, der Staat dürfe seine Bürger nicht instrumentalisieren,[3] und damit die Zweckformel Kants in die Sphäre des (Staats-)Rechts überträgt, hat er zumindest den Anspruch erhoben, dass uns die Zweckformel auch über Rechtsverhältnisse etwas zu sagen vermag und nicht bloß eine Formel für die Moral ist. Und es gibt durchaus Philosophen, die der Zweckformel im kantischen Sinn Aussagen über Rechtsverhältnisse abgewinnen können,[4] wenngleich Kant den mit der Formel offenbar eng verknüpften Gedanken der Menschenwürde im Rahmen seiner *Metaphysik der Sitten* explizit nicht in der Rechtslehre, sondern nur für den Bereich der Tugendlehre verwendet.

Wie nun auch immer die genauen Pläne Kants mit der Zweckformel des Kategorischen Imperativs gewesen sein mögen, man wird jedenfalls festhalten können, dass die Zweckformel zwei große Gruppen von Verhaltensweisen eindeutig verbietet (ob nun nur in der Moral oder auch für das Recht mag hier dahinstehen), und zwar einerseits die Täuschung eines anderen und andererseits die Nötigung eines anderen. Dabei fallen hierunter zudem alle von diesen beiden Hauptgruppen abgeleiteten speziellen Verhaltensweisen wie Betrug, Untreue, Lüge, Vertragsbruch auf der einen Seite und Erpressung, ungerechtfertigte Zwangsausübung, nicht konsentierte Körperverletzung, Diebstahl, Raub, Geiselnahme sowie Totschlag und Mord auf der anderen Seite. Denn in allen diesen Fällen wird ein Mensch von einem anderen zu einer bloßen Sache degradiert, indem er zum bloßen Mittel für die

---

2   Fritz Jahr: Wissenschaft vom Leben und Sittenlehre. Alte Erkenntnisse im neuen Gewande. In: Mittelschule. Zeitschrift für das gesamte mittlere Schulwesen 40 (1926), S. 604–605.
3   Vgl. Günter Dürig: Der Grundsatz von der Menschenwürde. Entwurf eines praktikablen Wertsystems der Grundrechte aus Art. 1 Abs. I in Verbindung mit Art. 19 Abs. II des Grundgesetzes. In: Archiv des öffentlichen Rechts 81 (1956), S. 117–157.
4   Vgl. etwa Reinhardt Brandt: Immanuel Kant – Was bleibt? In: Heiner F. Klemme (Hg.): Kant und die Zukunft der europäischen Aufklärung. Berlin, New York 2009, S. 500–542, hier: S. 500ff., 532ff.

Verfolgung der Ziele des Handelnden gemacht wird. Dabei setze ich im Einklang mit Kants Lehre voraus, dass ein Mensch zumindest dann zu einem bloßen Mittel in der Hand eines anderen wird, wenn er der betreffenden Vorgehensweise nicht zustimmt bzw. nicht schon aus Vernunftgründen zustimmen muss.

Erinnern wir uns an das nachgerade klassische Beispiel des Taxifahrers. Wenn der Fahrgast diesen mit vorgehaltener Pistole dazu zwingt, ihn zum Bahnhof zu fahren, benutzt er ihn bloß als (Transport-)Mittel und in keiner Hinsicht auch als Zweck, da der Taxifahrer dieser Fahrt zum Bahnhof ersichtlich nicht rechtswirksam zustimmt. Anders dann, wenn der Fahrgast dem Taxifahrer die Fahrt in üblicher Weise vorschlägt. Dann benutzt er den Taxifahrer zwar auch als (Transport-)Mittel, aber nicht *bloß* als Mittel, was Kants Zweckformel durchaus erlaubt. Anders aber wiederum dann, wenn der Taxifahrer vom Fahrgast darüber getäuscht wird, dass dieser bei Ankunft am Bahnhof den Fahrpreis erstatten wird. Hat in einem solchen Fall der Fahrgast von vornherein den Plan, den Taxifahrer um dessen Fahrtenlohn zu prellen, benutzt er ihn auch bloß als Transportmittel und gar nicht mehr als Zweck. Denn die Zustimmung des Taxifahrers zu dieser Fahrt ist keine wirkliche Zustimmung, weil er über die nach der Verkehrsanschauung relevanten Umstände (Zahlung des Taxilohns) getäuscht wurde, also gar nicht wusste, auf welches Geschäft er sich da einlässt.

Mit diesen Beispielen ist deutlich geworden, dass es bei der Anwendung der kantischen Zweckformel offenbar darum geht, zwei aufeinander einwirkende Akteure so zu stellen, dass sie prinzipiell gleichberechtigt sind, indem keiner den anderen als bloßes Mittel benutzt, oder wie Kant auch formuliert, keiner den anderen „unter die Gegenstände des Sachenrechts (...) mengt",[5] während er für sich selbst den Status einer Person in Anspruch nimmt. Dies ist damit zugleich die Mindestanforderung an die Achtung der Menschenwürde des anderen. Äußeres Kennzeichen dieser wechselseitigen Achtung der Würde des anderen ist dabei offenkundig ein Moment, das in der rechtsphilosophischen Diskussion auch als Reziprozität bezeichnet wird: Rechte hat man einem anderen Menschen gegenüber dann, und nur dann, wenn man dieselben Rechte auch dem anderen Menschen zugesteht. Anders formuliert folgt aus dem Recht einem anderen gegenüber die *Pflicht*, auch dessen Rechte in demselben Umfang zu achten, wie man sie für sich selbst reklamiert. Die entsprechende Pflicht gilt dann auch für den anderen.

---

5   Vgl. Immanuel Kant: Die Metaphysik der Sitten (1797). Akad.-Ausg. Bd. 6. Berlin, New York 1968, S. 331.

2.

In diesem Punkt ergibt sich nun (zumindest auf den ersten Blick) ein Problem für die von Fritz Jahr intendierte Übertragung des Gedankens der Zweckformel des Kategorischen Imperativs auf die Umwelt und deren Lebewesen. Hier fehlt es offenbar an Reziprozität. Denn man kann kaum sinnvoll davon sprechen, dass Tiere Pflichten haben, allenfalls in einer übertragenen Redeweise, bei der man dann aber die Grundannahme unter den Tisch fallen lassen müsste, dass Tiere nicht die erforderliche Freiheit haben, ihr Verhalten einer moralischen Regel bzw. Pflicht gemäß auszurichten oder ihr absichtlich zuwider zu handeln. Bleibt man bei einer unverstellten Redeweise, fehlt es Tieren m. a. W. an der erforderlichen moralischen und rechtlichen „Ansprechbarkeit"[6]. Von wem man aber keine Pflichterfüllung verlangen kann (so die These von der Reziprozität), dem ist man auch nicht die Gewährung von Rechten schuldig.

Kant hat aus dieser Überlegung bekanntlich den Schluss gezogen, dass sich Pflichten gegenüber Tieren allenfalls anthropozentrisch begründen lassen, d.h., dass man Tierquälerei nur deshalb verbieten darf, weil sich andernfalls die Gefahr der Verrohung der so handelnden Menschen ergibt, was im Weiteren dazu führen kann, dass Menschen auch anderen Menschen Ähnliches antun.[7] Tiere werden hier demnach letztlich nur deshalb geschützt, weil es gilt, *Menschen* vor Gefahren zu bewahren. Denn nur im Hinblick auf Menschen besteht Reziprozität möglicher Rechtezuschreibungen, weil sie – anders als Tiere – Pflichten übernehmen können.

Und doch kann diese Forderung nach Reziprozität nicht das letzte Wort bei der Zuschreibung von Rechten sein. Denn bereits bei nicht voll zurechnungsfähigen Menschen machen wir Ausnahmen von diesem Prinzip. Kinder etwa, aber auch Geisteskranke oder gar komatöse Personen haben durchaus Rechte, obwohl sie keine Pflichten haben, noch Pflichten auch nur haben könnten, weil sie moralisch und rechtlich nicht „ansprechbar" sind. Denn mangels der Fähigkeit, das Unrecht ihres Verhaltens vom Rechtmäßigen zu unterscheiden bzw. sich zwischen diesen Polen frei entscheiden zu können, *können* sie ihr Verhalten nicht der Moral oder dem Recht gemäß steuern und sind daher von vornherein keine geeigneten Pflichtadressaten. Dem widerspricht weder, dass man bei Kindern sukzessive diese

---

6   Roxin etwa fordert zu Recht „normative Ansprechbarkeit" als Voraussetzung für die Zuschreibung (strafrechtlicher) Schuld; vgl. Claus Roxin: Strafrecht AT I. 4. Aufl. München 2006, §19 Rn. 36ff. m. w. N.
7   Vgl. Kant: Die Metaphysik der Sitten (Anm. 5), S. 443, allerdings in nicht ganz klarer Bezugnahme auf eine Pflicht des Menschen gegen sich selbst.

moralische/rechtliche Ansprechbarkeit einzuüben sucht, noch, dass Geisteskranke eventuell gesunden oder Komatöse aus dem Koma aufwachen können und dann (wieder) als Pflichtadressaten in Betracht kommen.

Trotz mangelnder Reziprozität haben Kinder, Geisteskranke und Komatöse indes Rechte, obgleich sie keine Pflichten haben (können). Man behilft sich hier mit dem Gedanken der Stellvertretung. Da wir dem genannten Personenkreis zumindest Menschenwürde zuschreiben (und damit indirekt die Anwendbarkeit von Kants Zweckformel auch auf diese Personen anerkennen), räumen wir ihnen die besagten Rechte (etwa auf Leben oder körperliche Unversehrtheit, um nur die wichtigsten zu nennen) ein und verpflichten alle anderen Personen dazu, diese Rechte zu achten. Die Achtung dieser Rechte kann stellvertretend von speziell zuständigen Personen durchgesetzt werden, also etwa von den Eltern oder sonstigen Erziehungsberechtigten, von Vormündern, Betreuern, Bevollmächtigten oder subsidiär vom Staat.

Dabei bedarf es allerdings einer Abgrenzung für den Umfang der Stellvertretung, bei der man Gedanken wie den der mutmaßlichen Einwilligung wird einbeziehen müssen. So können etwa Eltern weitgehend über Wohl und Wehe ihrer Kinder, etwa den Eintritt in eine Religionsgemeinschaft, den Aufenthaltsort und Schulort ihrer Kinder oder über medizinische Eingriffe entscheiden, soweit sie dabei im wohlverstandenen Interesse der Kinder handeln. Überschreiten sie diese Grenze mutmaßlicher Einwilligung dagegen deutlich, findet auch das Recht zur stellvertretenden Entscheidung seine Grenzen. Wo genau diese Grenzen verlaufen, ist z.B. aktuell im Hinblick auf die Beschneidung von Jungen aus religiösen Gründen in die Diskussion geraten.[8]

Auf solche genauen Grenzziehungen soll es jetzt nicht ankommen, sondern darauf, dass es diese Grenzen *gibt*, was aber umgekehrt auch zeigt, dass die Rechte der Kinder keineswegs ihrem Grund nach lediglich Rechte der Eltern an ihren Kindern sind, sondern *selbstständige*, d.h. eigene Rechte der Kinder, die sie ggf. auch gegen Übergriffe ihrer Eltern schützen; und dies, obwohl Kinder (noch) nicht Adressaten von Pflichten sind, jedenfalls nicht von solchen, die staatlicherseits sanktioniert würden. (Selbst die Schulpflicht ist genau genommen nur eine Pflicht der Eltern, ihre unmündigen Kinder in die Schule zu schicken, und nicht eine Pflicht der unmündigen Kinder, zur Schule zu gehen, auch wenn die Formulierungen in den einschlägigen Gesetzen anderes nahezulegen scheinen.)

---

8 Vgl. dazu das Urteil des LG Köln vom 7.5.2012, Az. 151 Ns 169/11 und die sich anschließende Debatte.

Wenn man demnach beim genannten Personenkreis eine Ausnahme vom Reziprozitätsprinzip macht, ist es jedenfalls nicht mehr so problematisch, mit Fritz Jahr Pflichten auch gegenüber *allen* Lebewesen in der Natur zu postulieren. So könnte man etwa Tieren Rechte zuschreiben, ohne ihnen zugleich Pflichten aufzuerlegen. Diese Rechte wären dann im Streitfall ggf. durch Stellvertreter wahrzunehmen und durchzusetzen, etwa durch Tierschutzorganisationen oder durch den Staat. Das würde bei Tierrechten bedeuten, Tiere um ihrer selbst und um ihrer Interessen willen zu schützen und nicht lediglich (wie Kant dies vorschlägt) im Hinblick auf eventuell gefährdete Interessen von Menschen. Dann ließe sich auch in vertretbarer Weise in Analogie zur Menschenwürde von „Tierwürde" sprechen. Noch nicht geklärt ist damit allerdings das Verhältnis von Menschenwürde und Tierwürde zueinander, die jedenfalls nicht völlig gleichwertig zu sein scheinen. Das wird insbesondere im Konfliktfall deutlich, also dann, wenn sich entweder nur der in einen solchen Konfliktfall involvierte Mensch bzw. dessen Interessen oder das involvierte Tier bzw. dessen Interessen retten lassen.

Bevor ich auf diese Problematik näher eingehe,[9] möchte ich allerdings dafür plädieren, die Zuschreibung von Würde und von Rechten, die im Hinblick auf andere Lebewesen wie Tiere *prima facie* denkbar erscheint, nicht auch auf die *unbelebte* Natur zu übertragen. Von der Würde eines Berges oder eines Flusses zu reden und daraus deren Rechte auf Unversehrtheit abzuleiten, mag z.B. im literarischen Kontext möglich sein, ist aber rechtlich und moralisch wenig plausibel. Insofern geht es vielmehr um den Schutz der unbelebten Natur nicht um ihrer selbst willen, sondern allenfalls im Hinblick auf den Menschen und den Fortbestand *seiner* Lebensgrundlagen. Entsprechende Imperative, etwa keine Schneisen für Autobahnen in Berge zu sprengen, dienen demnach *menschlichen* Bedürfnissen und nicht etwa den Interessen dieser Berge. Redete man demgegenüber z.B. von Rechten der Berge auf Unversehrtheit, würde man den Begriff des Rechts der Beliebigkeit ausliefern und hätte letztlich nichts gewonnen, sondern nur begriffliche Klarheit verloren. Dass dies auch nicht im Sinn der Vorschläge von Fritz Jahr wäre, zeigt sich schon daran, dass er in seiner Umformulierung der kantischen Zweckformel des Kategorischen Imperativs nur auf „Lebewesen" als „Selbstzweck" Bezug nimmt und nicht etwa auch auf die unbelebte Natur, wobei ich hier ganz offen lassen muss, wie und an welcher Stelle genau man diese Grenze zwischen belebter und unbelebter Natur eigentlich ziehen kann.

---

9   Weiterführend zu dieser Problematik auch die Beiträge in: Jan C. Joerden, Bodo Busch (Hg.): Tiere ohne Rechte? Berlin, Heidelberg 1999.

3.

Beschränkt man sich daher auf Fälle eines Konfliktes zwischen den Interessen von Menschen und anderen Lebewesen, so bleibt doch noch zu klären, wie sich diese Konfliktfälle im Rahmen eines Systems von Rechten und Pflichten bewerten und entscheiden lassen. Für die Beurteilung von Konfliktfällen findet sich nun in der strafrechtswissenschaftlichen Literatur und in der Rechtsprechung reichhaltiges Anschauungsmaterial sowie eine Reihe ausgearbeiteter rechtlicher Denkfiguren. Allerdings geht es bei diesen Denkfiguren stets um Konflikte zwischen Menschen und deren Interessen, wenn etwa über Notwehr, Notstand, Selbsthilfe, Pflichtenkollision etc. diskutiert wird. Will man nun die Idee von Rechten auf die belebte Natur übertragen, so sollte es trotzdem möglich sein, die genannten Rechtsinstitute auf die sich damit ergebenden Problemstellungen in Anwendung zu bringen, zumindest um zu klären, ob sie auch in diesem Bereich eine sinnvolle Bedeutung haben können.

Für das Rechtsinstitut der Notwehr wird man dies allerdings von vornherein ausschließen können. Denn Notwehr wird im Bereich des Strafrechts als Abwehr des rechtswidrigen Angriffs *eines Menschen* verstanden, sofern diese Abwehr das mildeste erfolgversprechende Mittel darstellt, um den Angriff wirksam zu beenden (sogenannte Erforderlichkeit der Verteidigung).[10] Es gab zwar früher einmal eine Diskussion darüber, ob diese Vorschrift über die Notwehr auch auf die Attacken von Tieren anzuwenden ist; das wird heute indes zu Recht abgelehnt, und zwar mit dem Argument, dass sich ein Tier gar nicht rechtswidrig verhalten könne, weil es nicht in der Lage sei, die Geltung der Rechtsordnung ernsthaft in Frage zu stellen. Damit aber bleibt diese Rechtsfigur auf das Rechtsverhältnis zwischen Menschen beschränkt und kann im Weiteren außer Betracht bleiben.

Aber es gibt natürlich Attacken von Tieren auf Menschen, auch wenn man sie nicht als rechtswidrige Angriffe im Sinne des Notwehrrechts verstehen kann. Deshalb wird man unter der Voraussetzung der Annahme von Tierrechten zu klären haben, in welchen Fällen hier die Interessen des Tieres (insbesondere an seinem Überleben) gegenüber den Interessen des Menschen (etwa bei einer Gefährdung durch die Attacke eines im Wald lebenden Tieres) zurückzustehen haben. Dem kommt aus dem strafrechtlichen Kontext die Rechtsfigur des sogenannten Defensivnotstands am nächsten. Auch sie betrifft natürlich zunächst nur den Fall eines Aufeinandertreffens der Interessen von *Menschen* in einer Notsituation und bestimmt, dass die Interessen einer Person, aus deren Rechtssphäre eine Gefahr

---

10 Vgl. § 32 StGB und näher dazu etwa Karl Lackner, Kristian Kühl: Strafgesetzbuch, Kommentar. 27. Aufl. München 2011, § 32 Rn. 1ff.

für eine andere Person droht, immer dann zur Abwehr dieser Gefahr beeinträchtigt werden dürfen, wenn das durch die Gefahrabwehr beeinträchtigte Interesse nicht ausnahmsweise das geschützte Interesse wesentlich überwiegt.[11]

Wenn demnach der Hund des A vom Hund des B attackiert wird, darf A den Hund des B erschlagen, wenn dies das mildeste Mittel zur Gefahrabwehr zugunsten des Eigentums an seinem Hund ist und wenn sein Hund wesentlich mehr, etwas mehr, gleich viel oder sogar etwas weniger wert ist als der Hund des B. Nur dann, wenn der Hund des B erheblich wertvoller ist als der des A, ist diese Abwehr unzulässig. Dieses relativ umfangreiche Eingriffsrecht des Gefährdeten findet seine Begründung darin, dass derjenige, aus dessen Verantwortungssphäre die Gefahr herrührt, sich bei der Abwehr dieser Gefahr grundsätzlich weitergehende Einbußen seiner Interessen gefallen lassen muss, als der (unschuldig) Gefährdete.[12]

Will man nun die Rechtsfigur des Defensivnotstands auf die Interessenkollision zwischen Mensch und Tier übertragen, also auf Fälle, in denen es nicht um den Eingriff in das Interesse des Tiereigentümers geht, sondern vielmehr um den Eingriff in das *Recht* des Tieres auf Leben oder zumindest Unversehrtheit, bedarf es einer Klärung der Frage, welche Interessenrelation überhaupt zwischen den Interessen eines Menschen und denen eines Tieres bestehen kann. Und diese Frage muss ganz unabhängig davon geklärt werden, ob es sich um eine Defensivnotstandslage oder eine andere der noch zu besprechenden Interessenkollisionslagen zwischen Mensch und Tier handelt. Ich werde deshalb jetzt versuchen, einige Grundlinien einer solchen Interessenbewertung zu formulieren, um dann auf die Defensivnotstandssituation zurückzukommen. Allerdings haben einige der nachfolgenden Überlegungen durchaus experimentellen Charakter, und ich weiß noch nicht, ob ich auf Dauer daran festhalten möchte.

4.

Geht man davon aus, dass es das Ziel der Ethik, aber auch des Rechts sein sollte, Freiheitssphären zu schützen, dann mag man fragen, ob es prinzipielle Differenzen zwischen Lebewesen gibt, hinsichtlich der Frage, welche Freiheitsgrade sie

---

11 Vgl. § 228 BGB, der als Rechtfertigungsvoraussetzung einer sogenannten Defensivnotstandsabwehr formuliert, dass der (durch die Abwehr angerichtete) „Schaden nicht außer Verhältnis zu der Gefahr" stehen darf, wobei mit „Gefahr" hier das gefährdete (und dann geschützte) Interesse gemeint ist.

12 Vgl. grundlegend dazu Joachim Hruschka: Strafrecht AT. 2. Aufl. Berlin 1988, 2. Kap., insbesondere S. 114.

überhaupt haben können, wobei hier natürlich ein sehr weiter Begriff von Freiheit zugrunde gelegt wird. Dabei möchte ich unter einem „Freiheitsgrad" eine Maßeinheit dafür verstehen, *wie viele mögliche Welten* dem betreffenden Lebewesen zugänglich sind. Toter Materie sind in diesem Sinne gar keine möglichen Welten zugänglich, sie verändert sich in andere Zustände nicht aus sich selbst heraus, sondern nur durch Einwirkung von außen. Pflanzen haben immerhin die Möglichkeit, mehr oder weniger selbstständig zu wachsen und haben daher einen, wenn auch geringen Freiheitsgrad. Da ihnen aber z.b. die Möglichkeit fehlt, sich von ihrem Standort selbstständig fortzubewegen, ist ihr Zugang zu möglichen Welten nur sehr begrenzt.

Insofern werden sie von den Tieren deutlich übertroffen, wobei ich hier aus Gründen der Vereinfachung alle Tiere in einer Gruppe behandele. Tiere sind zwar – nach verbreiteter Auffassung – nur instinktgesteuert und können nicht wie Menschen frei entscheiden, aber sie können ihren Ort wechseln und haben dadurch zu ungleich viel mehr möglichen Welten Zugang als Pflanzen. Ihnen kommt daher auch ein höherer Freiheitsgrad zu, was dazu nötigt, sie besser zu schützen als etwa Pflanzen.

Zu prinzipiell unendlich vielen möglichen Welten hat demgegenüber der Mensch Zugang. Zwar ist sein Aktionsradius durchaus begrenzt, wenn auch regelmäßig größer als der eines Tieres, aber das ist nicht entscheidend. Durch sein selbstreferenzielles Gehirn ist er in der Lage, sich mögliche Welten allein durch sein Denken zu erschaffen. Die Möglichkeiten hierzu sind auch nicht etwa prinzipiell abgeschlossen, sondern dem Menschen eröffnen sich in seiner Gedankenwelt letztlich unendlich viele Optionen. Ob dies auch für manche Menschenaffen der Fall ist, mag hier offen bleiben.

Eine Ethik, die auf die Bewahrung von Freiheitsgraden Wert legt, wird daher danach trachten, im Falle einer Interessenkollision, die man auch als Kollision von Freiheitsgraden beschreiben kann, möglichst viele Zugänge zu möglichen Welten zu bewahren. Denn damit wird Freiheit optimal geschützt. Für den Kollisionsfall folgt daraus, dass jedenfalls die Existenz eines Menschen jeweils höher zu bewerten ist als die Existenz eines Tieres, weil letzteres nie einen vergleichbaren Freiheitsgrad erreichen kann wie ein Mensch. Wenn daher in einem See sowohl ein Mensch als auch ein Tier zu ertrinken drohen, von denen aber nur entweder der Mensch oder das Tier gerettet werden können, ist allemal der Mensch zu retten, weil ihm der wesentlich höhere Freiheitsgrad zukommt. Selbst wenn man also voraussetzt, dass es grundsätzlich eine Pflicht gibt, ein Tier aus Lebensgefahr zu retten (wohlgemerkt um seiner selbst willen und nicht deshalb, weil es einem Menschen gehört), wird diese Pflicht in ihrer Wichtigkeit stets von der Pflicht, einen Menschen zu retten, übertroffen und muss demgemäß im Kollisionsfall zurücktreten. Daran ändert sich auch dann nichts, wenn es einerseits um einen Menschen und andererseits um die Rettung vieler Tiere gehen sollte. Denn auch eine Addition vieler Freiheitsgrade erreicht nicht den Wert eines unendlichen Freiheitsgrades.

Nimmt man nun noch einmal die Konstellation des Defensivnotstands in den Blick, so wird klar, dass dann, wenn es um die Existenz eines Menschen geht, dieser Gefahren aus dem Tierreich abwehren darf, auch wenn dabei das Leben vieler Tiere zerstört wird. Denn die Sphäre, aus der die Gefahr herrührt, dürfte nur dann nicht beeinträchtigt werden, wenn sie wertmäßig deutlich die gefährdete Sphäre übertreffen würde, was bei einer Tierattacke auf einen Menschen indes nicht gegeben ist. Sofern man dafür noch einer Begründung bedürftig gewesen sein sollte, ist damit klar, dass ein Mensch sich z.B. gegen einen ihn attackierenden Löwen wehren darf, auch wenn dieser dabei ums Leben kommt. Dies jedenfalls dann, wenn es keine Möglichkeit gab, der Attacke auf andere Weise zu entkommen. Auch wird kein Mensch es aus moralischen oder rechtlichen Gründen erdulden müssen, von Bakterien oder gar Viren getötet zu werden, soweit es dafür ein geeignetes Gegenmittel gibt.[13]

Durchaus anders ist die Lage allerdings, wenn man es nicht mit einer Defensivnotstandssituation, sondern mit einer sogenannten Aggressivnotstandssituation zu tun hat. In einem solchen Fall greift ein Rechtsgutsinhaber zur Rettung seiner Interessen in die Rechte und Interessen einer anderen Person ein, die mit der Entstehung der Gefahr überhaupt nichts zu tun hat. So etwa dann, wenn jemand, der im Gebirge zu erfrieren droht, die Tür einer Skihütte, die einer anderen Person gehört, aufbricht und sich dort in Sicherheit bringt. In der juristischen Literatur besteht Einigkeit darüber, dass ein solcher Notstandseingriff nur dann ausnahmsweise erlaubt ist, wenn das geschützte Interesse das beeinträchtigte Interesse *wesentlich* überwiegt.[14] Dass nur in diesem Ausnahmefall ein Eingriffsrecht besteht und sonst nicht, liegt gerade daran, dass hier (im Unterschied zum Defensivnotstand) die Solidarität eines an der Gefahrentstehung völlig unbeteiligten Dritten in

---

13 In diesen Kontext gehört auch die Frage, ob man bei der Annahme von Tierrechten nicht einer Maus gegen die Katze helfen müsste, die sie gerade auffressen will. Da die Freiheitsgrade der beiden Tiere gleich sind, besteht zu einem solchen Eingreifen ein Recht, und zwar selbst dann, wenn deshalb die Katze verhungern würde; denn die Katze hat kein stärkeres Lebensrecht als die Maus, und die von ihr für das Leben der Maus ausgehende Gefahr darf daher unter dem Gesichtspunkt des Defensivnotstandes abgewehrt werden. Aber es besteht keine Pflicht, zugunsten der Maus einzugreifen und die Katze an ihrem Vorhaben zu hindern, weil auf der anderen Seite die Maus auch kein stärkeres Lebensrecht hat als die Katze.

14 Vgl. § 34 StGB bzw. § 904 BGB.

Anspruch genommen wird, der nicht annähernd so viele Lasten tragen muss, wie derjenige, der für die Gefahrenquelle verantwortlich ist.[15]

Überträgt man diese Gedanken des Aggressivnotstands nun auf eine entsprechende Konfliktsituation zwischen Mensch und Tier, so ist jedenfalls klar, dass dann, wenn es um ein Menschenleben geht, jedes Interesse eines Tieres zurückstehen muss. Denn unter der Voraussetzung, dass der Freiheitsgrad eines Menschen unendlich groß ist (vgl. oben), ist sein korrespondierendes Interesse am Überleben stets wesentlich höher zu bewerten als das ggf. aufzuopfernde Interesse eines Tieres. Jedenfalls dann, wenn es keine anderen, milderen Möglichkeiten zur Abwendung der Gefahr gibt.

Wenn daher ein Mensch an einer Krankheit zu sterben droht, dürfen auch an der Gefahrentstehung gänzlich unbeteiligte Tiere getötet werden, um z.B. geeignete Medikamente für den Menschen zu gewinnen. Sofern es allerdings um nicht lebensgefährliche Krankheiten des Menschen geht, würde jener Eingriff nicht stets, sondern nur bei entsprechendem Abwägungsergebnis im Einzelfall zulässig sein. Für Tierversuche würde danach gelten, dass sie so schonend wie möglich für das Tier auszuführen sind, aber im Hinblick auf für den Menschen lebensgefährliche Krankheiten zugelassen werden müssen, eben sofern es keine schonendere Möglichkeit zur Erforschung der Wirkungsweise von Medikamenten gibt; z.B. zur Erprobung von Kosmetikartikeln dürfte allerdings kein Tier erheblich verletzt oder sogar getötet werden.

Sofern Menschen zum Überleben Fleisch essen müssen, dürften sie unter dem Gesichtspunkt der Aggressivnotstandsbefugnis auch Tiere töten, um diese zu essen. Allerdings nur, sofern es keine andere Möglichkeit zum Überleben gibt. Zumindest in der heutigen Gesellschaft ist es indes ohne Weiteres möglich, auch als Vegetarier zu überleben, weshalb jedenfalls dann, wenn man Tierrechte ernsthaft umsetzen wollte, der Fleischkonsum ein Ende finden müsste; von Notfällen abgesehen, in denen keine ausreichende vegetarische Nahrung zur Verfügung steht. Denn geht es nicht um die Existenz eines Menschen, sondern nur um dessen Vorliebe für Fleischkonsum, wäre der Eingriff in die Existenz eines Tieres durch ein *nicht wesentliches* Überwiegen seiner Interessen über die des betreffenden Tieres gekennzeichnet. Ob man insoweit noch zwischen höheren und sogenannten niederen Tieren differenzieren könnte, sodass eventuell der Genuss z.B. bestimmter Fischarten akzeptabel bliebe, mag hier offenbleiben.

---

15 Vgl. wiederum Hruschka: Strafrecht (Anm. 12).

5.

Ich habe versucht zu zeigen, dass es grundsätzlich möglich ist, mit Fritz Jahr auch Rechte, zumindest moralische Rechte, auch anderer Lebewesen als nur solche des Menschen zu konzipieren, und welche Konsequenzen dann zu ziehen wären. Der weiteren Diskussion muss es überlassen bleiben, ob diese Konzeption weiter verfolgt werden sollte und ob es ggf. noch andere Kriterien gibt, um Konfliktsituationen zwischen den Interessen von Menschen und Tieren zu beurteilen und zu entscheiden.

Gibt es moralische Pflichten gegen sich selbst?

Matthias Kaufmann

Zusammenfassung

Fritz Jahr hebt in einem Text von 1934 die Pflicht der Selbsterhaltung, generell moralische Pflichten des Menschen gegen sich selbst hervor, die er unter Rückgriff auf Paulus religiös begründet. In der Ethikdebatte der letzten Jahrzehnte überwog die Auffassung, dass es moralische Pflichten gegen sich selbst nicht geben kann, jedenfalls nicht ohne religiöse Begründung. Es lässt sich zeigen, dass auch Kants Rede von Pflichten gegenüber der Menschheit in der eigenen Person religiöse Wurzeln hat, doch folgt daraus nicht, dass sie darauf reduzierbar ist. Es werden einige Vorschläge nicht-religiöser Deutung erwogen und ein eigener Ansatz vorgestellt.

Abstract

In a paper from 1934, Fritz Jahr pleas for a duty to self-preservation, referring to a quotation of St. Paul. Within the current ethical discourse there is a vast majority holding that moral duties of persons against themselves cannot exist, at least not without any religious foundation. Even Kant's formula of the duty against humanity in one's own person is seen as a residuum of theological positions. Indeed, it can be shown that there are connections of this formula to a theological heritage, but this does not necessarily mean that it can be reduced to it. Some proposals to interpret Kant's formula without religious implications are discussed, and a new approach is shortly presented.

Die zweite seiner *Drei Studien zum 5. Gebot* von 1934 mit der Überschrift *Die Pflicht der Selbsterhaltung* beginnt Fritz Jahr mit folgender These:

> Wenn man von ethischen Pflichten spricht, dann versteht man darunter eigentlich immer nur Pflichten gegen andere Menschen. In der Regel wird nicht daran gedacht, daß ein Mensch auch gegen sich selbst sittliche Verpflichtungen hat (...). Die christliche Religion weist auf diese ethische Pflicht jedes Menschen gegen sich selbst ausdrücklich hin. Das geschieht grundsätzlich durch das fünfte Gebot: „Du sollst nicht töten". (...) Erhaltung des Lebens – auch das eigene Leben nicht ausgenommen – ist Pflicht. Und Vernichtung oder Schädigung von Leben – wiederum auch des eigenen Lebens – ist Sünde. „Wisset ihr nicht, daß ihr der Tempel Gottes seid und der Geist Gottes in euch wohnt? Den Tempel Gottes aber sollt ihr heilig halten und nicht verderben." (nach 1. Korinther 3, V. 16–17)[1]

Jahr stellt sofort klar, dass es hier nicht nur um den Suizid oder allenfalls Selbstverstümmelung geht, sondern auch darum, sein Leben nicht dadurch zu verkürzen, dass

---

[1] Fritz Jahr: Drei Studien zum 5. Gebot (1934). In: Arnd T. May, Hans-Martin Sass (Hg.): Fritz Jahr. Aufsätze zur Bioethik 1927–1947. Münster 2012, S. 63–71, hier: S. 64f.

man „seine Gesundheit durch Unkeuschheit, Unmäßigkeit im Essen und Trinken, heftigen Zorn, leichtsinnige Tollkühnheit und Waghalsigkeit u. dgl. schwächt".[2] Besonders die Unkeuschheit bereitet ihm tiefe Sorgen und er betont nicht nur ihren selbstzerstörerischen, sondern auch ihren sozialschädlichen Charakter. Bereits im Jahr 1928 hatte er sich in einem Text mit dem Titel *Wege zum sexuellen Ethos* Gedanken darüber gemacht, wie man diesen Zerstörungen entgegenwirken kann, indem man bei der Erziehung nicht nur auf den Verstand der Kinder und Jugendlichen setzt, sondern auch das moralische Gefühl anspricht und stärkt und die Pflege echter Religiosität fördert.[3]

Möglicherweise wird man von den einzelnen Pflichten, die der Mensch nach Jahrs Ansicht gegen sich selbst hat, heutzutage nicht durchgängig überzeugt sein. Man ist heute beispielsweise weniger als damals überzeugt vom furchtbaren Schaden, welchen die Unkeuschheit im Individuum und in der Gesellschaft anrichtet, wenngleich umgekehrt auch die Prophezeiungen über deren segensreiche Wirkung deutlich an Schlagkraft verloren haben. Die Forderung nach verantwortungsvollem Umgang mit der Sexualität wird man aber vielleicht eher als Pflicht gegen andere, weniger als eine gegen sich selbst bezeichnen. Dagegen wurde der Umgang mit Drogen zu einem der beherrschenden Themen bei der Frage nach moralischen Pflichten gegen sich selbst. Der eigentliche Gegenstand philosophischer Kontroversen liegt freilich in der Frage, ob es solche Pflichten überhaupt geben kann. Entweder sind sie religiös begründet, könnte man sagen, dann sind es Pflichten gegen Gott, die sich auf unseren Umgang mit uns richten, oder derartige Konstruktionen sind schlicht sinnlos. Im Folgenden werde ich einige Argumente derer anführen, die an solchen Pflichten zweifeln, dann zwei historische Positionen ansprechen, die solche Pflichten verteidigen und mögliche Interpretationen diskutieren, schließlich einen Vorschlag machen, wie man heute derartige Pflichten verstehen und damit verteidigen könnte.

1. Moral und Rechtes, Ethos und Gutes im heutigen Sprachgebrauch

In unterschiedlichen Varianten der gegenwärtigen Ethik – aus dem deutschsprachigen Raum seien zunächst Günther Patzig, Jürgen Habermas und Ernst Tugendhat genannt, hat sich die Tendenz durchgesetzt, moralische Pflichten gegen sich selbst

---

2 Jahr: Drei Studien (Anm. 1), S. 65.
3 Vgl. Fritz Jahr: Wege zum sexuellen Ethos (1928). In: Arnd T. May, Hans-Martin Sass (Hg.): Fritz Jahr. Aufsätze zur Bioethik 1927–1947. Münster 2012, S. 33–38.

abzulehnen. Dies hängt bei manchen Autorinnen und Autoren mit der Unterscheidung zwischen Fragen der Moral und solchen des Ethos zusammen, in anderer Diktion der Unterscheidung der Fragen nach dem Rechten von Fragen nach dem Guten. Moral ist nach dieser Deutung die reziproke Verpflichtung verantwortlicher und leidensfähiger Wesen zur Achtung und Rücksichtsnahme, die dann, wenn es gut geht, auch auf diejenigen ausgedehnt wird, die unfähig zur Reziprozität sind. Dies sind etwa Kleinkinder, Föten, geistig behinderte Menschen, aber auch Tiere. Es geht also um verallgemeinerbare Normen der Gerechtigkeit. Fragen nach einem geglückten Leben, die auch die kontingenten kulturellen und religiösen Bindungen berücksichtigen, gehören für Habermas in den von dieser Moral klar abgegrenzten Bereich des Ethos. Moralische Pflichten gegen sich selbst sind nach diesem Verständnis schon begrifflich absurd.[4]

Tugendhat weist hier zu Recht darauf hin, dass dieses Verfahren, Pflichten gegen sich selbst aus der Moral herauszudefinieren, nicht allseits zu überzeugen vermag, speziell natürlich nicht diejenigen, die solche Pflichten annehmen. In etwas veränderter Form ließe sich seine Kritik auch auf die zentralen Argumente aus einem Text des derzeit in Potsdam lehrenden Philosophen Achim Lohmar anwenden,[5] nach dessen Ansicht es keine Pflichten gegen sich selbst geben kann, weil es paradox wäre anzunehmen, dass jemand sich selbst Unrecht tun kann, dass also ein und dieselbe Person Unrecht tut und als einzige genau an diesem Unrecht leidet.[6] Dies sei auch nicht mit dem Grundsatz vereinbar, dass es moralisch indifferente Handlungen gebe und dies eben jene seien, die nicht die Interessen anderer berühren.[7] Sowohl diese Annahme, als auch die Behauptung der Paradoxie erscheint indessen dogmatisch, weil auch dann, wenn man jegliche metaphysische Annahme höherer Gesetze und höherer Wesen streichen will, man zumindest auf die bei Lohmar zuvor formulierte Prämisse angewiesen ist, dass eine Pflicht gegen sich selbst nicht die Differenzierung von Entwicklungsphasen einer Persönlichkeit gestattet.[8]

Bei seiner Argumentation gegen Kants These aus der *Metaphysik der Sitten*, ohne Pflichten gegen sich selbst könne es auch keine Pflichten gegen andere

---

4   Vgl. Jürgen Habermas: Vom pragmatischen, ethischen und moralischen Gebrauch der Vernunft. In: Jürgen Habermas: Erläuterungen zur Diskursethik. Frankfurt a. M. 1991, S. 100ff.
5   Vgl. Achim Lohmar: Gibt es Pflichten gegen sich selbst? In: Allgemeine Zeitschrift für Philosophie 30 (2005), S. 47–65.
6   Vgl. Lohmar: Pflichten (Anm. 5), S. 62.
7   Vgl. Lohmar: Pflichten (Anm. 5), S. 62.
8   Vgl. Lohmar: Pflichten (Anm. 5), S. 53.

geben,⁹ ignoriert er Kants Rekurs auf die Unterscheidung zwischen dem *homo phaenomenon*, dem empirisch vorhandenen physischen Menschen, und dem *homo noumenon* als mit freiem Willen begabten Wesen. Mit dieser Trennung begründet Kant, dass die Pflicht gegen sich eine solche gegen die Menschheit in seiner Person ist.¹⁰ Auch Tugendhat glaubt, dass eine plausible Bestimmung des moralisch Guten Pflichten gegen sich selbst nicht zu begründen vermag und dass Kant bei ihrer Annahme auf theologische Prämissen angewiesen ist.¹¹ Nun ist sicher richtig, dass Kants Rede von der Menschheit in der Person, wie sie auch in der Zweckformel des kategorischen Imperativs vorkommt – „Handle so, daß du die Menschheit sowohl in deiner Person, als in der Person eines jeden anderen jederzeit zugleich als Zweck, niemals bloß als Mittel brauchst."¹² – theologische Ursprünge hat. Weniger klar ist, ob sie sich darauf reduzieren lässt.

2. Pflichten gegen sich selbst als Pflichten gegenüber Gott

Wir hatten bereits ein von Jahr herangezogenes Bibelzitat zur Kenntnis genommen, welches die Pflicht des Menschen gegen sich selbst belegen soll. In der Theologie des Mittelalters und besonders der frühen Neuzeit, die für unseren Kontext, jedenfalls für die Verbindung zu Kant, eher relevant ist, wurden die Pflichten gegen sich selbst als Pflichten gegen Gott charakterisiert. Dabei ist mitunter umstritten, was alles zu diesen Pflichten gehört, anders formuliert, was als Gottes Eigentum bzw. als sein Herrschaftsbereich, das lateinische Wort für beides ist *dominium*, anzusehen ist und was nicht. Doch auch bei einem Autor wie dem Jesuiten Luis de Molina (1535–1600), der die Freiheit des Willens, selbst die Freiheit gegenüber Gott in geradezu skandalträchtiger Weise vertritt, die ihm einen Häresievorwurf einträgt und eine jahrzehntelange Debatte auslöst, impliziert die Betonung des freien Willens keine unbeschränkte Herrschaft des Menschen über sich selbst, über sein Leben und seine Glieder: „Weil nicht der Mensch Herr über sein eigenes Leben ist, sondern Gott, begeht, wer sich selbst tötet, ein Unrecht gegenüber Gott" und eine Todsünde gegenüber der Liebe, die

---

9   Vgl. Immanuel Kant: Die Metaphysik der Sitten. Akad.-Ausg. Bd. 6. Berlin, New York 1968, S. 417.
10 Vgl. Kant: Metaphysik der Sitten (Anm. 9), S. 418.
11 Vgl. Ernst Tugendhat: Der 2. Abschnitt von Kants Grundlegung zur Metaphysik der Sitten. In: Ernst Tugendhat: Vorlesungen über Ethik. 2. Aufl. Frankfurt a. M. 1994, S. 154f.
12 Immanuel Kant: Grundlegung zur Metaphysik der Sitten. Akad.-Ausg. Bd. 4. Berlin, New York 1968, S. 429.

er zu sich selbst haben sollte (*peccat lethaliter contra charitatem qua seipsum tenetur diligere*).[13] Weil jedoch der Mensch als Hüter und Verwalter seines Lebens und seiner Glieder eingesetzt ist, darf man ihm nicht, wenn er widerstrebt, aus medizinischen Gründen Glieder amputieren oder ihn zur Einnahme von Medikamenten zwingen. Soviel Entscheidungsbefugnis wird ihm also garantiert.

Da Gott kraft seines Schöpfertums der Herr von allem ist, auch des Lebens der Menschen sowie der Engel, bleibt alle menschliche Herrschaft dieser Herrschaft Gottes stets untergeordnet. Dies hat Folgen für die Rechte der Menschen, sowohl für die Rechte über sich, da sie ihres Lebens und ihrer Glieder Hüter (*custodes*) sind, nicht jedoch deren Herren, insbesondere für die Rechte über ihre Untergebenen, selbst dort nicht, wo diese ihr Eigentum sind: Ein Herr darf daher seinen Sklaven nicht töten oder verstümmeln, noch ihn an der Ehe oder am Vollzug derselben hindern.[14] Auch der Staat hat keine absolute Verfügungsgewalt über das Leben des Menschen, welches Eigentum Gottes ist.[15] Dieser Rechtsanspruch Gottes über uns schützt uns also nicht nur vor uns, sondern auch vor den Mächtigen.

Er schützt, dies gehört zur Logik dieser Konstruktion, zudem die Erde vor den Menschen. Die Menschen sind gemäß dem Naturrecht die Herren von allem unter dem Himmel, inklusive des Lichts. Jedoch genügt es für dieser Art von *dominium*, dass der Mensch die Dinge nach seinem Willen in der Weise benutzen kann, wie sie uns die Natur zur Verfügung gestellt hat und so, dass es dem göttlichen und menschlichen Recht nicht zuwiderläuft.[16] Damit ist nicht nur das Leben der Menschen, die sich unter jemandes Herrschaft befinden, der Zerstörung entzogen, sondern alles, dessen Zerstörung den anderen und dem ganzen Universum Schaden zufügen würde, etwa die Zerstörung natürlicher Arten. Dazu hätte Noah die Möglichkeit gehabt, nicht jedoch das Recht.[17] Diese Sicht mag heutzutage geradezu „ökologisch" erscheinen, allemal stellt sie eine deutliche Modifikation im Umgang mit dem *dominium* dar, zu dem traditionellerweise das Recht des

---

13 Beide Zitate aus: Luis de Molina: De iustitia et iure. Edition Novissima. Moguntiae 1659, I 11. 3, 6. Die Angaben im Text beziehen sich auf den Traktat, die Disputation und den Abschnitt z.B.: II 18. 5, diese Einteilung findet sich auch in der Genfer Ausgabe von 1733.
14 Vgl. Molina: Iustitia (Anm. 13), II 18. 5–7.
15 Vgl. Molina: Iustitia (Anm. 13), I 11. 5, III 1. 7f.
16 Vgl. Molina: Iustitia (Anm. 13), II 18. 13: „Ad dominium satis est facultas pro arbitratu eis utendi ad usus, ad quos natura contulit nobis res & ad usus, qui lege divina vel humana non sunt prohibiti."
17 Vgl. Molina: Iustitia (Anm. 13), II 18. 13.

Zerstörens (*ius destruendi*) gehört, das Molina für körperliche Dinge akzeptiert.[18] Wer sein Eigentum an diesen Dingen zerstört, handelt unmoralisch, verstößt jedoch nicht gegen das natürliche Recht.

Weder der Staat noch seine Oberhäupter, die Fürsten, haben ein *dominium* über die äußeren Güter ihrer Untertanen, vor allem nicht über deren Leben und Glieder. Molina betont dies mehrfach und hebt hervor, dass nicht nur er, sondern auch andere wiederholt darauf hingewiesen hätten und dass es offenkundig sei sowie von der Erfahrung bestätigt werde.[19] Mehrfach wird erläutert, warum der Mensch sich nicht töten oder verstümmeln darf, weil sein Körper nicht ihm, sondern Gott gehört, mit dem es allerdings keine kommutative Rechtsbeziehung geben kann, weil der Mensch nicht in der Lage ist, Gott etwas Adäquates zu geben. Insofern ist eine Verletzung dieser Ansprüche Gottes schlimmer als eine Ungerechtigkeit, weil sie nicht ausgeglichen werden kann.[20]

Allerdings ist dem Menschen sein Leben und sein Leib verliehen, um sich des Lebens zu erfreuen und seine Glieder und ihre diversen Funktionen zu gebrauchen. Er darf daher mit der genannten Einschränkung damit tun, was sein freier Wille ihm gestattet, und wer ihn daran hindert, tut ihm ebenso Unrecht, wie der, der ihn verstümmeln oder töten will.[21] Gewiss ist es anachronistisch, hier von einem Vorläufer der Patientenautonomie zu sprechen, doch bleibt es auffällig, in welchem Ausmaß Molina den Willen der Betroffenen zu berücksichtigen bereit ist. Und weil der Mensch Besitzer seiner diversen Fähigkeiten ist, über die er nach seinem Willen zu entscheiden vermag, kann er sie verleihen oder in der Ehe dem anderen zum ehelichen Gebrauch des Körpers übertragen.[22] Übrigens besitzt Molinas Definition der Ehe als wechselseitige Hingabe der Körper zum ehelichen Gebrauch auffällige Ähnlichkeiten mit Kants in kirchlichen Kreisen traditionell berüchtigtem „wechselseitigen Genuß der Geschlechtseigenschaften".[23]

Dies wird etwas ausführlicher dargestellt, weil wir in den Bereich kommen, wo die Menschen das Recht in ihrer Person schützen sollen. Umstritten ist im 16. und 17. Jahrhundert z.B. die Frage, ob auch der Selbstverkauf in die Sklaverei in die Eigentumsrechte Gottes eingreift, was die Dominikaner, aber auch etwa John Locke

---

18 Vgl. Molina: Iustitia (Anm. 13), II 1. 1.
19 Vgl. Molina: Iustitia (Anm. 13), II 25, III 1. 8.
20 Vgl. Molina: Iustitia (Anm. 13), III 1 1.
21 Vgl. Molina: Iustitia (Anm. 13), III 1 4.
22 Vgl. Molina: Iustitia (Anm. 13), III 1 5.
23 Vgl. Kant: Metaphysik der Sitten (Anm. 9), S. 277.

behaupten,[24] was Samuel von Pufendorf explizit[25] und Molina implizit ablehnen. Beide Punkte werden in Kants Überlegungen zum auf dingliche Art persönlichen Recht in der Metaphysik der Sitten bzw. in den Vorarbeiten dazu angesprochen: Ein Selbstverkauf als Sklave würde das Recht der Menschheit in meiner Person verletzen und die Eheschließung verhindert, dass das Recht der Menschheit in den beteiligten Personen durch die „hurerey"[26] verletzt wird.[27] Stimmt es also, dass Kants Auffassung nur eine terminologisch verkappte theologische Position ist, bei der Gott mit seinem Besitzanspruch weggelassen wird und an seine Stelle die Vernunft oder die Menschheit in meiner Person tritt? Dafür scheint außer dem Umstand, dass die Menschheit in der Person systematisch meist an den Stellen zu finden ist, wo sich früher das *dominium* Gottes befand, zu sprechen, dass Kant in der *Kritik der praktischen Vernunft* ausdrücklich schreibt: „Der Mensch ist zwar unheilig genug, aber die Menschheit in seiner Person muß ihm heilig sein."[28]

3. Pflichten gegen sich selbst als Pflichten gegenüber der Menschheit in seiner Person

Volker Gerhard wendet sich, wenn ich seine Argumentation richtig verstehe, in einem 2006 publizierten Text[29] zunächst vehement gegen die Sicht der Menschheit als abstrakte Wesenheit, sei es als *universale ante rem*, sei es als *universale in re*, die gewissermaßen die Stelle Gottes einnimmt und der gegenüber wir verantwortlich sind. Er tut dies, indem er „Menschheit" schlicht extensional deutet: „Menschheit ist die Gesamtheit empirischer Wesen, deren Besonderheit in einer bestimmten Art des Verhaltens besteht."[30] Als Beleg dafür, dass es Kant um den „empirischen Lebensbezug" geht, dient Gerhard der Umstand, dass er nicht von „reinen Vernunftwesen", sondern von „intelligiblen Wesen"[31] spricht. Mehr noch:

---

24 Vgl. John Locke: Second Treatise of Government. New York 1952, S. 15–16.
25 Vgl. Samuel Pufendorf: Gesammelte Werke. Bd. 4.2: De iure naturae et gentium. Liber quintus – Liber octavus. Hg. von Frank Böhling. Berlin 1998, VII 3 §1, VII 6, §5 u. §6.
26 Immanuel Kant: Reflexion zur Rechtsphilosophie. Akad.-Ausg. Bd. 19. Berlin, New York 1968, S. 458, 7570.
27 Vgl. Kant: Metaphysik der Sitten (Anm. 9), S. 276ff.
28 Immanuel Kant: Kritik der praktischen Vernunft. Akad.-Ausg. Bd. 5. Berlin, New York 1969, S. 87.
29 Volker Gerhard: Menschheit in meiner Person. Exposé zu einer Theorie des exemplarischen Handelns. In: Jahrbuch für Recht und Ethik 14 (2006), S. 215–224.
30 Gerhard: Menschheit (Anm. 29), S. 218.
31 Die Zitate in diesem Satz stammen aus: Gerhard: Menschheit (Anm. 29), S. 218.

„Er bezieht sich mit der Freiheit auf Wesen, die nur als Naturwesen möglich sind und die der Kultur bedürfen, um einsichtige und begründbare Ansprüche an sich zu stellen."[32] Diese Rolle der Kultur schützt Kant auch vor dem Verdacht der „isolierende[n] Subjektivität (...) Denn die Vernunft, die einer hat, ist immer auch die Vernunft, die ein anderer hat".[33] Wer sich als Mensch begreifen kann,

> weiß sich in diesem Begriff ursprünglich mit anderen Menschen verbunden (...). Beim Begriff Menschheit geht es daher nicht um die empirische Quersumme aller real existierenden Wesen (...). Menschheit meint die ideale Gesamtheit jener Eigenschaften, die gegeben sein müssen, damit der Mensch (als Individuum und als Kollektiv) in der Lage ist, das zu erreichen, wofür seine Einsichten sprechen und wozu er gute Gründe hat.[34]

Sicherlich ist der Versuch, ohne begriffsrealistische Konstruktionen dieselbe Erklärungsleistung zu erzielen, lobenswert. Indessen scheint er nicht recht erfolgreich: Erstens haben wir das Problem, dass mit der letzten Definition ein unklarer kurzer Terminus auf zweierlei Weise durch je einen unklaren langen Terminus erklärt wird. Die Kohärenz beider Erklärungen scheint nicht gesichert, da nicht deutlich wird, wie sich die Gesamtheit der empirischen Menschen zur idealen Gesamtheit ihrer Eigenschaften verhält. Zudem widerspricht das Insistieren auf den „Naturwesen" offenkundig Äußerungen Kants bei der Einführung der Pflichten gegen sich selbst in der Tugendlehre der Metaphysik der Sitten:

> Der Mensch nun als vernünftiges Naturwesen (*homo phaenomenon*) ist durch seine Vernunft, als Ursache, bestimmbar zu Handlungen in der Sinnenwelt, und hiebei kommt der Begriff einer Verbindlichkeit noch nicht in Betrachtung. Eben derselbe aber seiner Persönlichkeit nach, d.i. als mit innerer Freiheit begabtes Wesen (*homo noumenon*) gedacht, ist ein der Verpflichtung fähiges Wesen und zwar gegen sich selbst.[35]

Es geht Kant gerade darum, dass der Mensch nicht insofern er Naturwesen ist, sondern insofern er innere Freiheit besitzt, Pflichten gegen sich selbst hat. Da jedoch das „verpflichtete sowohl als das verpflichtende Subject (...) immer nur der Mensch"[36] ist, lässt sich dieser außer zu Zwecken der Analyse nicht in Körper und Seele trennen und als *Objekt* von Pflichten gegen sich selbst taugt der menschliche Körper sehr wohl, wenn es etwa um die ‚moralische Selbsterhaltung' geht, wenn der Mensch sich „als animalisches und zugleich moralisches Wesen (...)

---

32 Gerhard: Menschheit (Anm. 29), S. 218.
33 Gerhard: Menschheit (Anm. 29), S. 220.
34 Gerhard: Menschheit (Anm. 29), S. 221.
35 Kant: Metaphysik der Sitten (Anm. 9), S. 418.
36 Kant: Metaphysik der Sitten (Anm. 9), S. 419.

betrachtet".³⁷ Hier geht es um die Erhaltung seiner selbst, die Erhaltung der Art und den Erhalt der Fähigkeit zum Lebensgenuss, die durch Selbstmord, „unnatürlichen Gebrauch der Geschlechtsneigung" oder unmäßigen Gebrauch der Nahrungsmittel bedroht sind, also genau durch die Verhaltensweisen, vor denen Fritz Jahr im eingangs wiedergegebenen Text gewarnt hat. Kant seinerseits wird insbesondere von der Abscheu gegen die Sünde der wollüstigen Selbstschändung umgetrieben.

Im Unterschied dazu beruht die Pflicht des Menschen gegen sich selbst als bloß moralisches Wesen im Verbot, sich „des Vorzugs eines moralischen Wesens, (...) d.i. der inneren Freiheit" zu berauben, sich „zum Spiel bloßer Neigungen, also zur Sache"³⁸ zu machen. Beatrix Himmelmann sieht als zentrale Aufgabe der Pflichten gegen sich selbst entsprechend die Bewahrung der eigenen Autonomie, durch die der Mensch sich auch als moralfähiges Wesen erhält.³⁹

Auf diese zentrale Rolle der Freiheit reflektiert Jan Joerden in seiner Beschäftigung mit dem Begriff der Menschheit in der Person verbunden mit der Frage, inwieweit (Früh-)Embryonen Menschenwürde zugesprochen werden soll.⁴⁰ Er schlägt sogar vor, das Wort „Menschheit" in den entsprechenden Passagen dadurch zu erläutern, dass man es jeweils durch „Freiheit" ersetzt.⁴¹ Dies erklärt in vielen Fällen Kants Gebrauch dieses Terminus, aber eben nicht in allen, da eine Identifikation eines Wesens mit einer wesentlichen Eigenschaft, selbst wenn es die im moralischen Kontext entscheidende ist, auch ihre Gefahren mit sich bringt. Die Rede von der Menschheit als Wesenseigenschaft, oder als Summe derselben, die von den zufälligen Eigenschaften des Einzelnen zu differenzieren ist, findet sich übrigens von Anbeginn in Kants Schriften und bis hin zum Spätwerk.⁴² Sie nimmt manchmal Bezug nicht nur auf den einzelnen Menschen, sondern auf die der Menschheit in uns zu eigenen Unvollkommenheiten, und sie ist in gewisser Weise scholastische Tradition. Dass Kant diese Tradition durch die Betonung der inneren

---

37 Kant: Metaphysik der Sitten (Anm. 9), S. 420.
38 Kant: Metaphysik der Sitten (Anm. 9), S. 420.
39 Vgl. Beatrix Himmelmann: Kants Begriff des Glücks. Berlin, New York 2003, S. 99ff.
40 Vgl. Jan C. Joerden: Der Begriff „Menschheit" in Kants Zweckformel des kategorischen Imperativs und Implikationen für die Begriffe „Menschenwürde" und „Gattungswürde". In: Matthias Kaufmann, Lukas Sosoe (Hg.): Gattungsethik. Schutz für das Menschengeschlecht? Frankfurt a. M. 2005, S. 177–192.
41 Vgl. Joerden: Zweckformel (Anm. 40), S. 182.
42 Vgl. Immanuel Kant: Gedanken von der wahren Schätzung lebendiger Kräfte. Akad.-Ausg. Bd. 1. Berlin, New York 1968, S. 12; Immanuel Kant: Die Religion innerhalb der Grenzen der bloßen Vernunft. Akad.-Ausg. Bd. 6. Berlin, New York 1968, S. 26.

Freiheit stark umgewichtet („Werdet nicht (…) Knechte!"[43]) ist richtig, doch verlässt er sie nicht völlig.

Sind wir also, wenn wir die Rede von Pflichten gegen uns selbst aufrecht erhalten wollen, auf die Annahme eines derartigen abstrakten *homunculus*, einer begriffsrealistischen Wesenheit in uns angewiesen? Meiner Ansicht nach gibt es da eine einfachere Lösung.

4. Pflichten gegen sich als Pflichten gegen den Menschen, der wir sein werden

Zunächst sei festgehalten, dass Gerhards Ansatz, die Rede der Menschheit in meiner Person extensional, also bezogen auf die Menschen, zu deuten, zwar in dieser Form nicht erfolgreich, jedoch keineswegs abwegig ist, dass man also über die Menschheit in der Person sprechen kann, ohne auf platonische Entitäten angewiesen zu sein. Wilhelm von Ockham, der vielleicht wichtigste Vertreter des mittelalterlichen Nominalismus, definiert *humanitas* als *homo inquantum homo*, somit als Mensch insofern er Mensch ist.[44] Man bezieht sich damit auf Menschen, weiß aber, dass es nicht um ihre sämtlichen individuellen Eigenschaften geht, sondern um diejenigen, die sie von anderen Lebewesen unterscheidet. Es liegt m. E. nahe, dass die Kombination der beiden Definitionsversuche Gerhards auf etwas Vergleichbares hinausläuft.

Es bietet sich jedoch noch eine weitere Lösung des Problems an: Wenn wir uns überlegen, wie wir uns zu uns selbst verhalten sollten, so kommt einmal die Frage in Betracht, welche Art Mensch wir sein wollen. Dazu gehört freilich auch die Frage, welche Art Mensch wir sein können und welche Möglichkeiten wir jetzt haben, dieses Können zu beeinflussen. Wer hier unter Verweis auf Eigentumsrechte mit einem trotzigen „Das ist mein Leben" auf ein Recht auf beliebigen Umgang mit sich pocht, nimmt sich selbst und sein Leben nicht in angemessener Weise ernst, entwertet beides. Gewiss schränkt jede heutige Entscheidung die Spielräume für künftige Entscheidungen ein, doch gibt es eben dramatische Unterschiede im Hinblick auf das Ausmaß dieser Beschränkung.

Wenn man sich mit dem Menschen befasst, der man dereinst sein wird, wenn man ihn als Dialogpartner ernst nimmt, so kennt man viele der durch kontingente

---

43 Vgl. Kant: Metaphysik der Sitten (Anm. 9), S. 436.
44 Vgl. Wilhelm von Ockham: Opera philosophica et theologica. Bd. 1: Summa Logicae. Hg. von Philotheus Boehner. St. Bonaventure 1974, I 8; vgl. Matthias Kaufmann: Begriffe, Sätze, Dinge. Referenz und Wahrheit bei Wilhelm von Ockham. Leiden 1994, S. 29f.

Entwicklungen beeinflussten Eigenschaften desselben nicht. Oft verkennen wir uns bekanntlich bereits in der Selbsteinschätzung bei der Frage, welche Art Mensch wir gegenwärtig sind. Doch kann man eben einige Kernpunkte annehmen, etwa dass dieser Mensch, der wir sein werden, nicht willkürlich seiner inneren Freiheit und insbesondere nicht seiner Existenz beraubt werden sollte, auch dass wir seine physischen Handlungsmöglichkeiten nicht über die Maßen zerstören sollten. Es geht also auch hier nicht um kontingente Elemente der Persönlichkeit, sondern um die Eigenschaften, die sein Dasein als Mensch sichern sollen. Dies scheint mir eine schlichte und sinnvolle, wenngleich nicht „urkantianische" Deutung der Formel von den Pflichten gegen die Menschheit in unserer Person.

Wir können die Pflichten gegen uns, die Fritz Jahr anspricht, also dem Grundsatz nach akzeptieren, wenngleich wir wohl die eine oder andere Änderung vornehmen würden, selbst dann, wenn wir seine religiöse Bindung nicht teilen.

Body and Ethics. Reflections on Fritz Jahr's Bioethics and Richard Shusterman's Somaesthetics[1]

Leszek Koczanowicz

Zusammenfassung

Im Beitrag wird die Nützlichkeit einer Philosophie des Körpers für eine bioethische Diskussion reflektiert. Der Ausgangspunkt sind Überlegungen Fritz Jahrs (1895–1953) zu grundlegenden ethischen Fragen. Die Überlegungen Jahrs sind zweifellos wegweisend, doch mangelt es ihnen an einer entwickelten Philosophie des Körpers, die als Grundlage für die Bioethik dienen könnte. Aus diesem Grund muss Jahrs Konzeption um eine Philosophie des Körpers ergänzt werden, wie sie der in der philosophischen Tradition des Pragmatismus stehende amerikanische Philosoph Richard Shusterman entwickelt hat. Im zweiten Teil des Aufsatzes werden Shustermans Ansichten vorgestellt und auf ihre Nützlichkeit für die Bioethik hin analysiert.

Abstract

The paper reflects on the usefulness of a philosophy of the body for bioethical considerations, using Fritz Jahr's (1895–1953) ideas on the basic ethical questions as a starting point. Jahr's conception is, without any doubts, pathbreaking but lacks a developed concept of the body that could serve as a basis for bioethics. For this reason Jahr's conception has to be supplemented by a philosophy of the body as worked out by contemporary American pragmatist Richard Shusterman. In the second part of the paper his ideas are described and their usefulness for bioethics is shown.

There is no doubt that bioethics is currently situated in the very center of ethical discourse. The problems tackled by this discipline concern issues of the greatest significance for all human beings. Reproductive rights, transplantations, stem cell research and therapy, and euthanasia have not only become hot-button issues among alienated academics but are also continuously present in the public discourse. They are developing into subjects of intricate political arguments which divide political movements into hostile camps. An example of such debate can be seen in the recent discussion in Poland on the *in vitro* procedure. This has turned out to be such a sensitive political problem that after nearly two years of deliberation, with the work of several special commissions involved, the parliamentary decision has been postponed indefinitely, leaving us with a provisional solution which is widely contested. This is only one of many stories from around the world revealing that bioethical issues can hardly leave anyone indifferent.

---

1 Research on this paper has been done under the framework of the Ministry of Research and Higher Education's "National Program for the Advancement of Humanities" in 2011–2014.

This popular significance of bioethics has elevated the discipline to a level of special importance for philosophy. Philosophy, which generally speaking is withdrawing from the center of public discourse and becoming a more and more specialized academic field, gets a chance for a great comeback. Such a comeback is possible. In fact, bioethics brings philosophy to the center of contemporary social discourse. For all its increasing significance, the status of bioethics in the body of philosophical knowledge is still uncertain. This uncertainty is caused by at least two main reasons. The first is not specific to bioethics and is related more to the current state of ethics, especially normative ethics. I do not intend to discuss this question at length here, it is enough just to mention that the crisis of normative ethics hardly makes it possible to find a firm foundation of bioethics in the definite set of general ethical principles. What is much more important for consideration is the second reason. It is obvious that bioethical issues emerge from specific cases, which becomes a kind of nucleus of the general ethical problem. The ways of referring from a specific case to general rules are still under debate.

One can see in bioethics a sign of the revival of casuistry ethics, which according to Stephen Toulmin (1922–2009) was replaced at the beginning of modernity by systematic ethics. He writes in his *Cosmopolis:*

> The social implications of the new cosmopolis share one feature: they foreshadow a notion that has recently played a part in political and social rhetoric – that of "traditional values". Throughout the Middle Ages and Renaissance, clerics and educated laymen understood that the problems in social ethics (or "values") were not resolved by appeal to any single and universal "tradition". In a serious situation, multiple considerations and coexisting traditions need to be weighed against one another. Ethics was turned into a branch of theoretical philosophy in the 17th century, "case ethics" was intellectually challenging as a constitutional interpretation in the judicial practice of the United States. It did not aim to provide a unique resolution of every moral problem: rather it triangulated its way across unexplored ethical territory, using all available resources of thought and social tradition.[2]

Putting aside for a moment the general validity of Toulmin's argument, one can notice that bioethics, as it exists now, is rather a mixture of casuistry ethics and a more traditional systemic one. In the popular handbook version of *Bioethics*, Robert M. Veatch compares two main approaches in this discipline, which he calls the top-down versus bottom-up approaches. However, he opts for the "third way" he calls

---

2 Stephen Edelston Toulmin: Cosmopolis. The hidden agenda of modernity. New York 1990, p. 135.

a reflective equilibrium (...) While the theorist defending the top-down approach fought bitterly with bottom-up clinicians in the last decades of the twentieth century, there is something new of a rapprochement. More and more there is an agreement that what is critical is that, for a full and consistent approach to bioethics, eventually all four of these levels must be brought into "equilibrium".[3]

Therefore, he continues, "If one wants a full and consistent position in bioethics, eventually a stable equilibrium needs to be obtained. The result is what is now called a *reflective equilibrium.*"[4] The author is probably right that a stable, reflective equilibrium would be an ideal solution for bioethics. But we can be doubtful about the real possibility of obtaining such an equilibrium in all cases. What is more probable is a constant tension between the various levels of principles. The author acknowledges that in many key problems of bioethics, such as genetic engineering and new birth technologies, we are still witnessing more tension than agreement, and we are still far away from any stable equilibrium.[5]

Referring to these discussions, Slavoj Žižek – in his characteristic provocative way of arguing – notices these deficiencies in bioethical discourse:

> Do we today have an available bioethics? Yes, we do, a bad one: what the Germans call *Bindestrich-Ethik*, or "hyphen-ethics", where what gets lost in the hyphenation is ethics as such. The problem is not that a universal ethics is being dissolved into a multitude of specialized ones (bioethics, business ethics, medical ethics and so on) but that particular scientific breakthroughs are immediately set against humanist "values", leading to complaints that biogenetics, for example, threatens our sense of dignity and autonomy.[6]

Although Žižek is so bold in his critique of grounding bioethics in general, philosophical concepts, he himself makes recourse to psychoanalysis in order to deal with the social and cultural complications brought about by the development of bioethics. Maybe psychoanalysis is a better tool for this work than, for example, the Kantian categorical imperative, but either way makes us return to the same pattern which was criticized at the beginning.

Thus perhaps we need to stop for a while and try to re-conceptualize the general approach to bioethics. For this task, Fritz Jahr's (1895–1953) notion of bioethics seems to be invaluable. Drawing on the research and theoretical conceptions of the 19th century German pioneers of psychology, such as Gustav Theodor Fechner

---

3   Robert M. Veatch: The Basics of Bioethics. 2nd ed. Upper Saddle River / NJ 2003, p. 10.
4   Veatch: The Basics of Bioethics (ref. 3), p. 10.
5   Veatch: The Basics of Bioethics (ref. 3), p. 10.
6   Slavoj Žižek: Bring me my Philips Mental Jacket. In: London Review of Books 25/10 (May 22, 2003), p. 3.

(1801–1887), Jahr notices that the fixed lines of division between the various kinds of living beings – humans, animals, and plants – are to a great extent artificial.

As a consequence he postulates that ethical obligations should also be valid for non-human beings. "From Bio-Psychic it is only a step to Bio-Ethics, i.e. the assumption of moral obligations not only towards humans, but towards all forms of life."[7] Fritz Jahr convincingly shows in his essays that such a postulate is harmonious with scientific knowledge but also with ethical progress that forces us to include broader and broader groups of beings as subjects of ethical obligations. He stresses the Judeo-Christian roots of this attitude, especially in the Fifth Commandment, "You shalt not kill!"

However, it seems that it is Enlightenment which mainly informs Jahr's thinking:

> When the unity of the European Weltanschauung broke down at the end of the Baroque period, European intellectual life for the first time was able to receive without prejudice foreign worlds of thought [Gedankenwelten]. Already Herder's comprehensive spirit – probably the most sensitive one in those days for things to come – expected of humans, based on the image of an all encompassing deity, that they project themselves into each and every creature and feel with it the way it needs.[8]

This Enlightenment inspiration is quite visible in his demarcation between bioethics and a standpoint of "Indian fanatics":

> Our protecting animals thus has a utilitarian aspect which is daringly disregarded by the Indians, while we content ourselves with avoidance of unnecessary suffering. Unfortunately, legal regulations for the prevention or punishment of those cruelties are not strong enough in all civilized countries [Kulturländern] yet. But we are on a road of progress and animal protection gets more and more support in wider circles so that no decent human being [anständiger Mensch] will accept without criticism that a thoughtless lout [Flegel] without any afterthought beheads flowers with a stick while on the hike or that children break flowers only to throw them away after a few steps. Our self-education, in this regard, already has made considerable progress, but we have to go further, so that the guiding rule for our actions may be the bio-ethical demand: *"Respect every living being on principle as an end in itself and treat it, if possible, as such!"*[9]

This utilitarian aspect is closely connected with Kantian transcendentalism which is a fundamental of our attitude to nature. It seems that this transcendentalism has

---

7   Fritz Jahr: Bio-Ethics, 1927. In: Hans-Martin Sass (ed.): Essays in Bioethics and Ethics 1927–1947. Fritz Jahr. Bochum 2011, pp. 1–3, here: p. 1.
8   Jahr: Bio-Ethics (ref. 7), p. 2.
9   Fritz Jahr: Death and the Animals, 1928. In: Hans-Martin Sass (ed.): Essays in Bioethics and Ethics 1927–1947. Fritz Jahr. Bochum 2011, pp. 4–5, here: p. 4.

its incarnation in the police state that can rationally decide which plants should be protected and when such strict protection is unnecessary.

If we extend our moral sensitivity to animals and plants, we become also more sensitive to humans.

> This is the issue: If we have a compassionate heart towards animals, then we will not withhold our compassion and help from suffering humans. If someone's love is great enough to go beyond the borders of human-only and see the sanctity even in the most miserable creature, he or she will find this sanctity as well in the poorest and lowest fellow human, will hold it high and will not reduce it to class of society, interest group, party or what else may be considered. On the other hand, senseless cruelty towards animals is an indication of an unrefined character becoming dangerous towards its human environment as well.[10]

Jahr suggests that if we exercise our ethical compassion with regard to animals, we will understand easily that all the more our human fellows should be viewed as objects of our obligations regardless of their social status, ethnicity, and race.

Summing up my considerations of Jahr's concept of bioethics, I would like to emphasize that he makes an ambitious attempt to integrate all elements which make up our thinking of the ethical consequences of our biological endowment. He convincingly shows that when including animals in our ethical obligations, we should take into account both the scientific argumentation about blurring the distinction between animals and humans as well as that about the social consequences of such inclusion. Due to this holistic approach, bioethics ceases to be about cases but becomes more of an integrative perspective, which enables us to think out the consequences of our decisions in the sphere of biology. It is obvious that during Jahr's lifetime, biological intervention in the human body was quite limited; one could hardly predict that it would become an ethical problem of the gravest implications for a human's well-being. But as Hans-Martin Sass suggests in "Postscript",[11] we can easily translate Jahr's intuitions to our time and our discussions about the status of bioethics. However, in spite of these promising perspectives for the reconceptualization of bioethics, it seems that Jahr's ideas are in need of supplementation. I think that the main thing missing in his conception is a developed notion of the body.

---

10 Fritz Jahr: Animal Protection and Ethics, 1928. In: Hans-Martin Sass (ed.): Essays in Bioethics and Ethics 1927–1947. Fritz Jahr. Bochum 2011, pp. 6–9, here: pp. 7–8.
11 Hans-Martin Sass: Postscript. In: Hans-Martin Sass (ed.): Essays in Bioethics and Ethics 1927–1947. Fritz Jahr. Bochum 2011, pp. 45–56, here: p. 56.

He, of course being ahead of his times, stresses the need to care about the body. He shows that the 5th Commandment concerns not only others but also our own bodies. "When talking about moral duties, normally we mean duties towards other people in the first place. Routinely we do not consider that each person has moral duties towards oneself as well, and that those duties are of immense importance."[12] He continues:

> How should these moral duties towards one's own life, as expressed in the 5th commandment, be applied in real life's practice? By not taking one's own life, by not shortening it, by not harming or endangering it, by not weakening one's own health by unchastity, excesses in eating and drinking, heavy anger, frivolous foolhardiness and daredevilry, etc.[13]

This similar statement shows that Jahr pays a lot of attention to the body as he writes that "from a Christian perspective every human life as such is morally 'sacred' – including one's own life".[14] However, his idea of the body has never been transformed into a concept that would be able to integrate various elements of bioethical thinking. Also he sticks to the prejudices of his time concerning sexual life and the development of human sexuality. I assume thus that it would be along Jahr's line of thinking to use a more sophisticated concept of the body to supplement his ideas. Such a concept of the body should put stress on the social character of the body and also its emancipatory potential. Of course, since Jahr's death, there has been a bunch of concepts of the body that have forced us to rethink this notion. I mean such thinkers as Maurice Merleau-Ponty (1908–1961), Michel Foucault (1926–1984), and Pierre Bourdieu (1930–2002), to mention only the most prominent. However, I am convinced that for bioethical considerations, the concept of the body developed by Richard Shusterman is of the greatest significance. Shusterman shows a social character of the body but also demonstrates that the body is not only a passive receptacle of social influence but can be a vehicle of emancipation through various bodily practices. Therefore, the body is a "natural" candidate for a point of departure for bioethical considerations concerning the valuation of biological life. Before I examine this problem from Jahr's and Shusterman's perspectives, I would like to say some words about the usefulness of pragmatist philosophy for bioethical research.

There are several reasons why Fritz Jahr's thoughts can be harmonized with and supplemented by the pragmatist tradition. First, pragmatism has also been

---

12 Fritz Jahr: Three Studies of the Fifth Commandment, 1934. In: Hans-Martin Sass (ed.): Essays in Bioethics and Ethics 1927–1947. Fritz Jahr. Bochum 2011, pp. 22–26, here: p. 23.
13 Jahr: Three Studies (ref. 12), pp. 23–24.
14 Jahr: Three Studies (ref. 12), p. 23.

a part of the anti-dualist, anti-Cartesian movement. William James (1842–1910) really appreciated Fechner's spiritual ideas and appropriated Fechner's weltanschauung and his courage to deal with the complicated matters in *A Pluralistic Universe*. "Where there is no vision people perish. Fechner had vision and that is why one can read him over and over again, and each time bring away a fresh sense of reality."[15] This inspiration is very important for James's attempts to overcome Cartesian dualism. James puts the sentient body in the center of his thought, although he is not able to convincingly show the ways in which the body influences mental activity. This residual dualism his psychology suffers from can be accounted for partly by underdeveloped neuroscience and partly by the dominance of introspectionist psychology under whose influence he was, although he somehow insurged against it.

Second, the next generation of pragmatists, John Dewey (1859–1952) and George Herbert Mead (1863–1931), argued that our selves emerge from interactions between cooperating individuals. Hence they stressed that our ethical obligations arise from cooperation and we are able to include broader and broader groups in our selves. For that reason, although both were atheists, they held Christian ethics in highest esteem and made efforts to justify its ethical obligations even to those who do not accept the metaphysical assumptions of Christianity. Jahr's idea of including broader and broader groups in ethical obligations can be easily compared with George Herbert Mead's concept of taking the role of the other and embracing the standpoint of the more and more generalized other. Therefore he sees a possibility of resolving moral conflicts through adopting a more and more universal perspective which might include contradictory moral standpoints.

Third, they (especially John Dewey) developed the concept of the experienced body as the core concept of their philosophy. This concept has two dimensions. On the one hand, Mead and Dewey show the role of our biological endowment for the development of mental faculties. In his famous lectures published as *Mind, Self, and Society*, Mead argues that our human selves have evolved from a biologically grounded exchange of gestures. On a specifically human level, communication is carried out by gestures which are meaningful, that is, through significant symbols. Gestures acquire meanings when an individual who performs them reacts in the same way as an individual to whom they are addressed. This enables both the

---

15 William James: A pluralistic universe. Hibbert lectures at Manchester College on the present situation in philosophy. Howard G. Callaway (ed.). Rockville 2008, p. 69.

co-ordination of actions between individuals and the control of one's behavior.[16] But their appreciation of the body is hardly limited to the genetic aspect of human self and mind. Dewey devotes a lot of attention to the body as a vehicle of experience in his work. As experience is for him the most important factor in knowledge construction, he, by the same token, assumes that the body is of the greatest importance for the process of getting knowledge of the external world.

Personally he was fascinated by Alexander's technique and he appreciated the way in which it changes not only our bodily habits but also our minds.

Fourth, pragmatism was already by no means alien to bioethical research although it rather limited sense. It has been referred to as a tool to guide reasoning in resolving ethical problems. The most significant usage of pragmatism is the so-called "clinical pragmatism" which is a useful tool for resolving ethical issues in medical research and practice.

> Pragmatism in clinical research ethics is best understood not as a unique method of ethical analysis or a systematic source of validated ethical principles, but instead as a spirit of open inquiry and practically focused reasoning about ethical dilemmas. It can be described as a "bottom-up" approach to ethics in which moral and philosophical thinking is generated in response to (and is intended to resolve) day-to-day dilemmas.[17]

This approach has exerted a significant influence on bioethical research but I do not think that inspirations from pragmatism should be limited to this domain only.

But it was Richard Shusterman who developed a consistent concept of the body as a vehicle of human emancipation. He refers to classic pragmatism, mainly to Dewey's work. In his essay on Dewey's concept of the body, *Redeeming Somatic Reflection: John Dewey's Philosophy of Body-Mind*, Shusterman traces the roots and the contemporary significance of Dewey's thought. He emphasizes that Dewey developed his theory of the body not only through philosophical speculation but also by closely watching scientific progress and through his personal engagement with Alexander's technique of improving the functioning of the body.[18] Shusterman is aware that Dewey's concept of the body is partially flawed and in need of correction. I am not going to examine in detail Shusterman's account of Dewey's philosophy of

---

16   Cf. George Herbert Mead: Mind, self and society. From the standpoint of a social behaviorist. 11th ed. Chicago 1959, p. 69.

17   David H. Brendel, Franklin G. Miller: A Plea for Pragmatism in Clinical Research Ethics. In: The American Journal of Bioethics 8/4 (2008), pp. 24–31, here: p. 25.

18   Cf. Richard Shusterman: Body consciousness. A philosophy of mindfulness and somaesthetics. Cambridge 2008, pp. 180–216.

the body here. I would only like to note that he sees a troubling dilemma inherent to Dewey's thought.

> Here then is the core practical dilemma of body consciousness: We must rely on unreflective feelings and habits – because we can't reflect on everything and because such unreflective feelings and habits always ground our very efforts of reflection. But we also cannot entirely rely on them and the judgments they generate, because some of them are considerably flawed and inaccurate. Moreover, how can we discern their flaws and inadequacy when they are concealed by their unreflective, immediate, habitual status; and how can we correct them when our conscious, reflective efforts of correction spontaneously rely on the same inaccurate, habitual mechanisms of perception and action that we are trying to correct?[19]

In the text in question, Shusterman does not give a definite answer to this problem but suggests that in spite of technological progress, we are still heavily dependent on our bodies which in turn are inscribed in our social and cultural practices.

> Despite our evolutionary progress of rational transcendence (including the technological advancements that some regard as rendering us posthuman cyborgs), we still essentially and dependently belong to a much wider natural and social world that continues to shape the individuals we are (including our reasoning consciousness) in ways beyond the control of our will and consciousness. As oxygen is necessary for the functioning of consciousness in the brain, so the practices, norms, and language of society are necessary materials for our processes of reasoning and evaluation. It is not moral perfectionism but blind arrogance to think otherwise.[20]

Seeking inspiration for his research, Shusterman refers to the Eastern philosophies of Confucius (551–479 BCE) and Mencius (370–290 BCE), showing that they vividly depict how the progress of our mental faculties is closely linked with the state of our bodies. These diverse sources share, however, one important conviction: that the more we concentrate on the body, the more we realize that the body cannot be considered apart from the environmental contexts both natural and social in which it develops and progresses. Therefore the exercise of perfecting our bodies can bring about a better relationship with the outer world as well as a better understanding of ourselves. So Shusterman writes in the conclusion:

> By enabling us to feel more of our universe with greater acuity, awareness, and appreciation, such a vision of somaesthetic cultivation promises the richest and deepest palate of experiential fulfillments because it can draw on the profusion of cosmic resources,

---

19 Shusterman: Body consciousness (ref. 18), p. 212.
20 Shusterman: Body consciousness (ref. 18), p. 214.

including an uplifting sense of cosmic unity. Enchanting intensities of experience can thus be achieved in everyday living without requiring violent measures of sensory intensification that threaten ourselves and others. And if we still prefer more dangerous psychosomatic experiments of extreme intensity, our somaesthetically cultivated sensory awareness should render us more alert to the imminent risks and also more skilled in avoiding or diminishing the damage.[21]

In his subsequent books and papers, Shusterman constantly shows how various practices of the body can contribute to the amelioration of our lives. In recent years, he has worked out the concept of a new discipline he calls "somaesthetics." In the Introduction to his last book, *Thinking through the Body*, Shusterman writes:

Beyond reorienting aesthetic inquiry, somaesthetics seeks to transform philosophy in a more general way. By integrating theory and practice through disciplined somatic training, it takes philosophy in a pragmatist meliorist direction, reviving the ancient idea of philosophy as an embodied way of life rather than a mere discursive field of abstract theory.[22]

Doing so, he shows that in Western philosophy from antiquity through Christianity to the majority of contemporary philosophies, the body was neglected as a valid subject of philosophical reflection. It serves mainly as a contrast to the mind which was considered the real locus of human-specific traits such as character, consciousness, creativity, and so on. Shusterman acknowledges that the body becomes an icon of contemporary culture but on the other hand is mainly concerned as an object which has to be presented to others. This approach to the body he contrasted with the idea that the body can be a vehicle of melioristic human emancipation:

Somatic self-consciousness in our culture is excessively directed toward a consciousness of how one's body appears to others in terms of entrenched societal norms of attractive appearance and how one's appearance can be rendered more attractive in terms of these conventional models. (And these same conformist standards likewise impoverish our appreciation of the richly aesthetic diversity of other bodies than our own.) Virtually no attention is directed toward examining and sharpening the consciousness of one's actual bodily feelings and actions so that we can deploy such somatic reflection to know ourselves better and achieve a more perceptive somatic self-consciousness to guide us toward better self-use.[23]

21　Shusterman: Body consciousness (ref. 18), p. 216.
22　Richard Shusterman: Thinking through the Body. Essays in Somaesthetics. Cambridge 2012, p. 3.
23　Shusterman: Body consciousness (ref. 18), p. 6.

I think that these words resonate with some of Jahr's insights, for instance those concerning sexual ethics and education. However, it seems that Jahr stops short of acknowledging that the body has its own potential for emancipation irrelevant to any ideological system of thought.

If we admit such an emancipatory potential, we can proceed with constructing a bioethics that would respond to the needs of the body. I would not dare here even sketch such a bioethics. However, taking into account Shusterman's thoughts, I would like to enumerate some issues which will have to be addressed from this perspective. First, if the body is to be a center of our thinking about bioethics, we need to reformulate bioethical problems in such a way that they should refer to the status of the body in the social world. Assessing bioethical issues, one should ask how medical interventions in our bodies can modify our ways of experiencing the outer world and ourselves. Second, if – as Shusterman convincingly argues – the body has an emancipatory potential, we should judge medical intervention on the basis of this potential. The main question is then how such interventions help people to overcome their limitations and whether or not they enable them to widen and enrich their experience. Third, if the body is a social phenomenon, we need to look at the social consequences of medical interventions. This issue has been widely addressed but mainly as a problem of social harmony and stability in the face of biogenetical experiments. Nevertheless we can also ponder over the consequences such experiments would have for the socia
l construction of the body. This point can be of crucial importance for bioethical theory as experience, emancipation, and social responsibility of the body converge.

If we accept this point of view on bioethics, one can expect that it could help to overcome the opposition I have outlined at the beginning of the paper between casuistry and systematic ethics. The body and its emancipatory potential would be a starting point for evaluating concrete issues involved with bioethics. This approach would allow us to avoid the dangers of a merely case-oriented ethics as well as relying only on what is accepted under the dogma of progress.

Fritz Jahr's Concept of Bioethics and the Ethical Controversies over Experiments on Human Subjects

Joanna Miksa

Zusammenfassung

In meinem Beitrag untersuche ich ethische Fragen psychologischer Experimente am Menschen. Bioethik konzentriert sich in der Regel auf ethische Verpflichtungen, die der Mensch gegenüber den Tieren und seiner Umwelt hat. Fritz Jahr (1895–1953), der den Begriff „Bio-Ethik" prägte, war hier keine Ausnahme. Doch wenn er von einer sexuellen Ethik des Menschen spricht, dann verlagert sich der Akzent auf Einschränkungen, die zu respektieren sind. In einem weiteren Schritt werde ich mich dem Problem zuwenden, wie man bei Experimenten mit und am Menschen einen normativen Schutz für diesen definieren kann. Hier ist der Streitgegenstand, dass Menschen an solchen Forschungen teilnehmen, nachdem sie sich freiwillig dazu bereit erklärt haben – so auch im Experiment von Stanley Milgram (1933–1984) zur Gehorsamkeit gegenüber Autoritäten. Die Teilnehmer wurden unter erheblichen Stress gesetzt und riskierten, gedemütigt zu werden. Ich werde im Folgenden auch das sogenannte „Little Albert Experiment" von John Watson (1878–1958) heranziehen. Anders als bei Tieren muss bei Experimenten, bei denen Menschen betroffen sind, der Begriff der Autonomie berücksichtigt werden sowie die Pflicht, die moralische Subjekte gegen sich selbst haben. Im letzten Teil untersuche ich die 2010 produzierte französische Fernsehsendung *Le Jeu de la Mort*, die sich an das Milgram-Experiment anlehnt, aber an die Anforderungen des Fernsehens angepasst ist.

Abstract

In my paper I analyse the ethical aspects of psychological experiments on human subjects. Bioethics has a tendency to focus on the ethical obligations people have towards animals and the environment. Fritz Jahr (1895–1953), who coined the term 'bioethics', was not an exception in this regard. Yet when he speaks of human sexual ethics, the accent shifts onto constraints that should be respected. After that part I move on to the problem of defining normative protection for people when it comes to psychological experiments on human subjects. The source of moral controversy is that people participate in that kind of research after giving their free consent. That was the case in Stanley Milgram's (1933–1984) experiment on obedience to authority. The human subjects who participated in it were put under considerable stress and risked being humiliated. I also discuss the experiment conducted by John Watson (1878–1958) in 1920, known as the "Little Albert experiment". Unlike in the case of animals, as far as people are concerned there is a need to take into consideration the notion of autonomy as well as duties that a moral subject has towards himself. In the final part of this paper I analyse a French TV programme, *Le Jeu de la Mort*, which was produced in 2010 and was designed as a copy of Milgrams experiment and adapted so as to respond to the needs of television.

1. Introduction

The justification Fritz Jahr (1985–1953) puts forward in the process of explaining his project of bioethics is multifaceted as he makes appeal to different traditions: secular and religious, European and non-European. He takes into account arguments formulated by scientists engaged in doing empirical research and those who do not belong to that group. Nevertheless, even though the reader is confronted with so great an amount of directions in which the thought of Fritz Jahr goes, the crucial message he wants to convey seems to be quite clear and is the following: we should change our attitude towards animals and the rest of the living world because in the light of scientific research, although people and animals differ in many ways, still there is not any palpable feature that could be ascribed to people and denied to animals – a feature that could serve as an argument to support the claim that people are entitled to define themselves as rulers or possessors of the world they live in. No matter how different we may be, it does not mean that there was any reason to deny that we have ethical obligations towards animals as we have them towards each other. The defining characteristic of the attitude we should adopt towards animals – and eventually living beings of any kind – should be compassion.[1] In my opinion, every argument in favour of Jahr's project of bioethics that can be found in his writings and calls in philosophical or religious authority has only supporting or explicative function.

Speaking of the role science fulfilled in the process of changing the way in which Europeans conceive of the relationship between themselves and the animal world, Jahr mentions briefly the utility of tests done on animals. Yet science makes progress not only by means of research carried out with the use of animals, but needs to resort to experimenting with human subjects as well. I think it is quite surprising a fact that the regulations dealing with the mental well-being of the human subjects involved in research did not become a matter of concern much sooner than those that attempt to protect the well-being of the animals.

The codes regulating the use of human subjects in psychological experiments need the notion of autonomy, explicitly or implicitly. There are good grounds to claim that they need to entail the concept of a duty that a moral subject has not only towards other beings but towards him- or herself as well. The fact that people are endowed with consciousness, the capacity of abstract thinking and the ability to use language poses a very important and at the same time unique problem to the authors of ethical codes for psychologists – a problem that does not appear when it

---

1   Cf. Fritz Jahr: Bio-Ethics. In: Hans-Martin Sass (ed.): Essays in Bioethics and Ethics 1927–1947. Fritz Jahr. Bochum 2011, pp. 1–4.

comes to the codes designed for scientists who carry out experiments on animals. Jahr speaks of scientific data that make it clear that animals think.[2] Obviously, since his time, we have gathered an extremely rich body of proof that documents this statement. Still, only in the case of human subjects we may be confronted with the necessity of defining the meaning of the concept of autonomy in order to decide whether some proposed experiment should be carried out or not. More precisely I mean situations in which, in spite of the fact that a subject participates in an experiment after giving his or her free consent, there are still reasons to doubt whether that free consent gives the scientist the right to accept it. Has the scientist the right to accept the subject's decision to put him- or herself in a situation that is stressful or humiliating even if the subject does not see anything wrong in the situation he or she is being put in? In the case of experiments involving children, to what extent are their parents entitled to make decisions for them? These are examples of questions that arise as a response to some experiments that have actually been carried out and which are nowadays considered a source of valuable information on human nature. In my paper I will refer to two experiments which have lead to discussions on the ethical aspect of experimentation with human subjects carried out by psychologists. The first one is John Watson's (1878–1958) so called "Little Albert experiment" which took place in 1920, and the second one is the famous experiment on obedience to authority carried out by Stanley Milgram (1933–1984) in the early 1960s. Obviously, it is not my point to claim that those experiments should not have taken place or that the conclusion we can draw from those events was that ethicians should engage in some campaign against the use of human subjects in psychological research. The aim of ethics, including its bioethical manifestation, does not necessarily have to be to achieve a measurable change in human behaviour but may have a more modest objective, which would be to raise consciousness of the moral implications of the decisions we take. Obviously, that second option means that ethics influences behaviour, but there is an important difference. If we say that ethics limits itself to raising consciousness we admit that there are cases when the situation we are in is inherently conflictual. We are to choose between at least two moral values which, considered in abstraction from the situation we are in, are both worthy of respect yet cannot at the same time guide our actions, at least not to equal degrees. Ethics would in such a case fulfil a role that might be regarded by many as futile or even redundant, as it would encourage us to question our principles instead of acting. Especially scientists will have to act in

---

[2] Cf. Fritz Jahr: Three Studies on the Fifth Commandment. In: Hans-Martin Sass (ed.): Essays in Bioethics and Ethics 1927–1947. Fritz Jahr. Bochum 2011, pp. 22–27, here: pp. 24–26.

the end somehow or other, and the process of deliberation cannot last indefinitely. Yet, as Hannah Arendt (1906–1975) observed in her brilliant text on Socrates, it makes a great difference whether we act without complicating our lives with thinking, which may leave us empty-handed and without any clear conclusion, or accept to debilitate our will to act by putting our decisions to moral scrutiny.[3] I think that the benefit from having doubts is maturity which consists in taking conscious, informed decision, without turning a blind eye on the costs involved. That attitude involves accepting the fact that the price of acting is losing innocence, whereas innocence would be the conviction that it is possible to act in such a way that at least an overall outcome of our actions can be called good. Unfortunately, the choice is not always between good and wrong actions, but is more often between actions that will be a proof of respect for one moral value more rather than for the other, even though that other one can be important as well. The hope is that adopting such an attitude would make it possible to refrain from undertaking an action that would be oriented at achieving some good at a too high a price. That price would not be tantamount to doing something bad but would rather consist in not paying enough attention to some other value, dismissing it too easily. I think that an excellent example of that kind of situation is the 2010 French-Swiss documentary *Le Jeu de la Mort*, directed by Thomas Bornot and Gilles Amado with a scenario written by journalist Christophe Nick, the author of the project. The film basically repeats Milgram's experiment on obedience and authority in the context of a contemporary TV reality show. I will analyse the ethical controversies raised by this programme in the last part of this paper.

2. Fritz Jahr on animals and humans

To take into consideration the problem of autonomy in the context of bioethical debates can be useful, in my opinion, when it comes to reflecting upon the recommendable relation that should exist between humans and animals. There are many authors in the bioethical debate, among them Fritz Jahr, who insist very much on the fact that humans have moral duties towards animals. Hans Jonas (1903–1993) represents the opinion that it is our duty to care for the world we live in because we are responsible for it to future generations.[4] Van Rensselaer Potter (1911–2001) speaks of bioethics as a new science that would enhance the chances of the human

---

3   Cf. Hannah Arendt: The Life of the Mind. New York 1981, pp. 179–183.
4   Cf. Hans Jonas: The imperative of responsibility. In search of an ethics for the technological age. Chicago 1984, pp. 38–45.

species to survive and prosper.⁵ The difficulties that can be encountered while putting to examination the case of experiments on human subjects are interesting in the sense that they may introduce into the bioethical debate the concept of duties human beings have towards themselves. In Kant's (1724–1804) practical philosophy this category of duties was discussed among the duties of virtue.⁶ To obey the duties a moral subject has towards himself is a necessary condition of fulfilling his or her duties towards others, says Kant and consequently puts the duties of virtue we have towards ourselves at the head of his list of duties of that kind. Bioethics is a discipline that from its very beginnings has seemed so preoccupied with the need to care for the world in which humankind lives as well as for its vulnerable habitants, the animals, that at times it seems that there is no space for reflecting on human beings alone. Nevertheless bioethics does not have to be so externally oriented; caring for the world as a host for humankind may well find support in reflections on the duties man has towards himself.

Including the notion of autonomy makes it possible to interpret bioethics as a tool that might become a means of boosting the autonomy of the subjects living in contemporary modern societies. Seen in that way, bioethics is an area of reflection with an emancipatory potential. By adopting such a perspective, I am interested in those aspects of bioethics which make it possible to reflect upon the attitude that a moral subject should adopt toward himself rather than to the external world. But by interpreting bioethics as an emancipatory discourse, it is easy to see that what may culminate in claiming respect for human beings started with realising the duties they have towards the world they live in.

Fritz Jahr's point of departure is to state that we have duties towards animals and plants. That is what we can find in the term "bioethics" itself, "bio" meaning "life".⁷ Interestingly enough, as Hannah Arendt observes in her book *Human Condition*, the Greeks used two different terms in order to describe what we today call life. The term *bio* was reserved for humans only, especially when referring to their political activity. Within that realm they could express their individuality and therefore the word *bio* referred to the unique, one and only character of a given person. The biological life of the human species was described as *dzoon*, which meant life in general, without taking into consideration the inimitability of each person.⁸ That distinction had faded away oceans of time before Fritz Jahr coined his own term *bioethics*, and the meaning he associates with the term "life" involves

---

5   Cf. Van Rensselaer Potter: Bioethics. Bridge to the future. Englewood Cliffs 1971, pp. 1–5.
6   Cf. Immanuel Kant: Metaphysics of Morals. Cambridge 1996, pp. 171–220.
7   Cf. Jahr: Bio-Ethics (ref. 1), p. 1.
8   Cf. Hannah Arendt: The Human Condition. Chicago 1998, pp. 41–58.

ascribing the same status to humans and animals in the sense that living beings who belong to either group are granted the normative protection guaranteed by the Categorical Imperative. After modification, the imperative – which is now called *bio-ethical Imperative* – reads as follows: "*Respect every living being, including animals, as an end in itself, and treat it, if possible, as such!*"[9]

However, the fact that Jahr uses the Kantian formula to define the bio-ethical imperative is highly misleading. It is not reason, and definitely not pure practical reason, which is its origin. The key notion as far as our ethically desired attitude to animals is concerned is compassion. It is thus an empirically detectable feeling that offers justification to the new moral attitude that should be adopted with respect to animals. The compassion that is supposed to change the way we treat animals, and possibly plants as well, gives us hope that the way we treat each other as humans may also change.

> If we have a compassionate heart towards animals, then we will not withhold our compassion and help from suffering humans. If someone's love is great enough to go beyond the borders of human-only and see the sanctity even in the most miserable creature, he or she will find this sanctity as well in the poorest and the lowest fellow human, will hold it high and will not reduce it to class of society, interest group, party or what else may be considered.[10]

When we take a more careful look at Fritz Jahr's justification of his proposal to take a different approach to animals, it attracts our attention that it has many ramifications. He invokes various traditions and intellectual streams which sometimes differ significantly from each other. First of all there are scientific arguments. Modern psychology – at least in some of its versions – treats humans and animals as one group consisting of various elements which have a common denominator, namely, the capacity to feel and to suffer. There is – and more importantly, already was in Fritz Jahr's time – research on the way in which animals think, and under the behaviourist paradigm, the results of experiments on animals apply to people. Jahr insists that those were the developments in psychology that forced European culture to acknowledge the illusory character of human claims to rule over the animal kingdom.

> Philosophy, formerly prescribing leading ideals for the natural sciences, now has to build her systems on the basis of specific knowledge from the natural sciences – and it was only

---

9   Fritz Jahr: Animal Protection. In: Hans-Martin Sass (ed.): Essays in Bioethics and Ethics 1927–1947. Fritz Jahr. Bochum 2011, pp. 6–10, here: p. 10.

10   Jahr: Animal Protection (ref. 9), p. 7.

a poetic-philosophical [dichterphilosophische] interpretation of Darwin's insight when Nietzsche considered humans to be a somewhat inferior stage towards a higher stage in evolution, as a "rope extended between animal and superman [Übermensch]".[11]

Secondly, Jahr speaks of a philosophical tradition starting from Jean Jacques Rousseau (1712–1778). Among the predecessors of bioethics he enumerates Herder (1744–1803), Friedrich Schleiermacher (1768–1834), Schopenhauer (1788–1860) as well as the composer Richard Wagner (1813–1883). The two latter authors are referred to precisely because of the stress they both put on compassion as the defining characteristic of the attitude people should adopt towards animals. He also quotes Kant saying that we have moral duties towards animals even though they cannot be in their turn morally obliged to respect us. That statement is not followed by any further analysis of Kantian thought which would probably have to draw some conclusions from the fact that Kant would not agree that compassion is an adequate justification of the opinion that we should treat animals with respect and recognise the existence of moral duties towards them. Kant only says that people have to observe duties we have towards animals out of respect for ourselves as human beings, which in its turn is prescribed by pure practical reason.[12] Thirdly, Jahr discusses the arguments in favour of animal ethics that can be found in religious tradition. He refers to quotations from the Bible as well as to prescriptions formulated by Buddha and within the Yoga tradition.[13]

Jahr, acknowledging the fact that there are differences between animals and human beings, at the same time refers to research concerning the capability of animals to think and to feel.[14] He also recognises the necessity to adopt a utilitarian approach to dealing with animals, as he does not advocate a vegetarian diet at all and does not mention the idea of calling it a moral duty. Apart from that, he speaks in favour of scientific research involving tests carried out on animals. I think it becomes clear on that occasion that using the concept of compassion as a primary justification of duties we have towards animals eventually confronts us with a series of problems. Introducing compassion as a basis for moral duty is a somewhat equivocal proposition. Compassion has the advantage – excluding

---

11   Jahr: Bio-Ethics (ref. 1), p. 1.
12   Cf. Kant: Metaphysics (ref. 6), pp. 32–33.
13   Cf. Jahr: Bio-Ethics (ref. 7), p. 2.
14   Jahr considers as well the possibility that even plants might feel. He quotes among others Montaigne (1533–1592), Herder, Friedrich Schleiermacher, Wagner and Goethe (1749–1882) as authors which may provide us with arguments that support such a hypothesis. Yet I do not include that problem in my analysis as it does not enrich my argumentation concerning experimentation on human subjects. Cf. Jahr: Three Studies (ref. 2), pp. 25–26.

some pathological cases – of being a rather universal phenomenon in the sense that we all experience it in our everyday lives. Morality can draw on that experience, and its role would be to boost the capacity to feel it and take decisions that could then be called its outcome. Nevertheless there inevitably comes the point where the question arises to what extent we should trust in compassion experienced at the moment of choosing our course of action and when it is more recommendable to hush its voice. If it is compassion that should play such an important role in bioethics, and especially in our morally justified attitude towards animals, we have every reason to ask how it can help us resolve the problems encountered in experiments carried out on animals as well as on human subjects.

As far as the limits of compassion towards animals are concerned, two of Jahr's remarks need to be highlighted. The first one is fairly trivial and only proves that Jahr was conscious of the requirements imposed on us all by common sense. He simply recalls the Yoga repentants who observe extremely strict diet regulations and classifies them as fanatics. He even calls in Buddha's authority against the fervent yogis in order to show that there is no need to push any rule to its extreme in order to lead a morally praiseworthy life. More important is another remark, expressed in a text on the 5th Commandment, "you shall not kill". Fritz Jahr advocates extending the normative protection guaranteed by the Divine Commandment in such a way that it would protect animals as well. Accepting the limits of such attitude imposed upon us by common sense, he sees the need to recognise such limitations in the case of human beings as well.

> Slaughter and killing of animals is hardly avoidable, even if done only for needed supply of a growing population. The struggle for life [Kampf ums Dasein] makes this a necessity. However much we may regret it, this same principle also influences our ethical behaviour towards our fellowman. In our entire life and activities, be it in politics, in business, at the office, in the workshop, on the field, our basic goals are in no way primarily directed by love, but rather by struggle with some kind of competitors of ours. (…) In spite of all this, no one considers the 5th commandment a utopian charge. As our attitude towards animals – as determined by the struggle for life – basically does not fall outside our attitude towards man, the commandment can and must be valid here as well, an ideal and a point of reference for our moral strife.[15]

The fact that one of the reasons for which the new moral attitude towards animals should be adopted is provided by modern science and its recent achievements is reflected in a certain indulgence Jahr shows when it comes to experimentation on animals. He accepts the fact that science needs experiments on animals,

---

15 Jahr: Animal Protection (ref. 9), pp. 5–6.

which implicitly involves accepting the necessity to hurt or even sacrifice some of them.

> It will always be the credit of modern natural sciences to finally render an unbiased study of the world [Weltgeschehen]. We would not be truth-seekers today if we had discarded the results of animal experimentation, blood research etc. On the other hand, we cannot deny that precisely these scientific triumphs of the human spirit have infringed upon the dominant position of the human being in the world in general.[16]

If the key word defining the morally recommendable attitude towards animals according to Fritz Jahr is compassion, it is difficult to say what the origin of the sexual ethics he proposes is. In his texts on animal ethics the following fragment can be found, suggesting an influence better understanding of the animal world might have on sexual ethics designed for humans.

> (…) the attitude of a normal and healthy naturalness, not to be confused with a rampant life of over-excited, unhealthy and thereby unnatural urges which are quite often wrongly considered to be natural. The fact that promoting knowledge and understanding of nature and a true love for nature will also have a positive effect on sexual ethics does not need to be demonstrated additionally.[17]

The impression the reader may get here is that the author takes it for granted that in the animal kingdom everything happens the way it should because animals can only behave in harmony with the laws of nature, which obviously is not the case in the human world. Jahr's texts on sexual ethics make it clear that he expressed different expectations when he spoke about humans and animals. Humans, for him, are supposed to live up to a number of expectations dictated by reason and, as far as our sexuality is concerned, his starting point is not a description of our actual needs or natural behaviour. Jahr clearly presupposes that it is possible to differentiate between natural and opposed-to-nature ways of satisfying the sexual drive, although he does not develop on that issue. Knowing how animals behave and how little they differ from people does not mean to relax the moral constraints that are supposed to define human sexual life. Quite on the contrary, in the above quoted text there is a suggestion that not every urge can be called natural and therefore even the marriage of ethics and science cannot provide us with arguments in favour of revising that category of norms. The text on sexual ethics reflects upon duties concerning humans only. It attracts the attention of the reader that when animal ethics is concerned, the key notion is compassion. But when Fritz Jahr

---

16   Jahr: Bio-Ethics (ref. 1), p. 1.
17   Jahr: Animal Protection (ref. 9), p. 8.

speaks of humans, the emphasis shifts towards duties, and compassion does not seem to be as important as it was in the case of duties towards animals. As far as human beings are concerned, what Fritz Jahr focuses upon are the standards a person should fulfill in the course of his or her moral development. While introducing the subject of sexual ethics, Jahr insists on its rational character. Even if he proposes innovations in this field, he still sounds almost like an orthodox theologian. This is because he invokes the principle of dominance of reason over empirically given nature, of moral prescriptions over the will to pay attention to actual human needs.

> Without doubt, thought and rationality can and must be applied to all matters, including ethics and even sexual ethics. It is necessary. To deny this necessity also means to deny the pursuit of the problem in question as well as any progress which may result from it.[18]

Apart from insisting on the need for rational constraints on sexual behaviour, Jahr also recognises the existence of a sexual nature of human beings, which obviously cannot be accepted without reservation as far as the moral perspective is concerned.

> But we may not overlook that man is not exclusively a thinking being, rationality is not representative of all the other impulses of the mind. This long-established psychological fact is often neglected and it is often forgotten that man is endowed with strong drives and sentiments. And because of the strength of these inner drives, it is extremely difficult to subordinate sexual ethics to rationality alone: we have to recognize that the sexual drive may be especially powerful.[19]

There is a number of human propensities that may turn out to be dangerous from a rational point of view – Jahr quotes the case of homosexuality. He gives no justification for treating homosexuality as a vice at this point, but seems to simply repeat an opinion generally accepted at the time and supported by the medical standards of the era. The strength of the sexual drive which he recognised as attested by empirical experience is not an argument against the duty of submitting it to the constrictions dictated by reason. Sexual education, as advocated by Jahr, should help people prepare themselves to live up to the standards imposed on their sexual life by morality. Taking into consideration our tendency to be easily aroused, the material used in the process of that sort of education should be carefully chosen so as not to bring about any temptation. Even classical works such as Boccaccio's

---

18 Fritz Jahr: Ways to Sexual Ethics. In: Hans-Martin Sass (ed.): Essays in Bioethics and Ethics 1927–1947. Fritz Jahr. Bochum 2011, pp. 12–14, here: p. 13.
19 Jahr: Ways to Sexual Ethics (ref. 18), p. 13.

(1313–1375) *Decameron* may put our morals in danger and therefore in Fritz Jahr's opinion are not worthy of being trusted.[20]

It is a striking fact that even when referring to Rousseau as a pioneer of sexual ethics based on unbiased approach towards human sexuality and a defender of sex education for the young, Jahr mentions a fragment in which Rousseau speaks of dangers that loom large once we become sexually active. While writing about the progressive character of educational proposals described in the book *Émile ou de l'éducation*, he comments upon the idea of taking the young on visits to hospitals and brothels in order to warn them against the danger of contracting syphilis – by means of exposing the disciple to the sight of those suffering form the disease.[21] This is highly ironic a choice, given the fact that according to what Rousseau wrote in *Émile* it is precisely the awakening of the sexual drive which is necessary for a young person to enter society. Before reaching the age of sexual maturity, the most important passion a child can feel is self-love. The sexual drive makes it necessary to look for another person to satisfy that kind of a natural need and the quest for a person to love inevitably makes everyone compete with their rivals. The final result is the development of society. Obviously, Rousseau vehemently criticises human society for depriving nature, for instance by advancing lasciviousness, but at no point does he suggest that the raison d'être of sexual ethics was to justify rational limitations on our sex drive. It involves limitations, without any doubts, but they are not an unfortunate outcome of a conflict existing between our natural impulses and reason. Reason is not defined by Rousseau as a weapon against nature in this case but against mistakes committed by a society deaf to the voice of nature.[22]

From a contemporary point of view, what Fritz Jahr writes on sexual ethics does not sound familiar to many members of modern societies. The lacking element is the individual's opinion on how they feel about the needs they happen to have and the moral obligations that culture imposes upon them. For Fritz Jahr there is no need to ask how people think of their own needs, how they deal with the conflict that may occur between their own expectations and moral norms. The turning point in sexual ethics was the Kinsey report, carried out for the first time in 1948 and extended later on. The interesting thing about Kinsey (1894–1956) was that he was a biologist and had specialised in entomology before starting his research on human sex behaviour. As he himself explains, the idea of changing his field of study came from his teaching experience and the lack of reliable empirical data on

---

20 Cf. Jahr: Ways to Sexual Ethics (ref. 18), p. 14.
21 Cf. Jahr: Ways to Sexual Ethics (ref. 18), p. 12.
22 Cf. Jean Jacques Rousseau: Émile ou de l'éducation. Paris 1964, pp. 245–254.

the subject which made it impossible for him to satisfy the curiosity of his students who wanted to know if people differ a lot in their sexual behaviour from animals. The peculiarity of that survey consisted in his open refusal to submit the data obtained to any type of moral evaluation or even to apply social criteria that would categorise the behaviours observed as normal or abnormal.

> The present study, then, represents an attempt to accumulate an objectively determined body of fact about sex which strictly avoids social or moral interpretation of the fact. Each person who reads this report will want to make interpretations in accordance with his understanding of moral values and social significances; but that is not part of the scientific method and, indeed, scientists have no special capacities for making such evaluations.[23]

Even though Kinsey was rightly criticised for serious methodological mistakes, the data obtained by him and his collaborators was a turning point in the way sexual ethics was treated. Obtaining information on the actual sexual behaviour of people changed the way sexual ethics was thought of. From now on it was impossible in the discussions on norms for sexual life not to take into consideration how people actually act. From the moment of publication of the books on sexual behaviour in human males in 1948 and females in 1953 by Kinsey and his collaborators, there was a source that had to be referred to by anyone who wanted to speak of what is natural and what is not. It was no longer obvious that what is natural in the sense that it takes place in nature is what we are ready to recognise as morally correct, and it became more complicated then to consult nature in the process of seeking an answer to the question what rules sexual ethics should consist of.

The differences that can be noted between ethics concerning animals on the one hand and human beings on the other unavoidably disclose the fact that the positions of these groups are quite different from a moral point of view. If compassion is a notion that fulfils its function well indeed as far as animal ethics is concerned, it may turn out to be insufficient when it comes to human beings. In the case of human subjects the notion of autonomy of choice must apply. The fact that animals think is an undeniable common denominator of animals and human beings. Nevertheless this is not the case when it comes to the human will. Unlike animals, people do not only act on instinct. The fact that they are also guided by reason means two things. First of all, people can experience something we may call a paralysis of the will in conflictual situations – we can speak of a conflict

---

23   Alfred C. Kinsey, Wardell B. Pomeroy, Clyde E. Martin: Sexual Behaviour in the Human Male. Vol. 1. New York 2010, p. 5.

between reason and the will or heart as well as of a conflict between reasons to act which may be contradictory. Secondly, people take rational decisions that may nevertheless change in the course of their lives. They may be morally immature at the moment of making a choice, and therefore the fact that the decision was accompanied by reflection and was taken freely does not necessarily mean that it can be accepted by other people. This difference has important consequences in the context of ethical codes designed for scientists who carry out experiments involving the use of human subjects. Namely, it is not obvious if scientists have the right to carry out an experiment on human subjects who consent to it when the experiment causes a great deal of stress and puts them in an embarassing or even humiliating situation, as was the case with Watson's and Milgram's experiments.

3. The ethical controversies over psychological experiments on human subjects

It is deontological ethics that is typically accused of ignoring actual human needs. Nevertheless, it is surprising to observe the extent to which psychologists could disregard the empirically given needs of the subjects they happened to work with during the scientific experiments they proposed. Their basic argument was that the quest for scientific truth was a goal so important that it outweighed other considerations such as the feelings of subjects involved in the experiments. Another reason for disregarding such issues was the conviction that psychologists as professionals should stick to their professional code of ethics. Leave morality to the priests, pastors and philosophers of morality and let's concentrate on the job we have to do and which is correct as long as it respects methodological standards – that statement would probably express best the approach those scientists shared.

It is time to analyse the ethical controversies aroused by the experiment carried out in 1920 by behaviourist psychologist John Watson in Baltimore. It goes by the name of "Little Albert experiment" and consisted in teaching a boy called Albert certain reactions by way of classical conditioning. The boy was eleven months old and was a patient in a hospital. Watson had the right to carry out his experiment as a person employed by the hospital. The boy was taught to fear animals that have fur. In order to achieve that, a white rat was shown to him and every time he could see it, an iron rod was clung causing fear. The same thing was repeated with a white rabbit. In consequence, the boy learned to fear the rat.

Reading the description of the Little Albert experiment obviously makes one think of experiments on animals. Before the main stage of the experiment was carried out, the child was observed in order to establish what his normal reactions to stimuli in everyday situations were. Albert's rather mild temperament was the very reason he was chosen for as test subject.

> At no time did this infant ever show fear in any situation. These experimental records were confirmed by casual observations of the mother and hospital attendants. No one had ever seen him in a state of fear and rage. The infant practically never cried. Up to approximately nine months of age we had not tested him with loud sounds. The test to determine whether a fear reaction could be called out by a loud sound was made when he was eight months, twenty-six days of age.[24]

The case shows one of the great dilemmas of modern psychology. The scientific truth might happen to be considered so important that there is no need to pose a question about the feelings or rights of the subject. The methodology adopted in the "Little Albert" experiment was behaviourist. This is important, because behaviourists treated data obtained from experiments on both animals and humans basically as equally important and maintained that information gained on animal behaviour could be applied to humans. But there was a clear difference between these two classes of subjects; namely, people would not participate in experiments where they could be physically hurt, whereas it was possible in the cases where the subject of research was an animal. Apparently, the notion of hurt was not applied to the possible mental states participation in an experiment could provoke in subjects. There was some measure of sound reason involved, as human subjects were not involved in experiments that were controversial and potentially dangerous for them. In those cases, humans were replaced by monkeys, like in one experiment designed by psychologist Harry Harlow (1905–1981) in the 1960s in an attempt to learn more about the mechanisms of depression. Harlow isolated young monkeys and observed the pace at which they developed various symptoms of the illness. The Harlow experiment was considered morally unacceptable by Peter Singer who included it in the list of crimes committed by science against animals.[25]

The experiment that may look so controversial to us was not so considered by the contemporaries of Watson. The psychologist would sympathise with the ideals of the progressive movement of the time. He deeply believed that behaviourist psychology was an ideal means of educating people to feel and think in a manner that would make them useful for society and therefore help them to succeed in

---

24 John B. Watson, Rosalie Rayner: Conditioned Emotional Reactions. The Case of Little Albert, pp. 1–19, here: p. 2, at http://all-about-psychology.com/support-files/little-albert.pdf (accessed by 25.6.2013).

25 Cf. Peter Singer: Animal Liberation. Towards an End to Man's Inhumanity to Animals. London 1977, pp. 56–59.

life. In the 1920s, while striving to build his professional position, Watson tried to earn his reputation by advocating the practical applications of the new discipline. He claimed that behaviourism could provide society with techniques to shape the behaviour of individuals in almost any necessary way.[26] Seen in that perspective, the experiment Little Albert was involved in was a necessary step that had to be made in order to build a better future. Besides, Watson believed that any emotion might be overcome in the course of a further process of learning. From his point of view there hardly was any reason not to undertake the experiment.

A real turning point in the history of psychological experiments on human subjects was Milgram's experiment. It was carried out in the early 1960s and its first published description appeared in 1963. The aim of the experiment was to find out to what extent people would be obedient to authority which in this case was represented by a university professor or his assistants. The people involved in the experiment were volunteers. They were asked to play the role of a teacher and teach another person a list of pairs of words, as happens in tests designed to measure memory performance. The "learner" was to memorise pairs of words, and his capability to do so was tested by the "teacher". Mistakes were to be punished with electric shocks and the point was that "the teacher" was convinced that they were real, painful and from a certain level could be dangerous to health and even life. The "learner" was in reality Milgram's collaborator who was supposed to respond to the shocks in an agreed manner, expressing pain and resistance to the teacher. There was a couple of variations to the experiment in order to establish how the phenomenon of obedience to authority really was like. The first one was to make the "teacher" act in the presence of Milgram himself. When the subjects protested and asked for permission to stop the experiment, his task was to give simple responses that would inform the subject that the process should continue. He was to pronounce four short sentences, every time more and more assertive and ranging from "Please, continue" to "You have no other choice, you *must* go on."[27] In that first variation as many as 65% of the subjects, 26 people out of 40, administered the highest shock possible, which was 450 volts.[28] The obedience rate decreased for other scenarios: if it was not Milgram present but his subordinates, if the experiment was supervised bymeans of a telephone and not directly by Milgram or his assistants. Surely, the experiment was highly interesting as it disclosed a lot of information on human behaviour. The experiment was designed by Milgram,

---

26 Cf. Kerry W. Buckley: The Mechanical Man. John Broadus Watson and the Beginnings of Behaviourism. New York 1989, pp. 92–98.
27 Stanley Milgram: Obedience to Authority. An Experimental View. New York 2009, p. 21.
28 Cf. Milgram: Obedience to Authority (ref. 27), p. 35.

born in 1933 and overwhelmed like many of his generation with the unimaginable slaughter of World War II, in order to explain how it is possible that ordinary people commit atrocities they would never have suspected themselves capable of before. Milgram, even though there were Solomon Ash's conformity experiments dating from the 1950s, elucidated that problem in an unprecedented manner.

> The question arises as to whether there is any connection between what we have studied in the laboratory and the forms of obedience we so deplored in the Nazi epoch. The differences in the two situations are, of course, enormous, yet the difference in scale, numbers and political context may turn out to be relatively unimportant as long as certain essential features of obedience follow.[29]

Milgram's experiment became a part of social consciousness and strengthened the conviction that democracy is not only a set of institutions but that there is also a need for a certain mentality and respect for autonomy. Still, the experiment itself caused serious controversies. The main criticism concerned the stress that Milgram caused in his subjects. The situation he put them in was humiliating. In his book *Obedience to authority* in which he describes the experiment, Milgram gives us access to the notes he took about the subjects involved in the experiment. He observed the reactions of his subjects at the moment when they were asked to administer electric shocks on the person who played the role of a disciple. In his description of the experiment he comments on the fact that the subjects in the experiment were exposed to moral suffering. Interestingly enough, he even happens to call his collaborator who played the role of a learner "a victim", which can be understood as an explicit accusation of the subjects participating in the experiment of being tormentors.

> In observing the subjects in the obedience experiment, one could see that, with minor exceptions these individuals were performing a task that was distasteful and often disagreeable but which they felt obligated to carry out. Many protested shocking the victim even while they were unable to disengage themselves from the experimenter's authority. Now and then a subject did come along who seemed to relish the task of making the victim scream. But he was the rare exception, and clearly appeared as the queer duck among the subjects.[30]

Obviously Milgram responded to the criticism expressed by his colleagues. First of all he pointed to the fact that the subjects were informed afterwards that no one had actually been hurt, that the electric shocks had not really been administered,

---

29   Milgram: Obedience to Authority (ref. 27), p. xii.
30   Milgram: Obedience to Authority (ref. 27), p. 167.

and had a friendly conversation with the man who played the role of the learner – or the victim, to be more precise. The subject also had a long conversation with the experimentator in which he could express his feelings and opinions about the experiment. If the subject had been obedient, meaning that during the experiment they had kept on applying stronger and stronger electric shocks to the learner until reaching the deadly one, they wereassured during that conversation that their behaviour was perfectly normal. The book written by Milgram in order to present his work, and comment on the criticism that followed the experiment also contains an appendix dedicated to ethical issues. There he quotes the opinion of another psychologist, Milton Eriksson, who wrote: "To engage in such studies as Milgram has requires a strong man with strong scientific faith and willingness to discover that to man himself, not to 'the devil', belongs the responsibility for and the control of his inhumane actions".[31]

Quite another thing is Milgram's decision to continue the experiment when it turned out that the subjects would act in a manner different to the one he had predicted. In the beginning of the book there are predictions as to how the experiment would proceed, and they are dramatically different from what actually happened. In an appendix dedicated to ethical issues, Milgram himself says that in the preparatory phase neither he nor the fellow psychologists he had consulted predicted that the subjects would go as far as they did in reality.[32] The question was whether he, Milgram, as the person in charge had the right to carry out his plan until the end. The problem with free consent is that it can be interpreted in two different ways. In the first case, every consent can be accepted as it goes. There is no need to question a decision taken by an adult responsible person. The other option, which is far more complicated to put into practice, is that first of all there must be a definition of some model of maturity which cannot be infringed upon by anyone who would have a possibility to do so even if there was a subject willing to accept it. It could be compared to the Europeans' coming to America at the end of the 15th century and making deals with the native Americans. Columbus himself, in his first letter he sent from the islands discovered, reflects that there was a problem in his men's paying with worthless things for valuable objects possessed by the Indians. A consent that is based on reduced knowledge cannot be called free, the argument would go. The moment Milgram realised that he put his subjects to the risk of suffering stress and humiliation was the moment when he chose the first option. A different option was preferred by Philip Zimbardo who chose to interrupt his prison experiment in

---

31 Milgram: Obedience to Authority (ref. 27), p. 201.
32 Cf. Milgram: Obedience to Authority (ref. 27), p. 194.

1971. The reason was that the subjects involved were suffering too much stress and were about to get involved in too controversial interpersonal relations. Milgram himself refers to the doubts he had at the point in the experiment when his subjects started to behave in a manner he had not predicted, namely, they kept administering electric shocks that could be harmful or even deadly.

> It is true that after a reasonable number of subjects had been exposed to the procedures, it became evident, that some would go to the end of the shock board, and some would experience stress. That point, it seems to me, is the first legitimate juncture at which one could even start to wonder whether or not to abandon the study. But momentary excitement is not the same as harm. As the experiment progressed there was no indication of injurious effects in the subjects; and as the subjects themselves strongly endorsed the experiment, the judgement I made was to continue the investigation.[33]

The shocking thing is that Milgram's experiment was repeated only three years ago on the French Television, France 2 and Radio Television Suisse (realised in 2009 and shown in March 2010). The document was called *Le Jeu de la Mort*. There obviously was a psychologist involved, a French professor of social psychology, Jean-Leon Beauvois, who designed and conducted the experiment. The important difference was that it did not happen at a university but in a television studio in the presence of the public. The subjects were lied to and convinced they were participating in a TV show were the price for participating to the very end was €1 million. In many ways it just looked like a regular TV reality show, at least to the majority of the participants. The documentary done by well-recognised journalist Christophe Nick did not comment upon any ethical controversies involved. Probably the assumption was that you cannot hurt a mentally healthy adult by putting them in a humiliating situation as long as they give their consent. Milgram could claim that he could not have foreseen the actual course of events that eventually took place, but those who worked on the documentary – and among them, most of all, Professor Bouvois – were perfectly aware of what was to be expected. Those people were put to the risk of disclosing their identity to anyone that would like to see the programme, which even now can be found on a *Youtube channel*.[34] The question Christophe Nick was interested in was to find out if a TV audience would become so thoughtless as to kill someone on a TV programme. The answer

---

33 Milgram: Obedience to Authority (ref. 27), p. 194.
34 *Le Jeu de la Mort*, documentary written by Christoph Nick, directed by Thomas Bornot and Gilles Amado, at: http://www.youtube.com/watch?v=pau7aDYrxFw (Accessed by June 25, 2013).

was positive, with 80% of the participants administering a deadly shock. In the original experiment, the first version of it, it was "only" 65%.

The objective the authors of the documentary wanted to achieve was to show that television is trusted too much by people in contemporary societies and that it is an almost blind trust, up to the point where it does not seem to have any limits. Asking the question if it were possible to kill someone during a TV programme, the authors thought they were pronouncing a warning against the power of television. The "black sheep", according to them, were the participants of the fake TV show who turned out to be more vile than the people who participated in the original Milgram's experiment. Nevertheless, even if the objective had been achieved, the real question as I see it was whether the journalist who came up with the idea of the programme had the right to put its participants in such a humiliating and stressful situation. The people who showed up to take part in the programme were deceived, which was probably unavoidable if the project was to be carried out. The idea to tempt them with the possibility of winning a considerable sum of money comes close to cruelty given the fact that the promise was an obvious lie from the very beginning. The fact that the identity of the participants was disclosed cannot be justified by their agreement to showing their faces, as their consent applied only to a TV reality show and not a documentary on obedience to authority. Given all those doubts, it is hardly understandable that the experiment took place in the presence and with the help of a university professor, a specialist in social psychology. The fact that the programme was completed, the scenario approved, the money given to the project proves that there is a need to go back to old philosophical discussions in which terms as autonomy or the duty of respect towards oneself will have to appear. What the "experiment" called *Le Jeu de la Mort* proved was probably the fact that there are no limits respected by the authors of television programme scenarios and that we cannot put any trust in people who are employed to take professional responsibility for their content. Obviously, the documentary *Le Jeu de la Mort* should not be scrutinised only in order to find out if it complies with the ethical codes for scientists. The ethical code of the journalists' profession applies here as well, if not first of all. I think that probably the most striking feature of the documentary is the fact that at no point its authors are asking themselves the question Stanley Milgram asked himself: should the experiment be continued? Do I have the right to carry it on? Are the expected benefits important enough to put the well-being of the subjects involved at risk? I obviously do not claim that the documentary was not interesting or did not convey an important warning. Still, quite ironically, it is an example of a lack of any ethical sensitivity whatsoever on the part of its authors. It could be required of them at least to be open to discuss the ethical aspects of their own decisions. What probably strikes the viewer most is not precisely what is to be seen in the programme but the self-confidence of the authors, which, according to the standards proposed by Hannah Arendt, can be called thoughtlessness.

4. Conclusion

There are two things I want to highlight in my conclusion. First of all, reading Fritz Jahr's texts reveals that within the field of bioethics there are problems that seem to be fundamental and that need further reflection. There are not too many people nowadays who would claim that we are not morally obliged to respect animals and the environment. Yet the question to what extent we differ from animals and to what extent we are just one species among all others is still subject to discussion. Fritz Jahr's analysis is interesting because the author of the term "bioethics" includes arguments in his discourse that at times may seem to be contradictory. On the one hand there is psychology as a science that provides us with proofs that animals think and feel, and, moreover, there is a long religious and philosophical tradition accepting the fact that animals deserve normative protection. On the other hand, when it comes to sexual ethics, Jahr seems to see the dividing line between animals and the human world in a relatively sharp manner. Surely he is far from dogmatism, open to include new perspectives into his reasoning. I think that analysing the ethical codes for psychologists makes it easier to grasp the peculiarity of humans which is the consequence of the fact that we are endowed with consciousness and a will that may sometimes turn out to be conflictual. That fact strongly complicates the notion of free consent to participation that may be given by human subjects in the course of psychological experiments. The problem does not appear when the experiments are carried out on animals.

The second thing that needs a commentary is by what means ethical standards in scientific research should be guaranteed. There are basically two possibilities. The first one consists in the hope that scientists themselves will incorporate ethical reflection as a part of their work. It was psychologists themselves who criticised Milgram for his controversial experiment or for the fact of not putting it to a halt when it turned out that the subjects involved behaved in a manner that was harmful to their own moral integrity. We have an example of Philip Zimbardo, who, unlike Milgram, decided to interrupt his prison experiment in 1971 once it turned out that the participants might suffer too much stress in its course. On the other hand, we have an example of John Watson who did not even think of ethical aspects of his experiments, and he was not the only scientist in our times who was devoid of that kind of sensitivity. The other possibility would be to trust in society at large, which, through mass-media, may demand a justification from scientists for their proposed course of action. Unfortunately, the example of the documentary *Le Jeu de la Mort* shows that such expectation is illusory. Public opinion does not seem to accept any limits, as the discussion that took place on the radio and in the press after emission of that film showed. It focused on content and not on the question if it was ethically acceptable at all to produce such a documentary. It is quite surprising when we think of the fact that our attitude to experiments on animals has changed greatly, owing to the influence of public opinion which was in its turn inspired by activists and philosophers like Peter Singer who made his name advocating animal rights. It seems that the fact of giving one's free consent to participate in an experiment makes people feel free not to ask any further questions concerning its ethical dimension. Probably, a possible solution would be to ensure a dialogue between representatives of different fields of studies, because it is in the course of dialogue, with the need to answer to doubts raised by someone who looks at the same issue from a different methodological perspective, that there is a chance to create space for ethical deliberation before carrying out an experiment. And the advantage of deliberation is that even though it probably makes us all act more slowly, with all the doubts it raises, it makes it at the same time more probable that we will choose our course of action in a more responsible manner.

Katholische und protestantische Ethik im Dialog. Der bioethische Imperativ von Fritz Jahr aus Sicht von Tadeusz Ślipko

Magdalena Ziętek

Zusammenfassung

In dem Aufsatz wird die These aufgestellt, dass der bioethische Imperativ von Fritz Jahr (1895–1953) zum großen Teil dem Protestantismus entsprungen ist. Diese These wird evidenter, wenn man die Bioethik von Fritz Jahr der katholischen gegenüberstellt. Durch einen Vergleich seiner Gedankenwelt mit dem katholischen Ansatz werden die protestantischen Einflüsse auf sein Werk deutlich zu sehen sein. Die katholische Bioethik wird am Beispiel von Tadeusz Ślipko (*1918) dargestellt. Aus einigen Gründen, die im weiteren Verlauf des Aufsatzes aufgezeigt werden, bietet der Ansatz von Tadeusz Ślipko einen guten Ausgangspunkt, um das Werk von Jahr zu analysieren.

Abstract

In this essay, I will argue that a large part of Fritz Jahr's (1895–1953) bio-ethical imperative had arisen from Protestantism. This thesis can be better demonstrated if his bioethics is faced with those of the Catholic Church. As a representation of the Catholic view on bioethics I've chosen the approach of Tadeusz Ślipko (*1918). For several reasons, which I will demonstrate in this article, Tadeusz Ślipko's approach offers a good starting point for the analysis of Fritz Jahr's work.

Einleitung

Der bioethische Imperativ von Fritz Jahr (1895–1953) lautet: „Achte jedes Lebewesen grundsätzlich als einen Selbstzweck, und behandle es nach Möglichkeit als solchen!"[1] und beinhaltet ein normatives Gebot, wie der Mensch mit der Natur umgehen sollte. Wie jede normative Aussage muss auch der Imperativ von Fritz Jahr begründet werden. Wenn Fritz Jahr behauptet, dass man sich auf die von ihm aufgezeichnete Art und Weise verhalten sollte, muss er gewisse Argumente zur Unterstützung seiner Anschauung liefern können.

Das bioethische Konzept von Fritz Jahr wird mit folgenden Worten von Hans-Martin Sass kurz zusammengefasst: „Beeinflusst von Schopenhauer und

---

1 Fritz Jahr: Bio-Ethik. Eine Umschau über die ethischen Beziehungen des Menschen zu Tier und Pflanze (1927). In: Arnd T. May, Hans-Martin Sass (Hg.): Aufsätze zur Bioethik 1927–1947. Münster 2012, S. 7–14, hier: S. 13. Alle Aufsätze von Fritz Jahr werden aus dieser Ausgabe zitiert.

fernöstlichen Gedanken zu Einheit und Übergang von Lebensformen, begreift Jahr alle Formen des Lebens in einem christlich geprägten Begriff von Bios, Schöpfung und Erlösung, und findet dafür vielfältige Belege in der Bibel."[2] In diesem Zitat werden die religiösen Aspekte der Bioethik von Fritz Jahr betont, Hans-Martin Sass spricht hier ausdrücklich vom christlichen Begriff „Bios", der von Jahr entwickelt wurde. Da Fritz Jahr ein protestantischer Geistlicher war, verwundert das auch nicht.

Es stellt sich also die Frage, inwieweit sein protestantischer Hintergrund seine Ideenwelt beeinflusst hat und inwieweit andere Einflüsse dabei entscheidender waren. In meinem Aufsatz vertrete ich die These, dass der bioethische Imperativ von Fritz Jahr zum großen Teil dem Protestantismus entsprungen ist. Diese These wird evidenter, wenn man die Bioethik von Fritz Jahr der katholischen gegenüberstellt. Durch einen Vergleich seiner Gedankenwelt mit dem katholischen Ansatz werden die protestantischen Einflüsse auf sein Werk deutlich zu sehen sein.

Die katholische Bioethik wird am Beispiel von Tadeusz Ślipko (*1918) dargestellt. Aus einigen Gründen, die im weiteren Verlauf des Aufsatzes aufgezeigt werden, bietet der Ansatz von Tadeusz Ślipko einen guten Ausgangspunkt, um das Werk von Jahr zu analysieren.[3] Im ersten Teil des Aufsatzes wird die Bioethik von Ślipko kurz dargestellt. Im zweiten Teil wird die Frage nach der Rolle des Protestantismus bei der Herausbildung des bioethischen Imperativs von Fritz Jahr untersucht.

1. Die Bioethik von Tadeusz Ślipko

1.1 Zwischen Biozentrismus und Anthropozentrismus

In seinem Werk wendet sich Tadeusz Ślipko gegen zwei Strömungen in der Bioethik, und zwar gegen den Biozentrismus und den Anthropozentrismus. Ślipko versucht einen Mittelweg zu finden, und das ist für ihn die christliche Ethik. An dieser Stelle kann man schon eine Fragestellung anmerken, die im zweiten Teil des Aufsatzes diskutiert wird, und zwar die nach der Verortung des bioethischen Imperativs von Fritz Jahr in diesem Schema. Sehen wir uns aber zuerst jene beiden Strömungen an, die Tadeusz Ślipko ablehnt.

---

2   Hans-Martin Sass: Nachwort. In: Ders. (Hg.): Fritz Jahr. Aufsätze zur Bioethik 1927–1938. 2. Aufl. Bochum 2011, S. 53–55, hier: S. 54.
3   Ślipko kennt das Werk von Fritz Jahr nicht. Er hat ihn nirgendwo zitiert und datiert die Entstehung des Begriffs der Bioethik auf die 1960er Jahre. Siehe: Tadeusz Ślipko: Bioetyka. Najważniejsze problemy. Kraków 2009, S. 11.

Der Anthropozentrismus wird von Ślipko auch als Exklusivismus bezeichnet. Der Anthropozentrismus stellt den Menschen über die Natur und erklärt ihn zum Herrn der Natur.[4] Dieser Ansatz setzt also eine einseitige Dominanz des Menschen über die Schöpfung voraus, denn die Natur wird zu einem Stoff der kreativen Erfindungen des Menschen.[5] Mit dem Anthropozentrismus ist auch eine gewisse Verehrung der Technik verbunden. Nach diesem Ansatz soll die Natur zu einer künstlichen Struktur umgewandelt werden, die in eine rationale Organisation der Gesellschaft eingegliedert werden soll. Aus der Verbindung der technisierten Natur und der technokratisch organisierten Gesellschaft soll eine „Maschine" entstehen, mithilfe derer die Gesamtheit des menschlichen Verhaltens vorhersehbar, planbar und kontrollierbar gemacht werden soll.[6]

Der Biozentrismus wird von Ślipko demgegenüber als Inklusivismus bezeichnet. Dieser Ansatz betrachtet den Menschen als Teil der Natur, der sich von anderen lebenden Wesen nicht wesentlich unterscheidet.[7] Der Biozentrismus wendet sich gegen den Gedanken der Hierarchie der Wesen, der für den Anthropozentrismus charakteristisch ist. In den Augen von Biozentrikern ist die Situation aller Lebenswesen gleich. Aus diesem Grund wird nach diesem Ansatz allen Lebenswesen ein moralischer Status zugeschrieben: Sie alle werden als Subjekte von Rechten betrachtet.[8] Es wird allen Lebewesen ein gleiches Recht auf Leben und Entwicklung zuerkannt.

1.2 Kritik von Ślipko am Biozentrismus und Anthropozentrismus

Tadeusz Ślipko äußert sich kritisch zu beiden Richtungen. Er lehnt sowohl das Paradigma der Herrschaft des Menschen über die Natur als auch das Paradigma der Gleichsetzung des Menschen mit der Natur ab.

Ślipkos Kritik am Anthropozentrismus macht sich fest am einseitigen Verhältnis zwischen dem Menschen und der Natur. Er weist darauf hin, dass der Anthropozentrismus zur Entwicklung einer rücksichtslosen Unterwerfung der Natur unter den menschlichen Willen geführt hat und der Gedanke einer einseitigen Herrschaft des Menschen über die Natur erst in der Neuzeit geboren wurde. Seine

---

4   Vgl. Tadeusz Ślipko, Andrzej Zwoliński: Rozdroża ekologii. Kraków 1999, S. 100.
5   Vgl. Ślipko: Bioetyka (Anm. 3), S. 32.
6   Vgl. Ślipko: Bioetyka (Anm. 3), S. 33.
7   Vgl. Ślipko, Zwoliński: Rozdroża ekologii (Anm. 4), S. 98. Siehe auch: Tadeusz Biesaga: Tadeusza Ślipko uzasadnienie norm chroniących przyrodę i zwierzęta. In: Robert Janusz (Hg.): Żyć etycznie – żyć etyką. Prace dedykowane Ks. Prof. Tadeuszowi Ślipko. Kraków 2009, S. 51–58.
8   Vgl. Ślipko: Bioetyka (Anm. 3), S. 32.

ideologischen Quellen sieht Ślipko in den naturalistischen Konzeptionen des Individualismus und Liberalismus.[9] Diese ideologischen Strömungen postulierten eine fast uneingeschränkte Freiheit der Entwicklung der angeborenen Triebe, was in den Augen von Ślipko zu einer ökologischen Krise führen musste.[10] Auf dem Boden von Individualismus und Liberalismus entstand das geistige Klima, das die Entwicklung von aggressiven ökonomischen und politischen Doktrinen der Moderne begünstigt hat, die sowohl für liberale als auch kollektivistische Systeme charakteristisch sind. Ślipko schreibt:

> Inspiriert durch die Tendenz zu einer unaufhörlichen individuellen und kollektiven Entwicklung, gestärkt durch den Kult oder sogar die Verehrung von Wissenschaft und Technik, belebt durch den Glauben an die Unfehlbarkeit des ständigen Fortschritts, gingen sie über zur Welteroberung unter den Kampflosungen des homo oeconomicus, der Wohlstandsgesellschaft, der Unterjochung der Natur mit Hilfe der Technik und Unterwerfung der Natur unter den organisierten Willen des Menschen.[11]

Er erwähnt in diesem Kontext das ökonomische Konzept von Adam Smith (1723–1790), die Ideologie einer perfekten Gesellschaft von August Comte (1798–1857), die Wohlstandsökonomie des 19. Jahrhunderts oder die Ideologie der klassenfreien Gesellschaft von Karl Marx (1818–1883).[12] Alle diese Ideologien werden von Ślipko als Utopien bezeichnet, deren Realisierung katastrophale Folgen für die Menschheit hatten. Durch das Fortschreiten von Materialismus und Liberalismus hat sich nach Ślipko eine Dominanzmentalität entwickelt, der die Praxis der maximalen Ausbeutung der Natur zugrunde liegt. Ślipko kritisiert die moderne eingeengte technokratische Mentalität. Ślipko weist darauf hin, dass sich das Versprechen der Vertreter des Anthropozentrismus als falsch erwiesen hat, nach dem der technische Fortschritt auch den moralischen Fortschritt begünstigen werde. „Die soziale Vernunft" lenkt den technischen Fortschritt nicht wirklich,[13] im Gegenteil, es besteht die Gefahr eines technokratischen Totalitarismus. Ślipko betrachtet äußerst kritisch die zunehmende Abhängigkeit der

---

9 Vgl. Ślipko: Bioetyka (Anm. 3), S. 37.
10 Vgl. Ślipko: Bioetyka (Anm. 3), S. 38.
11 Ślipko: Bioetyka (Anm. 3), S. 38. „Inspirowane tendencją do nieustannego rozwoju indywidualnego czy zbiorowego, wzmocnione kultem czy wręcz apoteozą nauki i techniki, ożywione wiarą w niezawodność ciągłego postępu szły na podbój świata pod hasłem homo oeconomicus, społeczeństwa dobrobytu, ujarzmienia przyrody przy pomocy techniki i poddania jej zorganizowanej woli człowieka."
12 Vgl. Ślipko: Bioetyka (Anm. 3), S. 38.
13 Vgl. Ślipko: Bioetyka (Anm. 3), S. 39.

Menschen von den ökonomischen und politischen Entscheidungszentren, die über die Entwicklung der allseitig technisierten Gesellschaft entscheiden.[14] Er warnt vor der Herrschaft neuer Eliten, die keinen Respekt vor der Freiheit des Individuums haben. Seiner Ansicht nach kann dies fatale Folgen sowohl für den Menschen als auch für die Natur haben.

Der Kritik am Anthropozentrismus steht Tadeusz Ślipkos kritische Auseinandersetzung mit den Vertretern des Biozentrismus gegenüber. Er wirft ihnen vor, dass ihre Theorien höchst abstrakt, unpräzise und sogar arbiträr sind. Sie werden oft auf den unbegründeten Annahmen von der ontischen und ethischen Gleichheit des Menschen mit anderen Lebewesen aufgebaut. Ślipko spricht auch vom Paradox des Biozentrismus. Dieses Paradox besteht nach ihm darin, dass der Biozentrismus einige Grundannahmen des Anthropozentrismus übernimmt, und zwar seinen Reduktionismus und Szientismus.[15] Der Biozentrismus argumentiert jeweils aus der Position des Naturalismus und Materialismus und bedient sich ausgewählter Informationen aus Biologie, Genetik, Evolutionslehre und Sozialbiologie. Der Mensch wird so auf reine Materie reduziert. Darüber hinaus wird dem Menschen ganz im Geist des Liberalismus und des neuzeitlichen Menschenbildes die volle Verantwortung für das gesamte Weltall, die Zukunft der Erde und alles Bestehende auferlegt.[16]

1.3 Der christliche Ansatz von Ślipko

Zunächst äußert Ślipko sein Unverständnis dafür, dass die Verantwortung für die ökologische Krise dem Christentum zugeschoben wird. Wie bereits dargestellt, sieht er die Quellen dieser Krise im neuzeitlichen Individualismus, Liberalismus und Naturalismus, die in Opposition zur christlichen Philosophie entstanden sind. Der materialistische Anthropozentrismus mit seiner Vergötterung des Menschen, der aus jenen Ideen entsprungen ist, habe mit dem Christentum wenig gemeinsam.[17] Ślipko weist darauf hin, dass das berühmte Bibelzitat „Machet euch die Erde untertan!"[18] in Zeiten entstanden ist, in denen nicht der Mensch die Natur, sondern die Natur den Menschen gefährdet hat.[19] Man sollte laut Ślipko in diesen

---

14 Vgl. Ślipko: Bioetyka (Anm. 3), S. 40.
15 Vgl. Biesaga: Tadeusza Ślipko (Anm. 7), S. 5.
16 Vgl. Biesaga: Tadeusza Ślipko (Anm. 7), S. 5f.
17 Vgl. Ślipko: Bioetyka (Anm. 3), S. 38.
18 Mose 1,28. In: Die Bibel. Einheitsübersetzung der Heiligen Schrift. Gesamtausgabe. Psalmen und Neues Testament. Ökumenischer Text, Stuttgart 2003. Vgl. Ślipko: Bioetyka (Anm. 3), S. 36.
19 Vgl. Ślipko: Bioetyka (Anm. 3), S. 37.

Satz nicht das hineininterpretieren, was erst später, und zwar in Opposition zum Christentum, entstanden ist.

Wenn Tadeusz Ślipko vom Christentum spricht, meint er die augustinisch-thomistische Tradition, die vor allem durch die katholische Kirche entwickelt wurde. Im deutschen Protestantismus ist die Lehre von Thomas von Aquin (1225–1274) wenig rezipiert worden. Diese Tatsache ist im Hinblick auf die Ideenwelt von Fritz Jahr von großer Bedeutung, was im zweiten Kapitel dieses Aufsatzes gezeigt wird.

Der Ansatz von Ślipko, der sich im Denken auf den heiligen Augustinus (354–430) und auf Thomas von Aquin stützt, ist ein theozentrischer. Ślipko meint, dass der Biozentrismus die Tatsache verkennt, dass die neuzeitliche Verabschiedung von der theozentrischen Philosophie und Theologie den Menschen zu Gott gemacht hat; so nämlich wurde der Anthropozentrismus geboren. Die christliche Bioethik habe dagegen mit dem Paradigma der einseitigen Herrschaft des Menschen über die Natur kaum etwas zu tun.

Er geht von der Interpretation des Schöpfungsaktes Gottes aus. Ślipko weist auf den Grundgedanken der katholischen Theologie hin, der lautet: Conservatio est continua creatio, was bedeutet, dass die Schöpfung dauerhaft ihre Existenz Gott verdankt.[20] Die Ökophilosophen, so meint Ślipko, kritisieren in der katholischen Doktrin eine von sich selbst erfundene Konzeption Gottes und des Menschen. Anstelle der christlichen Konzeption Gottes zeichnen sie gewisse Auffassungen, die vom Christentum abgelehnt wurden. Vor allem ist hier der Deismus gemeint, der die Gottesabwesenheit in der Menschenwelt und der Natur proklamiert.[21] Nach der christlichen Ethik hat der Mensch zwar den Vorrang vor der Natur und kann mit ihr nicht gleichgestellt werden, das bedeutet aber noch nicht, dass der Mensch mit der Natur völlig willkürlich umgehen kann, und zwar wegen seines Verhältnisses zu Gott und seiner Schöpfung.

Im Gegensatz zum Naturalismus und Materialismus sieht das Christentum den Menschen als ein Wesen, das sowohl einen materiellen Körper als auch eine unsterbliche Seele hat.[22] Der Mensch ist eine Person, andere Lebewesen überschreiten die Grenze der Materie dagegen nicht. Der Mensch kann sich als Person nur dann realisieren, wenn sein Horizont über das Materielle bis zu Gott hin reicht. Nach der christlichen Anthropologie sind die menschliche Vernunft und sein freier Wille an der Realisierung transzendenter Ziele orientiert. Der Mensch bildet einen

---

20 Vgl. Ślipko, Zwoliński: Rozdroża ekologii (Anm. 7), S. 112.
21 Vgl. Ślipko, Zwoliński: Rozdroża ekologii (Anm. 7), S. 111.
22 Vgl. Ślipko: Bioetyka (Anm. 3), S. 41.

Teil der moralischen Ordnung und sollte sich am Wahren, Guten und Schönen orientieren.[23] Aus der Tatsache, dass der Mensch eine Person ist, ergibt sich die moralische Dimension der menschlichen Natur. Die Natur ist ein Mittel, damit der Mensch seine moralische Bestimmung realisieren kann. Die Natur nimmt dadurch an einem moralischen Werk teil, denn an sich besitzt sie keine moralische Qualität. Zwischen dem Menschen und der Natur besteht eine moralische Bindung, die durch die moralische Natur des Menschen und die instrumentale Rolle der Natur konstituiert wird.[24] Der normative Ausdruck dieser Bindung ist das Prinzip der Unterordnung der Natur unter den Menschen. Dieser Unterordnung werden aber Grenzen gesetzt, und zwar durch die moralische Bestimmung des Menschen. Der Mensch soll also nicht die Natur dominieren, gleichzeitig ist die Natur aber auch kein Partner für ihn.

Die normativen Prinzipien, die sich aus dem christlichen Paradigma des Vorrangs des Menschen ergeben, drücken sich in den Prinzipien von Kontemplation, Symbiose und Arbeit aus.[25] Das Prinzip der Kontemplation besagt, dass der Menschen nur durch die Erkenntnis der Natur das Gute, Wahre und Schöne erkennen kann, da er selbst keinen direkten Zugriff auf die reinen Ideen besitzt. Das Prinzip der Symbiose bedeutet, dass die Natur die Bedingung für die körperliche und psychische Gesundheit des Menschen ist. Das Prinzip der Arbeit weist darauf hin, dass die Natur die Grundlage der schöpferischen Arbeit des Menschen ausmacht. Ślipko spricht von der Hierarchie dieser drei Postulate, woraus sich konkrete Pflichten des Menschen gegenüber der Natur ergeben.[26] Diese Postulate bedingen einander und schränken sich gleichzeitig gegenseitig ein. Die Einhaltung des Prinzips der Kontemplation kann nicht dazu führen, dass dem Menschen jeglicher Eingriff in die Natur verwehrt wird. Und umgekehrt kann die Ausübung des Rechts auf die Benutzung der Natur nicht zur Folge haben, dass die Kontemplation in der Natur gar nicht mehr möglich ist.[27] Das Postulat der Arbeit muss auch im Gleichgewicht mit dem Postulat der Symbiose gehalten werden, damit die Gesundheit der lebenden und zukünftigen Generationen nicht gefährdet wird.

Ślipko wendet sich kritisch gegen die biozentrische Idee, dass alle Lebewesen Rechte haben. Nach der christlichen Auffassung ist nur der Mensch ein moralisches Wesen, und zwar wegen seiner geistigen Natur.[28] Nur der Mensch besitzt die

---

23 Vgl. Ślipko: Bioetyka (Anm. 3), S. 42.
24 Vgl. Ślipko: Bioetyka (Anm. 3), S. 43.
25 Vgl. Ślipko: Bioetyka (Anm. 3), S. 44.
26 Vgl. Ślipko: Bioetyka (Anm. 3), S. 45.
27 Vgl. Ślipko: Bioetyka (Anm. 3), S. 46.
28 Vgl. Ślipko, Zwoliński: Rozdroża ekologii (Anm. 7), S. 167.

Fähigkeit zur Verantwortung, die eine Bedingung, eine conditio sine qua non dafür ist, ein moralisches Subjekt zu sein. Das bedeutet aber nicht, dass die Natur kein Gegenstand der ethischen Normierung ist.[29] Die Quelle der Normen steckt aber nicht im Tier, sondern in der moralischen Natur des Menschen.[30] Im Verhältnis zur Natur soll der Mensch sich tugendhaft verhalten, vor allem sind hier solche Tugenden wie die Klugheit und Mäßigung zu nennen.[31] Durch solch tugendhaftes Handeln perfektioniert der Mensch seine personale Natur.[32] Er soll also die Natur vor der Degradierung schützen und diese im Rahmen der vernünftigen Gleichhaltung aller ihm zur Verfügung stehenden Privilegien benutzen.[33]

Zusammenfassend lässt sich sagen, dass die Bioethik von Ślipko ein personalistischer Ansatz ist. Der Mensch sollte die Natur beaufsichtigen, und zwar gemäß seiner vernünftigen Natur und Würde. Wie bei Aristoteles (384–322 v. Chr.) hängt der Umgang mit der Natur mit der Idee des guten, also tugendhaften Lebens eng zusammen. Eine Person, die sich nicht selbst beherrschen kann, kann auch in ihrem Verhältnis zur Natur nicht als eine gute Person bezeichnet werden.

2. Der bioethische Imperativ von Fritz Jahr

2.1 Einführung

Die erste Frage, die sich nach dieser kurzen Darstellung der Grundzüge der Bioethik von Ślipko stellt, lautet: Wo ist der Ansatz von Fritz Jahr zu verorten? Der Wortlaut seines bioethischen Imperativs, also: Achte jedes Lebewesen grundsätzlich als einen Selbstzweck, und behandle es nach Möglichkeit als solchen! weist deutlich darauf hin, dass Fritz Jahr nicht dem Anthropozentrismus zuzuordnen ist. Steht er also dem Biozentrismus oder der christlichen Ethik näher, fällt er vielleicht sogar aus diesem Schema heraus?

2.2 Biozentrismus oder christlicher Ansatz?

Für die These, dass der Ansatz von Fritz Jahr ein biozentrischer ist, spricht die Tatsache, dass er sich von dem Gedanken der hierarchischen Struktur der Lebewesen verabschiedet hat. Das kann man seinen folgenden Worten entnehmen:

---

29 Vgl. Ślipko: Bioetyka (Anm. 3), S. 72.
30 Vgl. Ślipko, Zwoliński: Rozdroża ekologii (Anm. 7), S. 169.
31 Vgl. Ślipko: Bioetyka (Anm. 3), S. 73.
32 Vgl. Ślipko, Zwoliński: Rozdroża ekologii (Anm. 7), S. 170.
33 Vgl. Ślipko, Zwoliński: Rozdroża ekologii (Anm. 7), S. 139.

Die scharfe Scheidung zwischen Tier und Mensch, die seit Beginn unserer europäischen Kultur bis zum Ende des 18. Jahrhunderts herrschend war, kann heute nicht mehr aufrechterhalten werden. Die Seele des europäischen Menschen rang bis zur französischen Revolution um die Einheit von religiöser, philosophischer und wissenschaftlicher Welterkenntnis, aber diese Einheit haben wir seitdem unter dem Druck der Erkenntnisfülle aufgeben müssen.[34]

Und weiter: „Unter diesen Umständen ist es nur folgerichtig, wenn R. Eisler zusammenfassend von einer Bio-Psychik (Seelenkunde alles Lebenden) spricht."[35]

Wie viele Biozentriker beruft sich Fritz Jahr auf die Erkenntnisse der modernen Wissenschaft, die viele Gemeinsamkeiten zwischen Menschen und Tieren belegen. Fritz Jahr übernimmt auch den Begriff der „Bio-Psychik", der für den Biozentrismus charakteristisch ist. Und eben von diesem Begriff leitet er seinen Begriff von Bio-Ethik ab:

„Von der Bio-Psychik ist nur ein Schritt bis zur Bio-Ethik, d.h. zur Annahme sittlicher Verpflichtungen nicht nur gegen den Menschen, sondern gegen alle Lebewesen."[36] Und an einer anderen Stelle:

Die Tatsache des engen Zusammenhanges zwischen Tierschutz und Ethik beruht letztlich darauf, daß wir nicht nur gegen die Mitmenschen, sondern auch gegen die Tiere, ja, sogar gegen die Pflanzen – kurz gesagt gegen alle Lebewesen – ethische Verpflichtungen haben, so daß wir geradezu von einer „Bio-Ethik" sprechen können.[37]

Im Nachwort zu Schriften von Fritz Jahr formuliert Hans-Martin Sass den bereits zitierten Kommentar: „Beeinflusst von Schopenhauer und fernöstlichen Gedanken zu Einheit und Übergang von Lebensformen, begreift Jahr alle Formen des Lebens in einen christlich geprägten Begriff von Bios, Schöpfung und Erlösung und findet dafür vielfältige Belege in der Bibel."[38] Auf den Biozentrismus von Fritz Jahr weist also auch die von Hans-Martin Sass erwähnte Tatsache hin, dass sein Werk durch die fernöstlichen Gedanken beeinflusst wurde, für die der Biozentrismus geradezu charakteristisch ist.

Sass findet aber bei Fritz Jahr „einen christlich geprägten Begriff von Bios, Schöpfung und Erlösung", der mit vielfältigen Belegen aus der Bibel begründet

---

34 Jahr: Bio-Ethik (Anm. 1), S. 7.
35 Jahr: Bio-Ethik (Anm. 1), S. 8.
36 Jahr: Bio-Ethik (Anm. 1), S. 8.
37 Fritz Jahr: Tierschutz und Ethik in ihren Beziehungen zueinander (1928). In: Arnd T. May, Hans-Martin Sass (Hg.): Aufsätze zur Bioethik 1927–1947. Münster 2012, S. 21–27, hier: S. 24f.
38 Sass: Nachwort (Anm. 2), S. 54.

sei. Es stellt sich also die Frage, ob der Ansatz von Fritz Jahr ein christlicher Biozentrismus ist oder ob er eher der christlichen Bioethik nahesteht, so wie diese z.b. von Tadeusz Ślipko gedacht wurde.

An erster Stelle muss die Frage gestellt werden, wie der christliche Gedanke von der Existenz einer unsterblichen menschlichen Seele mit der von Fritz Jahr befürworteten „Seelenkunde alles Lebenden" zu verbinden ist. Haben nach Fritz Jahr die Pflanzen und Tiere auch eine unsterbliche Seele wie der Mensch? Oder hat vielleicht umgekehrt der Mensch keine unsterbliche Seele und ist sein geistiges Leben nur ein rein psychisches Phänomen? Schauen wir uns zuerst an, was er dazu sagt:

> Ohne Zweifel sind ganz gewaltige Unterschiede zwischen dem Menschen und den Tieren vorhanden, und auch die moderne Naturwissenschaft bestätigt diese Tatsache nur. Das hindert jedoch nicht, daß andererseits die Biologie, die Wissenschaft vom Leben, besonders seit Darwin auch nicht wenige verwandte Züge bei beiden festgestellt hat, Züge, die in der Medizin eine eminent praktische Verwertung finden. Tierexperimente, Blutversuche, Serumforschung, Ueberpflanzung von tierischem Gewebe auf den Menschen und noch manches andere wäre hier zu nennen. Auch auf dem Gebiete des Seelenlebens sind interessante Parallelen zwischen Mensch und Tier festzustellen, so daß sich beide nicht nur physiologisch, sondern auch psychologisch in gewisser Weise „nahe stehen".[39]

Fritz Jahr nennt auch einige Zitate aus der Bibel:

> So spricht bereits das I. Buch Mosis von einer „Seele" der Tiere (I. Mose 9, 16). Auch der Prediger Salomos setzt eine solche, ebenso wie beim Menschen, so auch bei ihnen voraus und fragt zweifelnd: „Wer weiß, ob der Odem des Menschen aufwärts fahre, und der Odem des Viehes unterwärts in die Erde fahre?" (Pred. 3, 21.) (…) Wenn dem aber wirklich so ist, dann begreift man, daß Gott, ähnlich wie mit den Menschen, auch mit den Tieren einen Bund machte, wie im I. Buch Mosis (Mose 9, 9–10. 17) und beim Propheten Hosea (Hos. 2, 20) zu lesen ist, und daß sie sogar in dem kommenden Reiche Gottes einen Platz haben werden, wie Jesaja (11, 6–8) schreibt: „Die Wölfe werden bei den Lämmern wohnen, und die Pardel bei den Böcken liegen. Kälber und junge Löwen werden miteinander weiden, und ein kleiner Knabe wird sie leiten. (…)" Kein geringerer als Luther selbst hat sich in seinen Tischreden zum Glauben an eine solche Aufnahme der Tiere in das künftige Gottesreich bekannt.[40]

In diesem Punkt unterscheidet sich Fritz Jahr eindeutig von der augustinisch-thomistischen Ideenwelt, die der Bioethik von Ślipko zugrunde liegt. Vor allem

---

39 Fritz Jahr: Der Tod und die Tiere. Eine Betrachtung des 5. Gebots (1928). In: Arnd T. May, Hans-Martin Sass (Hg.): Aufsätze zur Bioethik 1927–1947. Münster 2012, S. 15–20, hier: S. 15.
40 Jahr: Der Tod und die Tiere (Anm. 39), S. 16f.

hat Thomas von Aquin klar die Position bezogen, dass die Form eines Menschen (die Seele) und die Form eines Tieres oder einer Pflanze ganz unterschiedlich sind.[41]

Nähern wir uns jetzt der Frage an, wie die Begründung der bioethischen Pflichten bei Fritz Jahr aussieht. Wie bereits zitiert, schreibt Fritz Jahr: „Von der Bio-Psychik ist nur ein Schritt bis zur Bio-Ethik, d.h. zur Annahme sittlicher Verpflichtungen nicht nur gegen den Menschen, sondern gegen alle Lebewesen."[42] Aus dieser Formulierung lässt sich entnehmen, dass nach Fritz Jahr die Quelle der bioethischen Pflichten des Menschen in anderen Lebewesen steckt. Ein solcher Ansatz ist für den Biozentrismus charakteristisch und wird von der augustinisch-thomistischen Ethik abgelehnt. Wie bereits erwähnt, sind für sie die Tiere und Pflanzen zwar ein Gegenstand der normativen Bewertung, diese Normen werden aber nicht in der Natur von Tieren oder Pflanzen verankert, sondern im Menschen, der den freien Willen und Vernunft hat und einen richtigen Gebrauch davon machen sollte.[43]

Darüber hinaus sollte man nach dem bioethischen Imperativ von Fritz Jahr *jedes Lebewesen grundsätzlich als einen Selbstzweck* achten. Dieser Gedanke steht auf jeden Fall in krassem Widerspruch zur katholischen Bioethik. Nach dem katholischen Ansatz sind nämlich weder der Mensch noch andere Lebewesen ein Selbstzweck. Hier wird selbstverständlich der Einfluss des Kantianismus auf das Werk von Fritz Jahr sichtbar. Auf diesen Punkt muss kurz eingegangen werden.

Der Wortlaut des bioethischen Imperativs von Fritz Jahr erinnert stark an den kategorischen Imperativ von Immanuel Kant (1724–1804). Fritz Jahr kritisiert jedoch Kant, indem er ihm vorwirft, dass die reine Vernunft, so wie dies Kant meint, nicht ausreiche, um eine moralische Verpflichtung zu begründen:

> Als am meisten befriedigende Antwort bleibt doch immer diejenige, daß eben der Altruismus, wie gesagt, eine empirisch feststellbare psychologische Tatsache der Seele des Menschen ist, welcher er beinahe zwangsläufig Rechnung zu tragen hat.
> „Was ist nun eigentlich das Symptom des Altruismus?" – Daß das eigene Ich völlig hinter einem anderen zurücktritt, unter Umständen bis zur Selbstvernichtung, und daß egoistische Motive überhaupt nicht zur Wirksamkeit gelangen. Ein sehr einleuchtendes Beispiel ist der Tierschutz aus reinem Mitgefühl, wie ihn Schopenhauer und Richard Wagner verstehen und wie ihn die modernen Tierschutzvereine und die Tierschutzgesetzgebung auffassen. – Daß der Betreffende, der seine altruistischen Regungen auslebt,

---

41 Vgl. Tadeusz Guz: Historisch-systematische Beiträge zur Anthropologie. Weilheim-Bierbronnen 2000, S. 35ff.
42 Jahr: Bio-Ethik (Anm. 1), S. 8.
43 An dieser Stelle kann man an den Begriff von rechter Vernunft, recta ratio oder orthos logos, erinnern. Vgl. Andrzej Maryniarczyk, Recta Ratio. In: Powszechna Encyklopedia Filozofii. Bd. 8: Pap–Sc. Lublin 2007, S. 672–674.

selber seine innere Befriedigung dabei findet, ist noch kein Beweis dafür, daß es sich auch hier eigentlich um eine egoistische Regung handele. Im Gegenteil: Wer, wie Kant es will, nur die „Vernunft" allein walten lassen will, oder wer wie Ed. von Hartmann nur die kalt-logische Gerechtigkeit als das einzig richtige Motiv des Ethos ansieht, der steht dem Egoismus zum allermindesten ebenso nahe und tut außerdem den Phänomenen des menschlichen Seelenlebens Gewalt an.[44]

Im Nachwort zu den Schriften von Fritz Jahr schreibt Hans-Martin Sass dazu: „Heiligkeit des Lebens, nicht Heiligkeit eines Gesetzes ist die Basis des Bioethischen Imperativs."[45]

Zusammenfassend kann man sagen, dass sich der Ansatz von Fritz Jahr als ein protestantischer Biozentrismus beschreiben lässt. Vor allem sein Hinweis auf Martin Luther (1483–1546), der eine Aufnahme der Tiere in das Gottesreich nicht ausgeschlossen hat, zeigt deutlich, dass im Gegensatz zur katholischen die protestantische Lehre mit einem biozentrischen Ansatz kombiniert werden kann.

3. Protestantismus vs. augustinisch-thomistischer Ansatz

Im letzten Kapitel werden noch einige Unterschiede zwischen beiden christlichen Ansätzen aufgezeigt, und zwar zwischen dem protestantischen Biozentrismus von Fritz Jahr und dem augustinisch-thomistischen Ansatz von Ślipko.

3.1 Rationalismus vs. Fideismus

Im Gegensatz zu Ślipko verfügt Fritz Jahr über keine systematische Begründung seiner Bioethik. Fritz Jahr beruft sich auf die Bibel, die Aussagen von protestantischen Theologen, die fernöstlichen Religionen, auf Franz von Assisi (1181/82–1226), Charles Darwin (1809–1882) und andere Vertreter der modernen Wissenschaften. Er verfügt über kein kohärentes Weltbild. Er kann sogar den Unterschied zwischen der menschlichen und einer tierischen Seele nicht erklären. Er konzediert auch an einer Stelle:

> Die Wahrheit ist nicht erkennbar. Auch das, was nach landläufigem Sprachgebrauch Wissenschaft genannt wird, bringt kein wahres Wissen, keine wirkliche Erkenntnis der Wahrheit. Das folgt für mich aus dem Skeptizismus in alter und neuer Zeit, aus agnostizistischen,

---

44 Fritz Jahr: Zwei ethische Grundprobleme in ihrem Gegensatz und in ihrer Vereinigung im sozialen Leben (1929). In: Arnd T. May, Hans-Martin Sass (Hg.): Aufsätze zur Bioethik 1927–1947. Münster 2012, S. 39–47, hier: S. 42.
45 Sass: Nachwort (Anm. 2), S. 54.

positivistischen und pragmatistischen Gedankengängen. Frage ich mich: „Was ist Wahrheit?" (Pontius Pilatus nach Joh. 18, 38), so muß ich mir selbst antworten: „Ich weiß, daß ich nichts weiß" (Sokrates), und sehe, daß „wir nichts wissen können" (Goethe: Faust).[46] Hier wird der protestantische Fideismus deutlich sichtbar.[47] Die Bioethik von Tadeusz Ślipko entspringt dagegen der rationalistischen aristotelisch-thomistischen Metaphysik sowie Anthropologie. Seine Bioethik gliedert sich in ein allumfassendes und kohärentes theoretisches Gebilde ein. Für Ślipko wie auch für Aristoteles und Thomas von Aquin machen nicht das Gefühl und das Mitleid, auch nicht der Altruismus die Grundlagen der ethischen Pflichten aus, wie dies bei Fritz Jahr ganz deutlich der Fall ist.[48] Wie gesagt, es handelt sich hier um eine rationalistische Tugendethik. Für diese Ethik sind der Begriff der praktischen Vernunft von ganz grundlegender Bedeutung sowie der richtige Gebrauch dieser Vernunft (recta ratio). Hindernisse bei der Verwirklichung des Guten sind nach diesem Konzept eine falsche Erkenntnis des Guten durch den Handelnden sowie die Unfähigkeit seines Willens, sich von der Vernunft leiten zu lassen.[49] Das rechte Handeln muss deswegen entsprechend geübt, also praktiziert werden.[50] Die rechte Vernunft wird unter anderem durch die Kunst der Rhetorik und Topik geübt. Die Aufgabe der rhetorisch-topischen Schulung liegt darin, den Handelnden dazu zu

---

46 Fritz Jahr: Unser Zweifel an Gott. Subjektive Gedanken beim Thema eines Anderen (1933). In: Arnd T. May, Hans-Martin Sass (Hg.): Aufsätze zur Bioethik 1927–1947. Münster 2012, S. 55–57, hier: S. 55.
47 Tadeusz Guz schreibt dazu: „Martin Luther hebt die logisch-metaphysisch fundierte Vernunft ganz auf (…) und er gibt zu, daß ‚man das mit menschlichem Verstand nicht begreifen kann', sondern allein ‚in Christo Jesu'. Luther negiert den Verstand und die Vernunft, die sich an der klassischen Logik orientierten (…) und spricht von ‚dem Verstand, den man in Christo und von Christo und unter Christo hat und führt'." Tadeusz Guz: Zum Gottesbegriff G. W. F. Hegels im Rückblick auf das Gottesverständnis Martin Luthers. Eine metaphysische Untersuchung. Frankfurt a. M. 1998, S. 170.
48 Ein Beispiel: „Wenn wir ein fühlendes Herz auch für die Tiere in der Brust hegen, dann werden wir leidenden Menschen unser Mitleid und unsere Hilfe ebenfalls nicht vorenthalten." Jahr: Tierschutz und Ethik (Anm. 37), S. 22.
49 Vgl. Martin Rhonheimer: Praktische Vernunft und Vernünftigkeit der Praxis. Handlungstheorie bei Thomas von Aquin in ihrer Entstehung aus dem Problemkontext der aristotelischen Ethik. Berlin 1994, S. 13.
50 Vgl. Martin Rhonheimer: Konservatismus als politische Philosophie. Gedanken zu einer „konservativen Theorie". In: Gerd-Klaus Kaltenbrunner (Hg.): Die Herausforderung der Konservativen. Absage an Illusionen. Freiburg i. Br. 1974, S. 104–128, hier: S. 120.

befähigen, eine Sache in ihrer ganzen Komplexität betrachten zu können.[51] Die Topik ist die Kunst, die richtige, und das kann in diesem Konzept nur heißen, die besser begründete Antwort zu finden:[52]

> Die Schlüsse, die man in diesem Bereich ziehen kann, folgen nicht aus notwendigen, sondern in aller Regel nur aus plausiblen, wahrscheinlichen, annehmbaren Prämissen. Alle unsere Handlungen haben einen kontingenten Charakter, kaum eine ist mit Notwendigkeit bestimmt, heißt es präzis in der Rhetorik. (...) Die Führung des Lebens: des einzelnen und des gemeinsamen, ist ein ständiger Versuch angemessener Lösung der unaufhörlich sich präsentierenden Probleme, nicht abreißende Vollziehung des „response" auf die „challenges" des Lebens.[53]

Die Topik und Rhetorik sollten also dabei behilflich sein, richtige ethische und politische Entscheidungen treffen zu können. In diesem Konzept spielt selbstverständlich die Tradition eine wichtige Rolle. Das bedeutet aber nicht, dass man unkritisch nach alten Mustern handeln, sondern von der Weisheit und aus Fehlern der Vorfahren lernen sollte.

Die protestantische Ethik, die sich von der rationalistischen aristotelisch-thomistischen Tradition getrennt hat, ist dagegen sehr subjektivistisch. Letztendlich gilt für Protestanten als Quelle ihrer Pflichten die Bibel, die von jedem Gläubigen gelesen und interpretiert werden sollte.[54] Das hängt selbstverständlich mit der reformatorischen Lehre von sola fide, sola gratia und sola scriptura zusammen. Aus diesem Grund weist die protestantische Theologie viele Diskontinuitäten auf.

3.2 Dualismus von Egoismus und Altruismus

In der Bioethik von Fritz Jahr spielt der Dualismus von Egoismus und Altruismus eine wichtige Rolle. Den Altruismus bezeichnet er auch als Gerechtigkeitssinn, Mitgefühl, Mitleid oder Liebe.[55] Zur Unterscheidung zwischen beiden Begriffen führt Jahr aus:

---

51 Vgl. Wilhelm Hennis: Politik und praktische Philosophie. Schriften zur politischen Theorie. Stuttgart 1977, S. 89.
52 Vgl. Hennis: Politik und praktische Philosophie (Anm. 51), S. 93.
53 Hennis: Politik und praktische Philosophie (Anm. 51), S. 95.
54 „Luther, Melanchthon haben das Scholastische ganz verworfen und aus der Bibel, dem Glauben, dem menschlichen Gemüt entschieden." Georg Wilhelm Friedrich Hegel: Vorlesungen über die Geschichte der Philosophie. Bd. 3. Frankfurt a. M. 1995, S. 282.
55 Vgl. Jahr: Zwei ethische Grundprobleme (Anm. 44), S. 39.

Hier möge es jedoch der Einfachheit halber erlaubt sein, indem die Ausdrücke „egoistisch", bezw. „egozentrisch" die psychologische Tatsache bezeichnen sollen, deren Ergebnis der Kampf ums Dasein ist, und indem „Altruismus", „Liebe" usw. die gegenteilige Gefühls-, Willens- und Gedankeneinstellung, verbunden mit entsprechenden praktischen Auswirkungen, bezeichnen soll.[56]

Die Figur des Kampfes ums Dasein scheint eine ganz wichtige Rolle bei Fritz Jahr zu spielen:

Wir werden uns dessen oft nur nicht bewußt, solange dieser Kampf ohne Haß in ehrlicher, gesetzlich erlaubter Weise geführt wird. Ebenso wenig wie wir nun den Kampf mit unseren Mitmenschen ganz vermeiden können, ebenso unvermeidlich ist auch der Kampf ums Dasein mit anderen Lebewesen.[57]

Und an einer anderen Stelle:

Ist doch die egozentrische Einstellung und der Kampf ums Dasein ein äußerst bedeutungsvolles Agens für das Entstehen und die Fortentwicklung der Zivilisation, bezw. der Kultur. Und unter diesen Umständen sind die Folgen davon sowohl für die Allgemeinheit als auch ganz besonders für den Einzelnen von den segensreichsten Folgen, obgleich solche ursprünglich nicht geplant waren.[58]

Fritz Jahr postuliert sogar „ein Menschenrecht auf Egoismus":

Die egozentrische Einstellung ist als natürliches Phänomen zugleich ein allgemeines Menschenrecht. Wird dieses Recht in verständiger Weise in Anspruch genommen (natürliche, gesunde Lebensweise, besonders in den Nahrungs-, Kleidungs-, Wohnungs- und Arbeitsverhältnissen, sowie in einer geregelten, auskömmlichen Entlohnung, nicht zu vergessen auch in einem Kampf ums Dasein, der in weitgehender Weise sich durch Recht und Billigkeit regulieren läßt), so wirkt er fördernd auf weiteste Kreise und ist, wenigstens in seinen Auswirkungen, geradezu altruistisch.[59]

Wie aus dem letzten Satz zu entnehmen ist, kritisiert Jahr die starke Gegenüberstellung von Egoismus und Altruismus. Seiner Meinung nach bedingen sich beide Pole gegenseitig: „Freilich, wie der Egoismus so gut wie gar nicht ohne altruistischen Einschlag ist, ebenso wenig ist auch der Altruismus nicht ganz ohne jeden Egoismus denkbar."[60]

---

56 Jahr: Zwei ethische Grundprobleme (Anm. 44), S. 39.
57 Jahr: Tierschutz und Ethik (Anm. 37), S. 26.
58 Jahr: Zwei ethische Grundprobleme (Anm. 44), S. 41.
59 Jahr: Zwei ethische Grundprobleme (Anm. 44), S. 45.
60 Jahr: Zwei ethische Grundprobleme (Anm. 44), S. 42.

Das Verhältnis zwischen Altruismus und Egoismus scheint ein dialektisches zu sein. Mehr noch, diese Dialektik macht für Fritz Jahr den Motor der kulturellen Entwicklung aus. Man kann sich berechtigterweise die Frage stellen, inwieweit in diesem Punkt Fritz Jahr ein Hegelianer war, oder ob er möglicherweise den Gedanken von Darwin auf den Bereich der Kultur übertragen hat. In diesem Punkt nähert er sich auf jeden Fall verschiedenen evolutionistischen Ideen an, wie z.B. der Idee der Öko-Philosophie des polnischen Biozentrikers Henryk Skolimowski (*1930).[61]

Das Konzept von Skolimowski wurde von Ślipko einer Kritik unterzogen.[62] Ślipko weist unter anderem darauf hin, dass Skolimowskis Konzept vom Verhältnis zwischen Gott und Natur sich manchen modernen protestantischen theologischen Ansätzen annähert, die Gott und die Welt „im Werden" sehen.[63] Ślipko wirft Skolimowski u.a. Pantheismus vor. In diesem Kontext stellt sich selbstverständlich die Frage, ob man auch den Ansatz von Fritz Jahr als den Ausdruck eines dialektischen und evolutionistischen Pantheismus betrachten könnte. Einiges könnte dafür sprechen. In seinem Buch *Zum Gottesbegriff G. W. F. Hegels im Rückblick auf das Gottesverständnis Martin Luthers. Eine metaphysische Untersuchung* hat Tadeusz Guz überzeugend dargelegt, dass der dialektische Ansatz von Martin Luther und Georg Wilhelm Friedrich Hegel (1770–1831) eng mit dem Pantheismus verbunden sind.

Zunächst betrachten wir kurz, was Guz über die Dialektik bei Luther und Hegel zu sagen hat:

> Wieder zeigt sich eine offenkundige Übereinstimmung von Luther und Hegel – bezüglich des Gottesbegriffs als einer Synthese des Guten und des Bösen. (…) Die Umschläge zwischen dem Guten und dem Bösen, die im Wesen Gottes nach Luther und Hegel geschehen, sind die Zeichen der göttlichen Allmacht, wodurch „Gott so mächtig ist, daß er das Gute und das Böse, zwei unvereinbare Dinge, auf die Einheit seiner ewigen Natur zurückführt". Weder Luther noch Hegel können eine perfekte Harmonie in Gott denken, sondern einen Kampf, der sich unterschiedlich auslegt. Ist das Böse nur „die andere Seite (des Geistes)", dann gehört es konstitutiv zum Guten (…) So muß man konsequentermaßen sagen, daß nach Hegel und auch nach Martin Luther „das Böse dasselbe ist wie das Gute." Diese

---

61 Henryk Skolimowski, Professor Emeritus an der *University of Michigan* ist der Gründer des *Eco-Philosophy Center*. Auf der Webseite dieser Institution lesen wir: „The Eco-Philosophy Center is a global connection of people who revere the cosmos, gracefully accept our place as stewards of all things within our senses, and who strive to gently and purposefully expand our cohort." Vgl. unter: http://www.ecophilosophy.org/new/home.html (Stand: 9.7.2013).
62 Vgl. Ślipko, Zwoliński: Rozdroża ekologii (Anm. 4), S. 94f.
63 Vgl. Ślipko, Zwoliński: Rozdroża ekologii (Anm. 4), S. 95.

postulierte Identität zwischen dem Guten und dem Bösen entscheidet, daß „weder das eine oder das andere Wahrheit hat, sondern eben ihre Bewegung" (…).[64]

Und an einer anderen Stelle:

> Die Dialektik bei Luther und Hegel hört auf, nur „ein abgesonderter Teil der Logik" zu sein, und übernimmt ganz die Position der klassischen Logik bei der Bestimmung der Denkprinzipien und Denkregeln, die auf ein Prinzip reduziert werden und zwar zur „contradictio". Auf diese Weise wird der Glaube Luthers und seine systematische Reflexion der Glaubensinhalte seiner Theologie ausschließlich dialektisch gestaltet, was – nach Luther – spekulativ zu begreifen erlaubt: „Wie das höchste Recht das höchste Unrecht ist (…), so ist die höchste Weisheit die höchste Unweisheit."[65]

Und zum Pantheismus:

> Eine wesentliche Anwesenheit Gottes in den Dingen fundiert seinen [Luthers, Anm. M. Z.] theologischen Pantheismus, denn bei ihm haben die Dinge nicht ihre Wesen, sondern sie werden Akzidentien oder Teile Gottes. (…) Die Tatsache der Inkarnation wird verallgemeinert und auf alle Kreaturen übertragen, und mit diesem Phänomen Christi will Luther seine Dialektik begründen, die sich zwar für das Verbleiben des Menschen oder anderer Kreaturen ausspricht, aber nur in der Form des Akzidenz, weil die essentiale Gegenwart Gottes in der Schöpfung ihr Sein negiert, tötet und in sich aufhebt.[66]

Und:

> Das spekulative Begreifen der Zusammengehörigkeit der Menschen mit Gott nennt Hegel „pantheistisch". Das ist „das jetzige Schlagwort: Pantheismus", der sowohl für Hegel als auch für Luther auf der Ebene des Personenseins als notwendig angenommen wird. Die Personen sind nur Momente dieses Prozesses, der das Wesen Gottes ausmacht und der nur vorübergehend die Personen als an sich – und für sich Seiende zuläßt, um sie dann in das Absolute zurückzunehmen, weil nur durch den Prozeß der Aufhebung aller Momente Gott als sich selbst wissender Geist wird. Konsequentermaßen bleibt nur übrig: Gott als „Entwicklung" oder als das „ewige Stirb und Werde" zu denken, denn: „Die Entwicklung Gottes in ihm selbst ist somit dieselbe logische Notwendigkeit, welche die des Universums ist, und dieses ist an sich nur insofern göttlich, als es auf jeder Stufe die Entwicklung dieser Form ist."[67]

---

64 Guz: Zum Gottesbegriff (Anm. 47), S. 223f. Guz zitiert hier aus Enrico DeNegris *Offenbarung und Dialektik. Luthers Realtheologie* und Hegel mit der *Phänomenologie des Geistes*.
65 Guz: Zum Gottesbegriff (Anm. 47), S. 171. Guz zitiert hier aus Hegels *Wissenschaft der Logik* und bezieht sich auf Martin Luther.
66 Guz: Zum Gottesbegriff (Anm. 47), S. 197.
67 Guz: Zum Gottesbegriff (Anm. 47), S. 194. Guz zitiert hier aus Hegels *Vorlesungen über die Philosophie*.

Da die Bioethik von Fritz Jahr auch Wurzeln in der Lehre Martin Luthers hat, könnten die oben aufgeführten Thesen auch auf sein Werk übertragbar sein. Auf diese Frage kann aber hier nicht eingegangen werden.

Auf jeden Fall könnte man sehr wohl die Frage untersuchen, welche Ähnlichkeiten zwischen dem Biozentrismus von Skolimowski und den Argumenten Fritz Jahrs bestehen. Der dialektisch-evolutionäre Ansatz scheint für beide charakteristisch zu sein, das gleiche betrifft vielleicht auch den Pantheismus. Wenn es so wäre, wäre auch Ślipkos Kritik an Skolimowski auf Fritz Jahr übertragbar.

3.3 Antipathie zum hierarchischen Weltbild

Abschließend sollte man noch darauf hinweisen, dass der Protestantismus von Fritz Jahr auch in seiner Antipathie gegenüber einem hierarchischen Weltbild sichtbar wird, das für den Katholizismus von grundlegender Bedeutung ist. Bei Fritz Jahr werden die Hierarchien flach: Gott, Mensch und die Natur, alle sind Partner. Dies hängt auch eng mit der Lehre von Luther zusammen, der behauptete, dass der Mensch Gott direkt gegenüberstehe und keine Hierarchie brauche, um zu Gott zu kommen. Die katholische Theologie sieht das anders. Thomas von Aquin, der auch als „Engelsdoktor" bezeichnet wird, hat eine Lehre von Engeln entwickelt, die in einer Hierarchie zueinander stehen. Ihre Position in der Hierarchie hängt mit ihrer Macht zusammen. Die irdische Hierarchie sollte eine Abbildung der himmlischen Hierarchie darstellen. Dieser Gedanke steht in einer engen Verbindung mit dem schon erwähnten Prinzip „Conservatio est continua creatio".[68] Gott wird als ein aktiver Schöpfer dargestellt, der die Welt in Zusammenarbeit mit den verschieden Arten von Geschöpfen regiert, die je nach ihren Möglichkeiten – damit auch ihrer Stellung in der Hierarchie aller Wesen – zum Ganzen beitragen.

Zusammenfassung

Fritz Jahr argumentiert von der Position des protestantischen Biozentrismus her und lässt wie viele andere Vertreter sowohl des Biozentrismus als auch des Anthropozentrismus die augustinisch-thomistische Position ganz außer Acht. Auf Fritz Jahr trifft also die Behauptung von Ślipko zu, dass Biozentriker sich auf dem gleichen Boden wie Anthropozentriker bewegen. Sowohl die Biozentriker als auch die Anthropozentriker haben sich von der klassischen Metaphysik und Anthropologie gelöst, die ihre Anfänge bei Platon (428/427–348/347 v. Chr.) und

---

68 Ślipko, Zwoliński: Rozdroża ekologii (Anm. 4), S. 112.

Aristoteles hatten und die von christlichen Philosophen weiter entwickelt wurden. Sowohl der Biozentrismus als auch der Anthropozentrismus gehen dagegen von René Descartes (1596–1650) und Kant und deren Geist-Materie-Dualismus aus. Der Anthropozentrismus bleibt dabei stehen und begreift die Materie als einen Stoff, der uneingeschränkt durch die menschliche Vernunft geformt werden kann. Der Biozentrismus leugnet dagegen den Dualismus dialektisch und verfällt in ein anderes Extrem, und zwar den ontologischen Monismus. Den Geist-Materie-Dualismus von Descartes und Kant kann man aus diesem Grund als den Ausgangspunkt dieser Entwicklung sehen, weil gerade dadurch eine scharfe Trennung zwischen Geist und Materie vollzogen wurde, womit die Tiere und Pflanzen auf Quasi-Maschinen reduziert wurden. Diese Trennung wurde durch den Biozentrismus infrage gestellt.

Für die Vertreter der klassischen Metaphysik ist der neuzeitliche Dualismus unhaltbar. Auch wenn z.B. Thomas von Aquin von Seele (Geist) und Materie spricht, haben diese Begriffe bei ihm eine andere Bedeutung als bei Descartes oder Kant. Kurz: Der Mensch hat zwar die Vernunft und einen freien Willen, auf der biologischen und sogar psychischen Ebene ist er aber ein Tier mit allen Konsequenzen.[69] Das also, was für die Vertreter der klassischen Metaphysik selbstverständlich war, musste in der Neuzeit erst durch die Naturwissenschaften bewiesen werden. Aus diesem Grund kann Ślipko behaupten, dass sowohl dem Anthropozentrismus als auch dem Biozentrismus ein gewisser Szientismus zugrunde liegt.[70] Die Anthropozentriker berufen sich auf die Ergebnisse der Wissenschaft, um ihre Macht über die Natur auszuweiten, die Biozentriker dagegen, um sie einzuschränken.

Der Biozentrismus von Fritz Jahr wird darüber hinaus durch religiöse Argumente gestützt. Sein Ansatz nähert sich einem dialektisch-evolutionären Pantheismus, dessen Wurzeln sowohl in der Theologie Luthers als auch den fernöstlichen Religionen zu finden sind. Welchen Einfluss der Hegelianismus oder Darwinismus auf Fritz Jahr ausgeübt haben, müsste genauer untersucht werden.

---

69 Vgl. Guz: Historisch-systematische Beiträge (Anm. 41), S. 38ff.
70 Der Szientismus von Fritz Jahr wird z.B. in diesen Worten deutlich: „Es wird stets das Verdienst der modernen Naturwissenschaft bleiben, daß sie eine vorurteilslose Betrachtung des Weltgeschehens erst möglich gemacht hat." Jahr: Bio-Ethik (Anm. 1), S. 7.

Fritz Jahr und der ökologische Ansatz der katholischen Theologie heute

Geni Maria Hoss

Zusammenfassung

Die aktuellen Herausforderungen im Bereich der Ökologie und Nachhaltigkeit drängen die katholische Theologie, dieses Thema in Verbindung mit der Theologie der Schöpfung zu vertiefen und zu begründen. Obwohl noch nicht ausreichend vorangetrieben, kann doch ein bedeutender Fortschritt festgestellt werden, von dem aus es nun möglich ist, den Dialog mit den verschiedenen Geistes- und Naturwissenschaften im Hinblick auf ethische Verantwortung gegenüber allen Lebensformen zu fördern. Die vorliegende Arbeit stellt anhand des aktuellen Katechismus eine Verbindung zwischen der Lehre der katholischen Kirche und den Gedanken Fritz Jahrs (1895–1953) her. Es gibt wichtige Konvergenzen, wenn es um die Würde des Menschen und die Beziehung des Menschen zu anderen Lebewesen geht. Vor allem das ethische Verhältnis den Tieren gegenüber bedarf der Vertiefung, da dieses eine ernstzunehmende Herausforderung an die Praxis der christlichen Gemeinden stellt, die ein kohärentes Handeln fordern. Die ethische Verantwortung aus dem Schöpfungsglauben umfasst den Ursprung und das Endziel des Lebens, Soteriologie und Eschatologie. Das macht Jahrs theologisches Erbe überhaupt aus.

Abstract

The current challenges in the scope of ecology and sustainability faced by Catholic Theology in the sense of developing this theme is deeply based on the roots of Theology of Creation. Although still insufficient, today a significant advance can be identified, from which it is possible to promote a dialog with various Natural and Human Sciences concerning the ethical responsibility related to all forms of life. The present study deals with the teaching of the Catholic Church based on the current catechism with important aspects derived from Fritz Jahr's (1895–1953) thinking. Important convergences associated with human dignity have been identified as well as the relationship between human beings and other living beings. The ethical relationship with animals also needs to be explored further, because it presents important challenges to the praxis of the Christian communities. The ethical responsibility based on faith in creation includes the origin and ultimately the end of life, soteriology and eschatology. Those elements run like a common thread through the thinking of Fritz Jahr, constituting his main theological legacy.

Einführung

Durch die Entwicklungen in der Gesellschaft herausgefordert, sind im katholischen Raum in den letzten Jahren einige wichtige theologische Studien und Reflexionen über das Thema Schöpfung und Umweltschutz veröffentlicht worden. Obwohl dies im Sinne des II. Vatikanischen Konzils ist, das sich der Lebenswirklichkeit der Menschen verpflichtet hat, kann es nicht als direkte Konsequenz des Konzils verstanden werden. Vielmehr muss diese Entwicklung als Reaktion auf die nicht mehr zu übersehene Situation gewertet werden, die durch die ökologische Krise gegeben ist.

Wenn jetzt die Schöpfungstheologie intensiv durch ökologische Probleme herausgefordert wird, gilt es, Gefahren und Chancen zu bedenken. Die Gefahren bestehen darin, dass nach Anpassungen gesucht wird und dadurch biblisch-theologische Fundamente der Schöpfung sozusagen amputiert werden. So könnte sich die Schöpfungstheologie, je nach Geschmack und Fähigkeit, überzeugend in einer wissenschaftlich geprägten Gesellschaft darstellen oder aber ungeachtet allen neuen Wissens starr am Alten festhalten. Hier kann auch gesagt werden: „Die Bibel und sonstige Werke religiöser Tendenz werden gern in der Weise benutzt, dass man sich Passendes heraussucht."[1] Dem steht eine große Chance gegenüber: Dort, wo Theorie und Praxis auseinander gegangen sind, könnte die Einheit des Schöpfungsglaubens neu reflektiert werden, ohne das Ganze des Glaubens wieder aus dem Blick zu verlieren. Es bietet zudem die Chance, sich mit den Ideen in Kirche und Theologie auseinanderzusetzen, die aufgrund der zentralen Stellung des Menschen in der gesamten Schöpfung nach den Paradigmen der Neuzeit dem Menschen eine Art von „Übermacht" zuschreiben. Das Ganze der Schöpfung zu sehen bedeutet, dass man auch das einzelne Geschöpf sieht, wo es steht, wie es sich mit dem Ganzen verbindet und verhält, und warum es gerade da steht, wo es steht. Es geht letztendlich um die „Adresse" des Einzelnen und dessen Bedeutung für das Ganze.

„Die Welt ist zur Ehre Gottes geschaffen"[2]

Im Katechismus von 1992, der hier öfter genannt werden wird und auch als theologische Referenz gilt, behandelt die Katholische Kirche das Thema Schöpfung im Kapitel über das Glaubensbekenntnis: *Ich glaube an Gott, den Vater, den Allmächtigen, den Schöpfer des Himmels und der Erde.* Wenn es jedoch um die ökologischen Herausforderungen geht, werden sie im Zusammenhang mit dem siebenten Gebot angeführt. So wird klar, dass die Welt kein Eigentum des Menschen ist, wie

---

1   Fritz Jahr: Bio-Ethik. Eine Umschau über die ethischen Beziehungen des Menschen zu Tier und Pflanze (1927). In: Arnd T. May, Hans-Martin Sass (Hg.): Aufsätze zur Bioethik 1927–1947. Münster 2012, S. 49–54, hier: S. 50.
2   Katechismus der Katholischen Kirche. München 1993, S. 108.

Psalm 24,1 deutlich macht: „Dem Herrn gehört die Erde und was sie erfüllt, der Erdkreis und seine Bewohner." Hier findet sich schon ein sehr starker Hinweis, wie der Mensch mit der Schöpfung umzugehen hat. Das Menschenleben wird eigens im fünften Gebot behandelt.

„Im Anfang schuf Gott Himmel und Erde."[3] Gott ist also der Schöpfer all dessen, was besteht. Und alles, was aus dem Nichts durch Gottes Wort – ex nihilo – geworden ist, ist zur Ehre Gottes geschaffen. „Zwischen allen Geschöpfen besteht eine Solidarität, denn sie alle haben den gleichen Schöpfer, und sie alle sind auf seine Herrlichkeit hingeordnet."[4] Diese Hinordnung auf den Schöpfer schließt eine Ordnung ein, in der die Geschöpfe je nach eigener Art und Weise des Daseins sich gegenseitig verbinden und voneinander abhängen. So wird im katholischen Katechismus festgehalten:

> Die gegenseitige Abhängigkeit der Geschöpfe ist gottgewollt. (...) [A]ll die unzähligen Verschiedenheiten und Ungleichheiten besagen, daß kein Geschöpf sich selbst genügt, daß die Geschöpfe nur in Abhängigkeit voneinander existieren.[5]

Der Mensch als Abbild Gottes – wovon auch seine Würde abgelesen wird – hat eine Sonderstellung in der Gesamtschöpfung. Der Mensch

> ist imstande, sich zu erkennen, über sich Herr zu sein, sich in Freiheit hinzugeben und in Gemeinschaft mit anderen Personen zu treten, und er ist aus Gnade zu einem Bund mit seinem Schöpfer berufen, um diesem eine Antwort des Glaubens und der Liebe zu geben.[6]

Wenn es auch immer mehr Theologen gibt, die ein ökozentrisches Weltbild verteidigen, ist das kein Konsens in der Gesamttheologie. Jedoch, nach der historisch-kritischen Hermeneutik, wird diese Sonderstellung zutiefst mit der ethischen Verantwortung des Menschen für die Gesamtschöpfung verbunden.

„Gott, der Herr, nahm also den Menschen und setzte ihn in den Garten von Eden, damit er ihn bebaue und hüte."[7] Darum ist er u.a. – wie in Dokumenten der Kirche und Theologie zu lesen ist – Wächter, Hüter, Betreuer. Von der Schöpfung ausgehend bezeichnet Dr. Medard Kehl SJ, Professor emeritus für Dogmatik an der Philosophisch-Theologischen Hochschule St. Georgen in Frankfurt am Main,

---

3 Gen 1,1. In: Die Bibel. Einheitsübersetzung der Heiligen Schrift. Gesamtausgabe. Psalmen und Neues Testament. Ökumenischer Text. Stuttgart 2003.
4 Katechismus (Anm. 2), S. 120.
5 Katechismus (Anm. 2), S. 119.
6 Katechismus (Anm. 2), S. 122.
7 Gen 2,15 (Anm. 3).

die Welt – das durch den Schöpfer geordnete Chaos – als „Lebenshaus für Mensch und Tier", dessen „Hausverwalter" der Mensch ist.[8] Der Mensch ist berufen, am Werk Gottes verantwortungsvoll mitzuwirken.

> Die Schöpfung hat ihre eigene Güte und Vollkommenheit. Sie ging jedoch aus den Händen des Schöpfers nicht ganz fertig hervor. Sie ist so geschaffen, daß sie noch „auf dem Weg" [in statu viæ] zu einer erst zu erreichenden letzten Vollkommenheit ist, die Gott ihr zugedacht hat.[9]

Wenn der Mensch so auch im Mittelpunkt steht, muss dennoch – wie Karl Bopp[10] betont – immer das Bewusstsein da sein, dass er ein Teil der Gesamtschöpfung ist und bleibt. Der Mensch ist unter anderem befähigt, die Erfahrung der Nähe und Präsenz Gottes zu machen, sich frei zu entscheiden, konsequent nach seinen Überzeugungen zu handeln, jedoch teilt er mit allen Geschöpfen zutiefst die kreatürlichen Möglichkeiten, Grenzen und Abhängigkeiten.

Ein Bund mit der ganzen Schöpfung

Unter dem theologischen Gesichtspunkt ist das ‚auf dem Weg sein' vor allem im Bund Gottes, des Schöpfers, mit seiner Schöpfung zu sehen:

> Hiermit schließe ich meinen Bund mit euch und mit euren Nachkommen und mit allen Lebewesen bei euch, mit den Vögeln, dem Vieh und allen Tieren des Feldes, mit allen Tieren der Erde, die mit euch aus der Arche gekommen sind.[11]

Auf dem Weg sein im Bund mit Gott geschieht in einem sehr dynamischen Vorgang, wobei Gott nicht nur am Anfang oder am Ende steht oder irgendwie seit dem siebenten Tag sich zur Ruhe gesetzt hat. Der Weg ist ja nicht irgendeiner, sondern der vom Schöpfer bestimmte, und doch immer offen für das verantwortliche Mitwirken des Menschen.

---

8   Vgl. Medard Kehl: Und Gott sah, dass es gut war. Eine Theologie der Schöpfung. Freiburg i. Br. 2006, S. 121.
9   Katechismus (Anm. 2), S. 111.
10 Vgl. Karl Bopp: Das Prinzip „Nachhaltigkeit" als neue Herausforderung für die Praktische Theologie. In: Doris Nauer, Franz Weber, Rainer Bucher (Hg.): Praktische Theologie. Bestandsaufnahme und Zukunftsperspektive. Stuttgart 2005, S. 50–57, hier: S. 52.
11 Gen 9, 9–10 (Anm. 3).

Die Versöhnung der ganzen Schöpfung, besiegelt durch den neuen und ewigen Bund, schenkt dem Menschen Hoffnung, die ihn nicht nur vor Angst und Verzweiflung im Blick auf die Zukunft bewahrt, sondern ihm auch einen Sinn für Verantwortung und das ethische Handeln hier und jetzt schenkt.

Fritz Jahr (1895–1953) spricht dies besonders in seiner nachösterlichen Betrachtung[12] und im Artikel über die *Drei Abschnitte des Lebens*[13] an. Das Handeln in *dieser Welt* wird durch den Glauben an das ewige Leben – die eigentliche Lebensfülle – bestimmt. In den *Drei Studien zum 5. Gebot*[14] bezieht sich Fritz Jahr auf diesen Bund – anhand von Luthers Lehre –, nach dem auch die Tiere teilhaben am Reich Gottes.

> Auf jeden Fall aber sehnt sich alle Kreatur, nicht nur der Mensch, sondern auch die Tiere, nach der Erlösung von Tod und Vergänglichkeit, wie der Apostel Paulus in seinem Briefe an die römische Gemeinde lehrt (Römer 8, 18–23); ein Zeichen dafür, daß man schon in jenen nun längst vergangenen Zeiten bei Mensch und Tieren gemeinsame Eigenschaften erkannte. (…) Wenn dem aber wirklich so ist, dann begreift man, daß Gott, ähnlich wie mit den Menschen, auch mit den Tieren einen Bund machte, wie im I. Buch Mosis (Mose 9, 9–10. 17) und beim Propheten Hosea (Hos. 2, 20) zu lesen ist, und daß sie sogar in dem kommenden Reiche Gottes einen Platz haben werden.[15]

Wie dieser Weg und die multidimensionalen Verhältnisse im Bund aussehen, wird auch von verschiedenen Gebieten der Wissenschaft thematisiert. So soll – wenn auch nur kurz – der Dialog zwischen Schöpfungstheologie und Wissenschaft angesprochen werden.

Schöpfungstheologie und Wissenschaft

Im ersten Artikel von 1927 macht Fritz Jahr deutlich, wie wichtig für ihn eine autonome Naturwissenschaft ist, um ein objektives Bild der Welt – also der Schöpfung – zu vermitteln. „Es wird stets der Verdienst der modernen Naturwissenschaft

---

12 Vgl. Fritz Jahr: Jenseitsglaube und Ethik im Christentum (1934). In: Arnd T. May, Hans-Martin Sass (Hg.): Aufsätze zur Bioethik 1927–1947. Münster 2012, S. 73–75, hier: S. 73.
13 Vgl. Fritz Jahr: Drei Abschnitte des Lebens nach 2. Korinther (1938). In: Arnd T. May, Hans-Martin Sass (Hg.): Aufsätze zur Bioethik 1927–1947. Münster 2012, S. 99–107.
14 Vgl. Fritz Jahr: Der Tod und die Tiere. Eine Betrachtung zum 5. Gebot (1928). In: Arnd T. May, Hans-Martin Sass (Hg.): Aufsätze zur Bioethik 1927–1947. Münster 2012, S. 15–20, hier: S. 16.
15 Jahr: Der Tod und die Tiere (Anm. 14), S. 16.

bleiben, daß sie eine vorurteilslose Betrachtung des Weltgeschehens erst möglich gemacht hat."[16] In der pastoralen Konstitution über die Kirche in der Welt von heute *Gaudium et Spes* bedauert die Kirche, „die legitime Autonomie der Wissenschaft" oft nicht geachtet zu haben, und erkennt, dass „die dadurch entfachten Streitigkeiten und Auseinandersetzungen" zur „Überzeugung von einem Widerspruch zwischen Glauben und Wissenschaft" geführt haben.[17] Trotz Anerkennung der Autonomie der Wissenschaft seit dem Konzil mangelt es noch heute an Kompetenz zum echten Dialog.

Wie die Schöpfung ist, wird von der Wissenschaft erklärt. Es sind die ethisch betriebenen Forschungen, die durch ihre Erkenntnisse die Größe des Schöpfers erahnen lassen. Dazu lesen wir im Katechismus: „Die Schönheit der Schöpfung widerspiegelt die unendliche Schönheit des Schöpfers. Sie soll Ehrfurcht wecken und den Menschen dazu anregen, seinen Verstand und seinen Willen dem Schöpfer unterzuordnen."[18] Die Dynamik und Komplexität aller Lebensformen sind wichtige Erkenntnisse, die einen neuen Daseins-Modus fordern – von Theologen wie Leonardo Boff als Bedingung einer „Neuen Zivilisation" bezeichnet.[19] Die Schöpfung lässt sich gewissermaßen in wissenschaftlichen Kategorien beschreiben, aber es geht um mehr: Das Leben mit seiner internen Dynamik hat auch seine Geheimnisse und Kreativität. Es geht, wie Ludwig Wittgenstein (1889–1951) sagt, um das „Unaussprechliche",[20] das Mysterium. Es muss gesagt werden, dass ‚vernünftige Gründe' für den Schöpfungsglauben keineswegs bedeuten, dass diese sich durch naturwissenschaftliche Erkenntnisse einschränken oder sogar ersetzen lassen. Ein fruchtbarer Dialog zwischen Theologie und Wissenschaft ist in diesem Bereich dann möglich, wenn Ehrfurcht vor dem Anderen besteht und eine völlig einheitliche Sicht nicht angezweifelt wird.

Schon Paulus lässt uns ahnen, wie wichtig die Wissenschaft für den Glauben sein kann, wenn er auf die Wahrnehmung Gottes durch die Schöpfung aufmerksam macht: „Seit Erschaffung der Welt wird seine unsichtbare Wirklichkeit an den

---

16 Jahr: Bio-Ethik (Anm. 1), S. 7.
17 II. Vatikanisches Konzil. Gaudium et Spes. Kapitel III „Das menschliche Schaffen der Welt", Abschnitt 36 „Die richtige Autonomie der irdischen Wirklichkeiten", unter: http://www.vatican.va/archive/hist_councils/ii_vatican_council/documents/vat-ii_const_19651207_gaudium-et-spes_ge.html (Stand: 19.7.2013).
18 Katechismus (Anm. 2), S. 119.
19 Vgl. Leonardo Boff: Sustentabilidade. O que é – o que não é. Petrópolis 2012, S. 13ff.
20 Kehl: Und Gott sah (Anm. 8), S. 303.

Werken der Schöpfung mit der Vernunft wahrgenommen, seine ewige Macht und Gottheit."[21] Nicht nur die äußere Schönheit vermittelt uns etwas über den Schöpfer, sondern auch die verborgenen Geheimnisse des Lebens insgesamt, die vor allem von der Wissenschaft entdeckt werden.

Die Autonomie der Wissenschaft schließt nicht aus, dass Glaubensgemeinschaften nach den ethischen Grenzen der Verfahren und Absichten von wissenschaftlichen Forschungen fragen.

Die Menschen können die Natur erobern und die Weiten des Raumes erforschen. Die außerordentlichen wissenschaftlichen und technologischen Fortschritte unserer Zeit können als Verwirklichung der Aufgabe angesehen werden, die der Schöpfer den Menschen gegeben hat; der Mensch muss aber auch die Grenzen achten, die der Schöpfer festgesetzt hat. Sonst wird die Erde zu einem Ort des Missbrauchs, der das feine Gleichgewicht und die Harmonie der Natur zerstört.[22]

Jedoch müssen Glaubensgemeinschaften sich auch immer bewusst sein, dass sie nicht die einzige Meinung in einer multikulturellen Gesellschaft darstellen, was vielen Kreisen in der Katholischen Kirche oft sehr schwer fällt. Es ist den Natur- und Humanwissenschaften zu verdanken, dass die Sorge um die Zukunft (Futurum) in Theologie und Kirche auch in Bezug auf diese Welt geweckt wurde.

Besonders im ersten Artikel nennt Fritz Jahr mehrere Bereiche des Wissens. Es ist der damalige Stand der Natur- und Humanwissenschaft, der ihn bewegt, einen Schritt weiterzugehen. Wenn die Grundgedanken der Bioethik schon bei verschiedenen Denkern wie Johann Gottfried Herder (1744–1803) oder Karl Christian Friedrich Krause (1781–1832) zu finden waren, ist doch sein Verdienst, den Begriff Bioethik und den bioethischen Imperativ zu definieren und wesentliche Ansätze dazu zu hinterlassen. Durch eine religiös-kulturelle Analyse konnte er voraussehen, welche Möglichkeiten und Grenzen für die Verwirklichung seines bioethischen Konzepts in der europäischen Kultur bestehen würden. Er sagt: „So fein empfindend wie Eduard von Hartmann, ist die große Menge natürlich nicht."[23] Und auch: „Was die Möglichkeit der Verwirklichung solcher ethischer

---

21 Römer 1,19–20. In: Die Bibel. Einheitsübersetzung der Heiligen Schrift. Gesamtausgabe. Psalmen und Neues Testament. Ökumenischer Text. Stuttgart 2003 (Anm. 3).
22 Päpstliche Bibelkommission: Bibel und Moral. Biblische Wurzeln des christlichen Handelns. Kapitel 1.2.1. „Der Mensch, als Bild Gottes geschaffen, und seine moralische Verantwortung. In den Schöpfungserzählungen", §4, unter: http://www.vatican.va/roman_curia/ congregations/cfaith/pcb_documents/rc_con_cfaith_doc_20080511_bibbia-e-morale_ ge.html (Stand: 20.11.2012).
23 Jahr: Bio-Ethik (Anm. 1), S. 11.

Verpflichtungen gegen alle Lebewesen anbetrifft, so wird sie manchem zunächst als eine Utopie erscheinen."[24] Dennoch weiß er, dass etwas geschehen muss, um Menschen, Pflanzen und Tiere zu fördern und zu schützen.

Mit den Wissenschaften, mit der Kultur, mit anderen Religionen und auch mit dem eigenen Glauben ins Gespräch zu kommen, macht sein umfassendes Konzept überhaupt aus.

Der Mensch und die Umwelt

Da der Mensch eine ethische Verantwortung für die ganze Schöpfung hat, muss er auch selbst gepflegt werden, um überhaupt pflegen zu können. Pflege bedeutet hier nicht paternalistische Zuwendung, sondern Liebe und Mitleid, die den ganzen Menschen fördern. Es geht sowohl um die grundsätzlichen Lebensbedingungen als auch um die Bildung eigenständiger Menschen, die frei und selbstbewusst ihr eigenes Leben gestalten und sich mitverantwortlich für das Gemeinwohl in allen Bereichen einsetzen.

Wenn es um Pflege des Menschen geht, gilt der Gedanke Jahrs über die „Pflicht der Selbsterhaltung"[25] als wichtiger Beitrag für das gesamte Volk. „Wer seine sittlichen Pflichten gegen sich selbst recht erfüllt, der vermeidet eben dadurch viele Schädigungen anderer Menschen."[26] Ein geistig-psychisch gesunder Lebensstil wirkt sich positiv auf das Ganze aus. Für Fritz Jahr ist das relevant für die Zukunft, die nicht nur eine gesunde Erde braucht, sondern zusätzlich menschliche Lebensqualität, selbst wenn das Krankheiten einschließt.

Die Pflege des Menschen ist nicht nur durch das Wirken des einzelnen Menschen gesichert, sondern auch durch die sozialen und politischen Strukturen, die eigens für das Wohl des Einzelnen und der gesamten Gesellschaft da sind. Hier sind u.a. die öffentlichen Gesundheitssysteme gefragt, die immer mehr vorbeugend wirken sollen. Dazu ein Beispiel: Nach der Internationalen Konferenz der Primären Gesundheitsversorgung in Alma-Ata, 1978, wurde in Brasilien ein neues Konzept für die Gesundheitsversorgung entwickelt. Mit den Richtlinien Universalität, Äquität und „Integralität" ist ein öffentliches Gesundheitssystem entstanden,

---

24 Fritz Jahr: Tierschutz und Ethik in ihren Beziehungen zueinander (1928). In: Arnd T. May, Hans-Martin Sass (Hg.): Aufsätze zur Bioethik 1927–1947. Münster 2012, S. 21–27, hier: S. 26.
25 Fritz Jahr: Drei Studien zum 5. Gebot (1934). In: Arnd T. May, Hans-Martin Sass (Hg.): Aufsätze zur Bioethik 1927–1947. Münster 2012, S. 63–71, hier: 64.
26 Jahr: Drei Studien zum 5. Gebot (Anm. 25), S. 65.

das – zumindest theoretisch – sehr gut ist. Jetzt geht es hauptsächlich darum, inwiefern die Bürger die ‚soziale Kontrolle' des Systems und den eigenen Lebensstil als ethische Verantwortung zugunsten des Lebens insgesamt sehen. Nicht nur die persönliche Zuwendung zu einem Menschen und seiner Familie, sondern auch Lebensstil und Einsatz für die Sicherung eines öffentlichen effektiven Gesundheitssystems fordern die Glaubensgemeinschaften im Sinne einer erweiterten Diakonie heraus, in vielen Fällen durch die Krankenpastoral gefördert.

Zum Teil sind hier einige von Fritz Jahrs Hinweisen, etwa die zum fünften Gebot, zu finden, besonders wenn es um einen gesunden Lebensstil geht, der die ethische Verantwortung für das eigene Leben und das des Nächsten voraussetzt. Ein Stück weiter gehen wir der brennenden Frage entgegen, die sich heute oft stellt: Inwiefern sind die Krankeneinrichtungen überfordert durch vermeidbare Krankheiten, die vom Lebensstil abhängen, durch verantwortungslosen Umgang mit dem Leben, wie etwa Verkehrsunfälle, Gewalt und Nichtbeachten von Notsignalen oder Risikosportarten? Ist nicht hier zutiefst die ethische Verantwortung verlangt?

Im religiösen Sinn ist hier die „Heiligkeit des Lebens" gefragt, wie Fritz Jahr es ausdrückt: „‚Wisset ihr nicht, dass ihr der Tempel Gottes seid und der Geist Gottes in euch wohnt? Den Tempel Gottes aber sollt ihr heilig halten und nicht verderben' (Nach 1. Korinther 3, V. 16–17)."[27] Und wenn diesbezüglich der Akzent der katholischen Theologie auf der Ebenbildlichkeit Gottes liegt, wird der Mensch in beiden Fällen sehr hochgeschätzt, doch immer in seiner Umwelt und verbunden mit seinen kreatürlichen Vermögen und Grenzen.

Die Theologie kann dazu beitragen, dass das Leben, besonders wo es irgendwie banalisiert wird, wieder als ein Gut der Menschheit geachtet wird. Und dann kann man schon den nächsten Punkt ansprechen, die Pflichten allen Lebewesen gegenüber.

Ethisches Verhältnis des Menschen zu den Tieren

Da es um Jahrs Kerngedanken geht, wird hier insbesondere das Verhältnis des Menschen zu den Tieren angesprochen, was die Biosphäre als Ganzes nicht ausschließt, weil das Leben des Einzelnen überhaupt nur im Ganzen möglich ist. Unter dem theologischen Gesichtspunkt – der bei Jahr immer auch mit den ethischen Verpflichtungen verbunden ist – soll hier Jahrs Standpunkt zum Verhältnis von Mensch und Tier herausgehoben werden:

---

27 Jahr: Drei Studien zum 5. Gebot (Anm. 25), S. 64.

> Vor allem aber ist die Schonung des tierischen Lebens, soweit sie möglich ist, Pflicht gegen Gott; denn wenn wir den Schöpfer ehren wollen, dann müssen wir zugleich sein Werk, also auch die Tiere, mit Ehrfurcht ansehen und behandeln, um so mehr, als wir wissen, daß er diese ebenfalls liebt (Jona 4,11) und ihrer mit gedachte, als er gebot: „Du sollst nicht töten!"[28]

Grundsätzlich ist dieser Gedanke heute präsent in den theologischen Reflexionen, wenn es um die Konsequenzen der Ebenbildlichkeit Gottes geht. Nicht die zerstörende Macht ist dem Menschen dadurch gegeben, sondern die freie verantwortliche Mitwirkung, inspiriert am Handeln Gottes, oder besser gesagt: Wie der Schöpfer seine Schöpfung liebt, so soll auch der Mensch, nach seiner Eigenart, die Mitmenschen und die Tiere lieben. Wenn es im katholischen Katechismus um die Tiere geht, lesen wir: „Schon allein durch ihr Dasein preisen und verherrlichen sie Gott (vgl. Dan 3,57–58). Darum schulden ihnen auch die Menschen Wohlwollen."[29] Ein Gedanke, der dann verstärkt wird: „Es widerspricht der Würde des Menschen, Tiere nutzlos leiden zu lassen und zu töten."[30] Daraus schlussfolgert Fritz Jahr: „Ist dem aber so, daß Naturwissenschaft und heilige Schrift in gleicher Weise die Tiere so hoch einschätzen, dann folgt ohne weiteres aus dieser Tatsache, daß wir Christen sittliche Verpflichtungen gegen sie haben."[31] Tiere nicht „nutzlos leiden zu lassen und zu töten" kann dann erreicht werden, wenn das Bewusstsein da ist, dass die Schöpfung letztendlich zur Ehre Gottes geschaffen ist.

Wenn im christlichen Schöpfungsglauben die Erschaffung des Menschen als Werk Gottes gesehen und ihm dadurch eine Sonderstellung zugeschrieben wird, kann das nicht gedeutet werden, als sei der Mensch im Besitz einer Macht, die grenzenlos ausgeübt werden kann. Fritz Jahr war besorgt, inwiefern diese – sozusagen – „Entmachtung" des Menschen und ein mögliches Missverständnis über die Gleichberechtigung aller Geschöpfe sich auswirken könnten, und nahm auch dazu Stellung: „Da ist jedoch nicht zu übersehen, daß die ethischen Verpflichtungen gegen ein Lebewesen sich praktisch nach dessen ‚Bedürfnissen' (Herder), bzw. nach seiner ‚Bestimmung' (Krause) richten."[32] Auch da hilft wieder die Naturwissenschaft: „Ohne Zweifel sind ganz gewaltige Unterschiede zwischen dem Menschen und den Tieren vorhanden, und auch die moderne Naturwissenschaft bestätigt diese Tatsache nur."[33] Zusammenfassend gesagt: Jedes Geschöpf

---

28 Jahr: Der Tod und die Tiere (Anm. 14), S. 20.
29 Katechismus (Anm. 2), S. 609.
30 Katechismus (Anm. 2), S. 609.
31 Jahr: Der Tod und die Tiere (Anm. 14), S. 17.
32 Jahr: Tierschutz und Ethik (Anm. 24), S. 26.
33 Jahr: Der Tod und die Tiere (Anm. 14), S. 15.

soll entsprechend seiner eigenen Art und Weise des Daseins mit Ehrfurcht behandelt werden.

Jedoch nimmt Jahr an – in Anlehnung an den Philosophen Eduard von Hartmann –, dass es eine „falsche Liebe" gibt. In Gesellschaften, in denen soziale Ungerechtigkeit herrscht, fällt dies besonders auf. Tiere werden oft dermaßen in die menschlichen Räume und Lebensstile einbezogen, dass sogar Grundbedürfnisse ihrer Eigenart als Tiere eingeschränkt werden, während Menschen in Leid und Armut leben. In diesem Sinn ist das Nachdenken heute über die richtige Pflege von Mensch und Tier berechtigt.

Jahr spricht das Thema vom Leiden aller Lebewesen schon im Artikel von 1927 an. Er stellt „sittliche Forderungen" auch für Pflanzen. Er geht davon aus, dass dies im Verhältnis zu den Tieren schon ein „Allgemeingut" wurde. „So ist im Bezug auf das Tier die sittliche Forderung längst eine Selbstverständlichkeit geworden, wenigstens in der Form, es nicht nutzlos zu quälen."[34] Eigentlich eine sehr optimistische Position, insbesondere wenn dieser Text anhand der heutigen Situation betrachtet wird. In diesem Zusammenhang müssen einige mehr oder weniger bekannte Verfahren, die auf einen Abgrund zwischen Schöpfungsglauben und Handeln der Christen hinweisen, zumindest genannt werden: Die anhaltende Diskrepanz zwischen dem Schöpfungsglauben und Veranstaltungen zur Unterhaltung, die mit Tierquälerei verbunden sind. Beispiele dafür sind Sportarten wie Hahnenkampf oder das Stierhetzen. In manchen Fällen sind sie mit religiöser Frömmigkeit verbunden, wie zum Beispiel beim Fest des „Peão Boiadeiro" in Brasilien. Da bittet man Gott um Schutz, um den ersten Platz zu erreichen, was nur mit dem Quälen eines Stiers möglich ist. Es ist, als ob man den Schöpfer darum bittet, seine Geschöpfe zu schädigen, nur um einige Minuten sich damit zu vergnügen. Hier und da reagieren umweltfreundliche Gruppen auf solche Unterhaltungsmethoden und fordern Änderungen, auch wenn es um tief verwurzelte Traditionen geht. Aber was unternehmen in diesem Sinn die Christen, hier die Katholiken, kraft ihres Schöpfungsglaubens? Inwiefern haben sie dazu beigetragen, dass solche Veranstaltungen sich überhaupt entwickelt und gefestigt haben?

Es werden immer mehr Tiere gezüchtet im Hinblick auf einen immer höheren finanziellen Gewinn. Dafür werden Methoden angewendet, die viele Quälereien verursachen. Die Vorschriften – meistens im internationalen Handel –, die gründlich befolgt werden müssen, betrachten hauptsächlich die finanziellen Ergebnisse. „Medizinische und wissenschaftliche Tierversuche sind in vernünftigen Grenzen

---

34 Jahr: Bio-Ethik (Anm. 1), S. 10.

sittlich zulässig"[35], so der katholische Katechismus. Auch Fritz Jahr spricht von Tierversuchen in einem ganz positiven Sinn. Aber wer sichert die ‚vernünftige Grenze', meistens durch Verfahrensprotokolle festgeschrieben? Hierzu können auch noch Misshandlungen von Haustieren oder illegaler Handel von Wildtieren genannt werden, da sie in irgendeiner Weise Quälereien verursachen.

Ein „vernünftiger Zweck"[36], den Jahr in Bezug auf den Theologen Friedrich Schleiermacher (1768–1834) in seine Aufsätze aufnimmt, kann auch im Sinn des natürlichen Überlebungskampfes jedes Lebewesens, also auch des Menschen, gesehen werden. Dazu gehört aber auch, dass auf ein „vernünftige[s], gesunde[s] Maß", und „vernünftige Verfahren" geachtet wird.[37] Es ist jedoch nicht leicht festzustellen, was eigentlich ein ‚vernünftiger Zweck' in der Postmoderne ist, wo in Wohlstandsgesellschaften aber auch in armen Gebieten immer mehr neue Bedürfnisse geschaffen werden, wo das Einweg-Diktat weit verbreitet ist, wo das Glück oft stark mit Genuss, Hedonismus und Besitz verbunden wird.

Überlegungen

Im katholischen Raum ist eine Einheit im Sinn von Lehre und Theologie zu erwarten, die gleichzeitig aus den Wurzeln des christlichen Glaubens heraus wachsen und eine sinnvolle Antwort auf die ökologischen Herausforderungen geben kann. Schöpfung und Erlösung – Schöpfung und Eschatologie sind in einem zu bedenken. „Endlich wird die ganze Welt verklärt werden zu einem neuen Himmel und zu einer neuen Erde (2. Petr. 3, 13; Offb. 21,1)",[38] so Fritz Jahr. Sein Fazit: „Wir befinden uns bei dieser Hochschätzung des Mitleids sogar im Mittelpunkt der christlichen Gedankenkreise."[39]

Liebe und das Mitleid den Tieren und den Mitmenschen gegenüber beeinflussen sich gegenseitig je nach Art und Weise des Daseins: „Wenn wir ein fühlendes Herz auch für die Tiere in der Brust hegen, dann werden wir leidenden Menschen unser Mitleid und unsere Hilfe ebenfalls nicht vorenthalten",[40] so Jahr. Arthur Schopenhauer (1788–1860) schreibt dazu, Mitleid mit Tieren hängt „mit der Güte

---

35 Katechismus (Anm. 2), S. 609.
36 Jahr: Bio-Ethik (Anm. 1), S. 10.
37 Jahr: Bio-Ethik (Anm. 1), S. 10.
38 Jahr: Drei Abschnitte des Lebens (Anm. 13), S. 104.
39 Fritz Jahr: Zweifel an Jesus. Eine Betrachtung nach Richard Wagner's ‚Parsifal' (1934). In: Arnd T. May, Hans-Martin Sass (Hg.): Aufsätze zur Bioethik 1927–1947. Münster 2012, S. 83–85, hier: S. 85.
40 Jahr: Der Tod und die Tiere (Anm. 14), S. 19.

des Charakters so genau zusammen, daß man zuversichtlich behaupten darf: wer gegen Thiere grausam ist, könne kein guter Mensch seyn".[41] Aber noch heute stellt man sich oft die Frage, ob bei der Zuwendung zu den Tieren der Mensch nicht zu kurz kommt.

Die Kirchen müssen, aus dem Wesentlichen ihres Glaubens heraus, sich befähigen, einen sinnvollen Lebensstil zu fördern und zu vermitteln, was auch immer einen Dialog mit den verschiedensten Bereichen des menschlichen Lebens voraussetzt.

Zusammenfassend gesagt, wenn es in der katholischen Lehre und Theologie um Ökologie geht, wird von den Christen eine in hohem Maße ernste „Verantwortung in eschatologischer Gelassenheit"[42] erwartet. So werden die ökologischen Herausforderungen mehr und mehr zu einem umweltfreundlichen und sinnvollen Lebensstil führen, nicht zuerst und nur aus Angst vor einer drohenden Katastrophe, aber in Hoffnung und Dankbarkeit dem Schöpfer gegenüber.

---

41 Herbert Becker: Arthur Schopenhauer (1788–1860). Ein früher Tierversuchsgegner. Unter: http://www.tierrechte-tv.de/Themen/Schopenhauer-Tierversuchsgegne/schopenhauer-tierversuchsgegne.html (Stand: 15.11.2012).
42 Kehl: Und Gott sah (Anm. 8), S. 341.

Korrespondenzadressen der Autorinnen und Autoren

Dr. Johannes Achatz
Friedrich-Schiller-Universtität Jena
Ethikzentrum Jena
Zwätzengasse 3
07743 Jena
Germany
johannes.achatz@uni-jena.de

Prof. Dr. Eve-Marie Engels
Eberhard Karls Universität Tübingen
Mathematisch-Naturwissenschaftliche Fakultät
Fachbereich Biologie
Lehrstuhl für Ethik in den Biowissenschaften
Wilhelmstraße 19
72074 Tübingen
Germany
eve-marie.engels@uni-tuebingen.de

Prof. Dr. Geni Maria Hoss
Curso de Teologia
Centro Universitário Católica de Santa Catarina
Rua Gastão Câmara, 628/301
80730-300 Curitiba
Brazil
geni.hoss@yahoo.com.br

Prof. Dr. Jan C. Joerden
Lehrstuhl für Strafrecht, insbesondere Internationales Strafrecht und
Strafrechtsvergleichung, Rechtsphilosophie
Europa-Universität Viadrina Frankfurt (Oder)
Große Scharrnstraße 59
15230 Frankfurt (Oder)
Germany
joerden@europa-uni.de

Prof. Dr. Matthias Kaufmann
Martin-Luther-Universität Halle-Wittenberg
Seminar für Philosophie
Schleiermacherstr. 1
06114 Halle (Saale)
Germany
matthias.kaufmann@phil.uni-halle.de

Prof. Dr. Rita Kielstein
Hecklinger Str. 25
39112 Magdeburg
Germany

Prof. Dr. mult. Nikolaus Knoepffler
Friedrich-Schiller-Universtität Jena
Ethikzentrum Jena
Lehrstuhl für Angewandte Ethik
Zwätzengasse 3
07743 Jena
Germany
n.knoepffler@uni-jena.de

Prof. Dr. Leszek Koczanowicz
SWPS University of Social Sciences and Humanities
Ulica Ostrowskiego 30b
53-238 Wroclaw
Poland
leszek@post.pl

Prof. Dr. Paweł Łuków
University of Warsaw
Institute of Philosophy
Krakowskie Przedmieście 3,
00-927 Warsaw
Poland
p.w.lukow@uw.edu.pl

Dr. Joanna Miksa
University of Lodz
Faculty of Philosophy and History
ul. Kopcińskiego 16/18
90-232 Lodz
Poland
jmalaxer@wp.pl

Amir Muzur, MD, MA, PhD
Full Professor and Head
Dept. of Social Sciences and Medical Humanities
Faculty of Medicine – University of Rijeka
B. Branchetta 20
51000 Rijeka
Croatia
amir.muzur@medri.uniri.hr

Iva Rinčić
University of Rijeka
Faculty of Medicine
B. Branchetta 20
51000 Rijeka
Croatia
irincic@medri.hr

em. Prof. Dr. Hans-Martin Sass
Zentrum Medizinische Ethik
Ruhr Universität, NABF 04/297
44780 Bochum
Germany
SassHM@aol.com

Dr. Maximilian Schochow
Martin-Luther-Universtität Halle-Wittenberg
Institut für Geschichte und Ethik der Medizin
Magdeburger Str. 8
06112 Halle (Saale)
Germany
maximilian.schochow@medizin.uni-halle.de

Prof. Dr. Florian Steger
Martin-Luther-Universität Halle-Wittenberg
Medizinische Fakultät
Institut für Geschichte und Ethik der Medizin
Magdeburger Straße 8
06112 Halle (Saale)
Germany
florian.steger@medizin.uni-halle.de

Magdalena Ziętek
Europa-Universität Viadrina
Collegium Polonicum
Postfach 1786
15207 Frankfurt (Oder)
Germany
zietek@europa-uni.de

Studien zur Ethik
in Ostmitteleuropa

Herausgegeben von Jan C. Joerden

Band 1 Jan C. Joerden / Josef N. Neumann (Hrsg.): Medizinethik 1. 2000.

Band 2 Jan C. Joerden / Josef N. Neumann (Hrsg.): Medizinethik 2. 2001.

Band 3 Jan C. Joerden / Josef N. Neumann (Hrsg.): Medizinethik 3. 2002.

Band 4 Jan C. Joerden (Hrsg.): Über Tugend und Werte. Beiträge von Andrzej Szczypiorski, Bożena Chołuj und Heinrich Olschowsky. 2002.

Band 5 Michael S. Aßländer / Jan C. Joerden (Hrsg.): Markt ohne Moral? Transformationsökonomien aus ethischer Perspektive. 2002.

Band 6 Matthias Rothe / Hartmut Schröder (Hrsg.): Ritualisierte Tabuverletzung, Lachkultur und das Karnevaleske. Beiträge des Finnisch-Ungarischen Kultursemiotischen Symposiums 9. bis 11. November 2000, Berlin – Frankfurt (Oder). 2002.

Band 7 Jan C. Joerden / Josef N. Neumann (Hrsg.): Medizinethik 4. 2003.

Band 8 Jan C. Joerden / Josef N. Neumann (Hrsg.): Medizinethik 5. 2005.

Band 9 Michael S. Aßländer / Robert Kamiński (Hrsg.): Globalisierung. Risiko oder Chance für Osteuropa? 2005.

Band 10 Gangolf Hübinger / Andrzej Przyłębski (Hrsg./red.): Europäische Umwertungen / Europejskie przewartościowania. Nietzsches Wirkung in Deutschland, Polen und Frankreich / Recepcja Nietzschego w Niemczech, Polsce i Francji. 2007.

Band 11 Bożena Chołuj / Jan C. Joerden (Hrsg.): Von der wissenschaftlichen Tatsache zur Wissensproduktion. Ludwik Fleck und seine Bedeutung für die Wissenschaft und Praxis. 2007.

Band 12 Krzysztof Wojciechowski / Jan C. Joerden (eds.): Ethical Liberalism in Contemporary Societies. 2009.

Band 13 Jan C. Joerden / Thorsten Moos / Christa Wewetzer (Hrsg.): Stammzellforschung in Europa. Religiöse, ethische und rechtliche Probleme. 2009.

Band 14 Dariusz Aleksandrowicz (ed./Hrsg./red.): Religion, Ethics and Public Education. Religion, Ethik und öffentliche Bildung. Religia, etyka i edukacja publiczna. 2012.

Band 15 Florian Steger / Jan C. Joerden / Maximilian Schochow (Hrsg.): 1926 – Die Geburt der Bioethik in Halle (Saale) durch den protestantischen Theologen Fritz Jahr (1895–1953). 2014.

www.peterlang.com

www.ingramcontent.com/pod-product-compliance
Ingram Content Group UK Ltd.
Pitfield, Milton Keynes, MK11 3LW, UK
UKHW041923210426
5322IPUK00002B/23